中等职业教育国家规划教材

全国中等职业教育教材审定委员会审定

焊接工艺

第二版

伍 广 主编

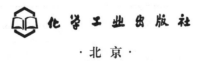

化学工业出版社

·北京·

本书根据国家教育部颁布的焊接专业《焊接工艺》课程的教学大纲，在原《焊接工艺》教材的基础上，结合中等职业教育对能力培养的要求而修订。全书分两篇共十五章，第一篇七章，主要分析常用焊接方法的特点及应用，内容包括手工电弧焊、气焊与气割、埋弧焊、熔化极气体保护焊、非熔化极气体保护焊、等离子弧焊接与切割、电阻焊等重要焊接方法的基本原理、焊接工艺、焊接设备、适用范围、典型实例以及其他焊接方法如电渣焊、堆焊、激光焊、电子束焊、螺柱焊、摩擦焊、热喷涂在工程中的应用。第二篇八章，主要分析常用材料的焊接特点及焊接工艺，内容包括金属焊接性及其试验方法、碳钢的焊接、低合金钢的焊接、不锈钢的焊接、耐热钢的焊接、铸铁的焊接、有色金属及其合金的焊接以及异种金属的焊接方法。

本书此次修订，在结合编、审者的教学经验的基础上，更加注重了实用性，减少了基础理论方面的内容，突出了实践技能的培养和提高，具有较强的先进性和工程实用性，内容丰富，适用面广。

可作为各类中等职业教育焊接及相近专业的教学用书以及焊工职业技能培训教材，也可作为专门从事焊接生产的工程技术人员的参考用书。

图书在版编目（CIP）数据

焊接工艺/伍广主编．—2版．—北京：化学工业出版社，2009.2（2024.8重印）
中等职业教育国家规划教材
全国中等职业教育教材审定委员会审定
ISBN 978-7-122-04457-0

Ⅰ. 焊…　Ⅱ. 伍…　Ⅲ. 焊接工艺-专业学校-教材
Ⅳ. TG44

中国版本图书馆 CIP 数据核字（2008）第 213677 号

责任编辑：高　钰　　　　　　　　文字编辑：闫　敏
责任校对：宋　夏　　　　　　　　装帧设计：刘丽华

出版发行：化学工业出版社（北京市东城区青年湖南街 13 号　邮政编码 100011）
印　　装：北京虎彩文化传播有限公司
787mm×1092mm　　印张 16¼　　字数 418 千字　　2024 年 8 月北京第 2 版第 11 次印刷

购书咨询：010-64518888　　　　　　售后服务：010-64518899
网　　址：http://www.cip.com.cn
凡购买本书，如有缺损质量问题，本社销售中心负责调换。

定　　价：40.00 元

中等职业教育国家规划教材出版说明

为了贯彻《中共中央国务院关于深化教育改革全面推进素质教育的决定》精神，落实《面向 21 世纪教育振兴行动计划》中提出的职业教育课程改革和教材建设规划，根据教育部关于《中等职业教育国家规划教材申报、立项及管理意见》（教职成〔2001〕1 号）的精神，我们组织力量对实现中等职业教育培养目标和保证基本教学规格起保障作用的德育课程、文化基础课程、专业技术基础课程和 80 个重点建设专业主干课程的教材进行了规划和编写，从 2001 年秋季开学起，国家规划教材将陆续提供给各类中等职业学校选用。

国家规划教材是根据教育部最新颁布的德育课程、文化基础课程、专业技术基础课程和 80 个重点建设专业主干课程的教学大纲（课程教学基本要求）编写，并经全国中等职业教育教材审定委员会审定。新教材全面贯彻素质教育思想，从社会发展对高素质劳动者和中初级专门人才需要的实际出发，注重对学生的创新精神和实践能力的培养。新教材在理论体系、组织结构和阐述方法等方面均作了一些新的尝试。新教材实行一纲多本，努力为教材选用提供比较和选择，满足不同学制、不同专业和不同办学条件的教学需要。

希望各地、各部门积极推广和选用国家规划教材，并在使用过程中，注意总结经验，及时提出修改意见和建议，使之不断完善和提高。

教育部职业教育与成人教育司
2001 年 10 月

第二版前言

本书根据国家教育部颁布的焊接专业《焊接工艺》课程的教学大纲，在《焊接工艺》（第一版）的基础上，结合中等职业教育对能力培养的要求而修订。全书分两篇共十五章，第一篇七章，主要分析常用焊接方法的特点及应用；第二篇八章，主要分析常用材料的焊接特点及焊接工艺。本书主要适于作为中等职业学校焊接专业及相近专业的《焊接工艺》课程教学用书（80学时左右），也可作为焊工职业技能培训教材或专门从事焊接生产的工程技术人员的参考用书。

在本书修订过程中，考虑了不同学制及相关专业的教学要求，在结合编、审者教学经验的基础上，更加注重了实用性，减少了基础理论方面的内容，突出了实践技能的培养和提高，具有较强的先进性和工程实用性。本书介绍了国内外焊接工艺的一些新成就和发展趋势，书中图表均引自国家标准及典型企业的成熟经验，可供实际生产中选用。

本书由安徽理工大学伍广、李雪斌分别担任主编和副主编，郑州大学李静、南京化工职业技术学院邹茜茜参编。具体分工为：伍广负责编写绪论、第八章、第九章、第十章、第十一章、第十二章、第十三章、第十四章和全书的统稿工作；李雪斌负责编写第一章、第四章、第五章、第六章、第七章和全书的图表整理工作；邹茜茜负责编写第二章、第三章；李静负责编写第十五章、附录部分。由中国化学工程第三建设公司高级工程师郭菊芳主审。在本书的编写和修订过程中，还得到了尤峥、潘传九、王绍良、赵玉奇、陈梅春、陈保国等同志的大力支持，他们对《焊接工艺》课程的教学思想、教材修订、内容处理等方面提出了建设性的意见。同时安徽省焊接学会副理事长王桂芝、中国化学工程第三建设公司高级工程师胡冠东对本书的编写修订也提出了宝贵的意见。在此次教材编写修订过程中，一直得到全国化工高等职业教育教学指导委员会机械学科组、化学工业出版社及责任编辑、编者所在学校的大力支持，同时承蒙全国中等职业教育教材审定委员会专家的热情指导，在此一并表示衷心的感谢。

由于编者水平有限，教材中难免存在疏漏与不妥之处，欢迎广大读者批评指正。

编　者
2008 年 12 月

第一版前言

本书依据教育部 2001 年颁发的中等职业教育焊接专业《焊接工艺》教学大纲，采用最新的焊接国家标准编写。全书分两篇共十六章。第一篇八章，主要分析常用焊接方法的特点及应用。讨论内容有气焊与气割、埋弧焊、熔化极气体保护焊、非熔化极气体保护焊、等离子弧焊与切割、电阻焊等重要焊接方法的基本原理、工艺、设备选用、适用范围、典型零件的焊接技术特点等，同时简单介绍焊接结构的制造工艺及其他焊接方法如激光焊、电子束焊、螺柱焊、摩擦焊、热喷涂、堆焊在工程中的应用。第二篇八章，主要分析常用材料的焊接特点及焊接工艺。讨论内容有金属焊接性及其试验方法、碳钢的焊接、低合金钢的焊接、不锈钢的焊接、耐热钢的焊接、铸铁的焊接、有色金属及其合金的焊接等，同时简单介绍焊接工艺规程和评定方法以及其他焊接工艺如异种金属、先进材料的连接及应用。本书主要适用于中等职业学校焊接专业及相近专业的《焊接工艺》课程教学用书（110～120 学时），也可作为焊工职业技能培训教材或专门从事焊接生产的工程技术人员的参考用书。

本书在编写过程中，力求贴近当前中等职业教育专业发展的需要，注意把握中等职业教育的培养目标，努力体现面向二十一世纪中等职业技术教育教材建设的精神。理论以"够用"为度，突出实践技能的培养和应用，并在教材体系和内容的处理上有所突破和创新，同时较好地处理了与相关课程知识点的区别与衔接，具有较强的先进性和工程实用性。考虑到不同学制及相关专业的教学要求，书中安排了部分选学内容。此外，本书还介绍了国内外焊接工艺的一些新成就和发展趋势，书中图表引自最新的国家标准及典型企业的成熟经验，可供实际生产中选用。

本书由安徽理工大学职业技术学院伍广、尤峥分别担任主编和副主编，河南化工职业学院李静、南京化工职业技术学院邹茜茜参编。具体分工为：伍广负责编写绪论、第九章、第十章、第十三章、第十四章、第十五章、第十六章和全书的统稿工作；尤峥负责编写第一章、第四章、第五章、第六章、第七章、第八章、附录和全书的图表整理工作；李静负责编写第十一章、第十二章；邹茜茜负责编写第二章、第三章。

本书由南京化工职业技术学院潘传九主审。参加审稿的还有湖南省化工学校王绍良、河南化工职业学院赵玉奇、岳阳工业技术学院陈梅春、常州化工学校陈保国。安徽省焊接学会王桂芝、中国化学工程第三建设公司胡冠东等也提供了意见。另外，在教材编写过程中，一直得到全国化工高等职业教育教学指导委员会机械学科组、化学工业出版社及编者所在学校的大力支持，同时承蒙全国中等职业教育教材审定委员会和燕山大学崔占全教授、徐瑞教授、辽宁工业大学赵越起教授的热情指导，在此一并表示感谢。

由于编者水平有限，教材中难免存在错误与不妥之处，欢迎广大读者批评指正。

编　者
2002 年 2 月

目　　录

第二篇　常用金属材料的焊接工艺

绪　　论

【学习指南】 本章是《焊接工艺》课程的引言。重点掌握本课程的学习方法，了解本课程的研究内容及焊接工艺的发展趋势。学习焊接结构生产的一般工艺过程及其特点，掌握焊接工艺的基本要素。

《焊接工艺》课程是中等职业学校焊接专业的一门主干专业课程。它的目的是使学生通过本课程的学习，了解焊接方法的特点和应用，掌握常用金属材料的焊接性及焊接工艺，培养学生分析焊接工艺缺陷及材料焊接性的基本能力。了解焊接试验研究的基本方法和焊接工艺评定规则，通过典型工程实例的学习和掌握，不断培养实践动手能力，为今后从事焊接专业的工作打下良好的基础。

在学习本课程过程中，必须综合运用《焊接电工》、《金属熔化焊基础》、《电弧焊实习》等其他课程的知识，掌握基本理论，培养基本能力，处理好理论与实践的关系。积极参加实践和技能培训，通过理论与实践相结合的学习，进一步提高理论水平和实践操作技能。

一、焊接工艺

在现代工业生产中，焊接已经成为金属加工的重要手段之一，早已广泛应用于石油、化工、电力、机械、冶金、建筑、航空、航天、造船、桥梁、金属结构、海洋工程、核电工程、电子技术等工业部门。随着科学技术的不断发展，焊接已成为一门独立的学科体系。

（一）焊接的定义及特点

焊接是通过加热或加压，或两者并用，并且用或不用填充材料，使工件达到结合的一种方法。因此，焊接最本质的特点就是通过焊接使工件达到结合，从而将原来分开的物体构成了一个整体，这是任何其他连接形式所不具备的。为了达到这种结合，焊接时必须对焊接区进行加热或加压。

上述特点决定了焊接具有以下优点。

① 与铆接相比，焊接可以节省金属材料，从而减轻了结构的重量；与粘接相比，焊接具有较高的强度，焊接接头的承载能力可以达到与焊件材料相同的水平。

② 焊接工艺过程比较简单，生产率高，焊接既不需像铸造那样要进行制作木型、造砂型、熔炼、浇铸等一系列工序；也不需像铆接那样要开孔、制造铆钉并加热等，因而缩短了生产周期。

③ 焊接质量高。焊接接头不仅强度高，而且其他性能如物理性能、耐热性能、耐腐蚀性能及密封性都能够与焊件材料相匹配。

④ 焊接可以化大为小，并能将不同材料连接成整体制造双金属结构，还可将不同种类的毛坯连成铸-焊、铸-锻-焊复合结构，从而充分发挥材料的潜力，提高设备利用率，用较小的设备制造出大型的产品。

⑤ 焊接的劳动条件比铆接好，劳动强度小，噪声低。由于具备了上述优点，在锅炉压

力容器、船体和桥式起重机制造中，焊接已全部取代了铆接。在工业发达国家，焊接结构所用钢材约占钢材总产量的 50%。

（二）焊接工艺的研究内容

焊接工艺是根据生产性质、图样和技术要求，结合现有条件，运用现代化焊接技术知识和先进生产经验，确定出的产品加工方法和程序，是焊接过程中的一整套技术规定。焊接工艺包括焊前准备、焊接材料、焊接方法、焊接顺序、焊接操作的最佳选择以及焊后处理等。制定焊接工艺是焊接生产的关键环节，其合理与否直接影响产品制造质量、劳动生产率和制造成本，而且是管理生产、设计焊接工装和焊接车间的主要依据。

焊接工艺的核心内容是焊接方法，其发展过程代表了焊接工艺的进展情况。不同焊接方法的发明年代及发明国家见表 0-1。目前许多新的焊接工艺已用于焊接生产，极大地提高了焊接生产率和焊接质量，如俄罗斯汽车工业科学研究所发明的氙灯焊接新工艺，为金属、非金属材料焊接提供了广泛的可能性，其生产成本远低于激光焊。

表 0-1 焊接方法的发明年代及发明国家

焊接方法	发明年代	发明国别	焊接方法	发明年代	发明国别
碳弧焊	1885	俄罗斯(帝国)	冷压焊	1948	美国
电阻焊	1886	美国	高频电阻焊	1951	美国
金属极电弧焊	1892	俄罗斯(帝国)	电渣焊	1951	前苏联
热剂焊	1895	德国	CO_2 气体保护焊	1953	美国
氧-乙炔焊	1901	法国	超声波焊	1956	美国
金属喷镀	1909	瑞士	电子束焊	1956	法国
原子氢焊	1927	美国	摩擦焊	1957	前苏联
高频感应焊	1928	美国	等离子弧焊	1957	美国
惰性气体电弧焊	1930	美国	爆炸焊	1963	美国
埋弧焊	1953	美国	激光焊	1965	美国

二、焊接结构的制造概述

焊接结构制造工艺取决于产品的结构形式。从原材料进厂、复验入库到产品最终检验合格入库，包括了许多的加工工序，焊接结构生产一般工艺过程如图 0-1 所示。

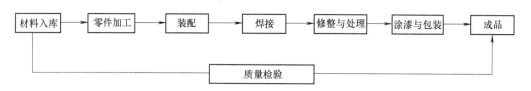

图 0-1 焊接结构生产一般工艺过程简图

其中最基本的加工工艺过程包括钢材矫正及预处理、下料冲压成形、部件装配焊接及总装焊接、质量检验及性能试验、成品后处理及包装入库等。在焊接结构的制造工艺过程中，焊接是整个过程中的核心工序，对于每个工序的具体内容，由产品的结构特点、复杂程度、技术要求和生产量的大小等因素决定。因此，在制造工艺过程中，对各工序的技术要求必须在产品或部件的综合工艺卡或工艺流程卡中加以说明，以保证各工序的加工质量。焊件的最终质量检查项目见表 0-2。

表0-2 焊件的最终质量检查一览表

检查项目名称	检查目的及要求	易存在的缺陷	备　　注
焊接结构的外形尺寸检查	结构的外形必须符合设计图样的规定,不允许存在各种结构形状的畸变	如容器圆柱筒体的凹陷、凸鼓、挠度超差、梁柱等金属结构的上拱度、旁弯量、腹板垂直度及波浪变形等	最基本的检查项目
焊缝外观的检查（目视检查）	主要是焊缝的外形尺寸（如焊缝宽度、余高、焊脚尺寸、焊缝有效厚度）以及焊缝的外表缺陷不得超过标准规定,必要时,要按相应的补焊工艺规程进行修正及补焊	焊缝的外表缺陷如咬边、焊瘤、下凹、气孔、裂纹、烧穿、溢流、未熔合和弧坑等易扩展成危险性缺陷	必要时可采用5倍以下的放大镜检查
焊接接头的无损检测	探测目视检查不能或无法发现的各种缺陷,焊接结构无损检测的要求取决于结构的运行条件和重要性。对承受高温高压的锅炉受压部件和容器,低温或腐蚀介质下工作的容器、管道以及重载焊接结构均要求作无损检测。其中对严格要求控制缺陷的重要焊接结构,往往对同一条焊缝采用两种或两种以上的无损检测法检查	如表层的微裂纹、夹渣以及各种内部缺陷	缺陷的评定可按相应的国家标准进行
焊接接头的密封性检查	对装载易燃、易爆、有毒及其他化工气体的容器、真空容器和核设备等焊接接头在完成所规定的其他检查程序后,最后还必须作密封性检查	主要检查有无泄漏情况	常用的密封性检查方法有气压试验、氨检漏试验、煤油渗透试验等
结构整体耐压试验	对锅炉受压部件、受压容器、贮罐和管道等焊接结构,最后应做耐压试验,以检验焊接接头的密封性和整体强度	主要检查有无渗漏,可见的异常变形和残余变形,有无异常响声等	耐压试验分为液压和气压试验两种
见证件检验	在见证件（产品试件）上应切取规定数量的拉伸试验、弯曲试验和冲击试验的试样。试验方法和试验程序应按相应的国家标准	焊接接头宏观金相检验试片上不应有任何长度的裂纹、未熔合、未焊透以及超标的气孔和夹渣。微观金相检验不应有任何裂纹和淬硬组织。不锈钢焊接接头试件的晶间腐蚀试验合格标准通常由产品技术条件或设计图样所规定	产品试件的材料应取自用于所代表产品的同炉号、同批号的板材、管材或型材

三、焊接工艺要素

从广义上讲,焊接工艺要素包括对接头性能和致密性起决定性作用的所有工艺因素。除焊接方法外,焊接工艺要素还包括焊接接头的形式与拘束度、焊前的加工和准备、焊件材料的种类和规格、焊接材料、焊前预热、层间温度和低温后热处理、焊后热处理、焊接能量参数、操作技术、焊后检查等。这些焊接工艺要素都应在焊接工艺评定中加以考虑,并在焊接工艺规程中作出明确的规定。

1. 焊接接头设计的基本原则

焊接接头已成为整个金属结构不可分割的组成部分,它对结构运行的可靠性和使用寿命有着决定性的影响。焊接接头的设计主要包括确定接头的形式和位置、设计坡口形式和尺寸、制定对接头质量的要求等,其设计的基本原则是:

① 焊接接头与母材金属的等强性；

② 焊接接头与母材金属的等塑性；

③ 焊接接头的工艺性（可施工性）；

④ 焊接接头的经济性。

要优先采用具有深熔特性的焊接方法，尽可能采用Ⅰ形坡口的对接接头的形式。

2. 焊接材料的基本要求

焊接材料按其作用可分为焊接填充材料和焊接辅助材料两大类。焊接材料应对焊接区提供良好的保护，防止各种有害气体的侵入，并通过适当的冶金反应将焊缝金属合金化，使焊缝金属具有较高的抗裂性和符合要求的各项性能。

焊接材料的选择因焊接结构的制造工艺、焊接方法的不同而不同。对于一些重要的焊接结构和焊接接头按等强原则设计的焊接结构，应按焊接接头性能的要求以及焊接结构部件的所有制造工艺对接头性能的影响，结合每种焊接方法的冶金特点来合理选择焊接材料。

3. 焊接热处理

焊前预热：是防止厚板构件、低合金和中合金钢接头产生焊接裂纹的最有效的措施之一，是决定接头致密性和性能的重要因素。

低温后热处理（简称后热）：是指焊接结束后，将焊件或整条焊缝立即加热到150～250℃温度范围，并保持一段时间。后热主要用于焊前预热不足以防止冷裂纹的形成以及焊接性较差的低合金钢高拘束度接头。但低温后热处理对于强度级别高于650MPa、壁厚大于80mm的接头，并不是可靠的防裂措施。

消氢处理：为了消除氢在焊缝表层下的富集，防止由此引起的横向延迟裂纹，可将焊件或整条焊缝在300℃以上温度加热一段时间，即进行消氢处理。消氢处理必须在焊接结束后立即进行。消氢处理的温度为300～400℃，消氢时间为1～2h。在某些情况下，消氢处理还可代替低合金钢厚壁焊件的中间消除应力处理。

焊后热处理：是焊接工艺的重要组成部分，它与焊件材料的种类、型号、板厚、所选用的焊接工艺、焊接材料及对接头性能的要求密切相关，是保证焊件使用特性和寿命的关键工序。

焊后热处理制度如加热温度、加热速度、保温时间和冷却速度等，对于常用钢种在各种焊接结构制造规程中都有明确的规定。

4. 焊接工艺要素

（1）焊接能量参数　焊接能量参数是指焊接电流、电弧电压和焊接速度。主要依据所要求的熔深和焊缝形状来选择。

（2）焊接操作技术　焊接操作技术包括焊接位置、焊接顺序、运条方式、焊丝摆动参数、焊道层数和清根方法等。在一些特种焊接方法中，如电子束、激光焊、摩擦焊等，操作技术可成为重要的工艺参数指标。

四、焊接工艺的发展概况

焊接技术应用于工业生产始于19世纪80年代。我国的焊接技术是新中国成立后才获得发展的，起步较晚，但已取得令人瞩目的成就。

20世纪60年代以来，我国焊接技术的发展十分迅速，已经从单一的焊接技术发展成为综合性的制造技术。焊接结构用材料已从普通的碳素钢、低合金钢扩大到各种合金钢、不锈钢、难熔金属及活性金属、铸铁、工程塑料以及陶瓷等。焊接结构的应用领域已从锅炉、压力容器、管道、船舶、车辆扩大到航天、航空工程、建筑、桥梁、机床、核能设备、冶金矿山设备、轻工、医疗机械、家电器件、电子仪表以及食品、饮料加工设备等。

在工业生产中应用的焊接方法，除了传统焊接方法外，目前已广泛采用了钨极氩弧焊、CO_2 气体保护焊、熔化极惰性气体保护焊、等离子弧焊等多种焊接新技术。焊接设备已从最原始的交流变压器、电动机驱动直流弧焊机和硅整流电源，发展到晶闸管整流电源、晶体管电源、逆变型电源以及微机控制焊接电源。焊接工艺装备已从简单的操作机、滚轮架、变位器和翻转胎等发展到全自动化的专用成套焊接装备和焊接加工中心。焊接机器人和柔性制造系统也开始在专业化生产中发挥作用。焊接接头的各种无损检测技术，如表面磁粉探伤、X 射线探伤、超声波探伤和渗透探伤法，得到了普遍的应用。

我国是一个人口众多的发展中国家，近年来焊接事业虽然取得了巨大的进步，但与工业发达国家相比还有较大的差距，在推广高质、高效、低成本的焊接技术以及焊接专机与辅机的研制等方面我们还有大量的工作要做，如何获得更高质量、更能满足现场要求的焊接结构将是我国焊接工作者一直追求的目标。

章 节 小 结

1.《焊接工艺》课程的目的、任务和要求。

2. 焊接的定义。焊接是通过加热或加压，或两者并用，并且用或不用填充材料，使工件达到结合的一种方法。

3. 焊接工艺的定义。焊接工艺是根据生产性质、图样和技术要求，结合现有条件，运用现代化焊接技术知识和先进生产经验，确定出的产品加工方法和程序，是焊接过程中的一整套技术规定。焊接工艺包括焊前准备、焊接材料、焊接方法、焊接顺序、焊接操作的最佳选择以及焊后处理等。

4. 焊接方法的定义。焊接方法是指特定的焊接过程如埋弧焊、气体保护焊等。其含义包括该方法涉及的冶金、电、物理、化学及力学原则等内容。

5. 焊接结构生产的一般工艺过程。焊接工艺要素包括对接头性能和致密性起决定作用的所有工艺因素。

6. 焊接工艺的发展趋势。

思 考 题

1.《焊接工艺》课程的内容包括哪几个部分？有哪些基本要求？

2. 什么是焊接？焊接与机械连接有何本质区别？

3. 焊接的基本特点是什么？适用于哪些生产？

4. 什么是焊接工艺？包括哪些方面的内容？

5. 为什么说焊接方法是焊接工艺的核心内容？

6. 我国焊接技术的发展有哪些特点？工业部门对焊接技术有什么新要求？

7. 焊接结构生产的一般工艺流程包括哪些工序？各有什么要求？

8. 焊接工艺要素主要包括哪些？各有什么规定及要求？

9. 如何选择焊后热处理的方式？

第一篇　焊接方法及焊接工艺参数

第一章　手工电弧焊与气焊气割

【学习指南】　本章重点学习手工电弧焊与气焊气割的有关知识。要求了解手工电弧焊与气焊气割的基本概念，理解手工电弧焊与气焊工艺，熟悉手工电弧焊与气焊气割的设备，掌握常用的手工电弧焊与气焊气割的方法。

第一节　手工电弧焊

手工电弧焊简称手弧焊，是利用电弧产生的热量熔化母材和焊条的一种手工操作焊接方法。手工电弧焊以其操作灵活、方便、设备简单等优点而被广泛采用。

在手工电弧焊中，要考虑焊接电弧的特点及正确的使用方法。焊接电弧是在电极与工件间气体介质中强烈持久的放电现象。电弧引燃后，弧柱中就充满了高温电离气体，放出大量的热和强烈的光。焊接电弧由阴极区、阳极区和弧柱区三部分组成，如图1-1所示。

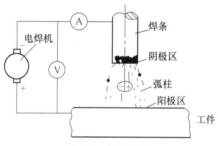

图 1-1　焊接电弧

阴极区是发射电子的区域，它的厚度只有万分之一毫米左右。由于发射电子要消耗一定的能量，所以阴极区的温度低于阳极区。在焊接钢材时，阴极区平均温度为 2400K，约占总热量的 36%。阳极区因受电子轰击和吸入电子而获得较多能量，所以阳极区温度较阴极区高，焊接钢材时，阳极区温度可达 2600K，该区的热量约占总热量的 43%。弧柱区是阴极区和阳极区之间的电弧部分，其长度基本上等于电弧长度，弧柱区温度可高达 6000～8000K，弧柱区的热量约占总热量的 21%。

由于电弧在阳极和阴极上产生的热量不相同，因而用直流焊机焊接时就有正接和反接两种接线方式。正接是将工件接电源正极、焊条接负极 [图1-2（a）]，这时电弧中的热量大部分集中在焊件上，可加速焊件的熔化，多用于焊接较厚的焊件。反接是将焊件接电源负极，焊条接正极 [图1-2（b）]，反接法多用于薄件的焊接以及非铁合金、不锈钢、铸铁等材料的焊接。

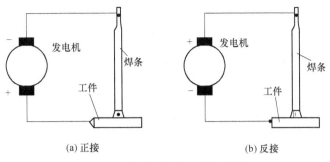

图 1-2　直流弧焊的正接与反接

一、手工电弧焊设备

1. 交流弧焊机

交流弧焊机是一种特殊的降压变压器，它具有结构简单、价格便宜、使用可靠、维护方便等优点，但在电弧稳定性方面不如直流电焊机好。

BX3-300 型交流弧焊机是一种常用的手工电弧焊机，这种弧焊变压器由一个高而窄的口型铁芯和外绕初、次级绕组组成，初级和次级绕组分别由匝数相等的两盘绕组组成，初级绕组每盘中间有一个抽头，两盘绕组由夹板夹紧组成一个整体，固定于铁芯的底部。次级绕组两盘也夹成整体，置于初级线圈上方［图 1-3（a）］，通过手柄及调节丝杆可使次级绕组上下移动，以改变初、次级线圈间的距离 δ_{12}，调节焊接电流的大小。

BX3-300 型交流弧焊机的内部结构及外形分别如图 1-3（a）和（b）所示。

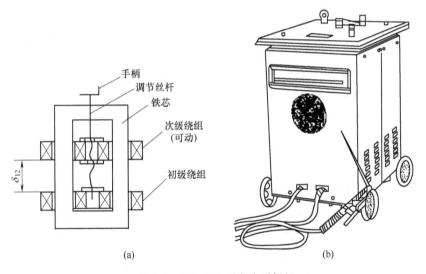

图 1-3　BX3-300 型交流弧焊机

交流弧焊机的基本技术参数包括输入端电压、空载电压、工作电压、输入容量、电流调节范围、负载持续率等，这些基本参数值都标明在每台焊机的铭牌上。现对基本技术参数简要说明如下。

① 输入端电压是指弧焊机要求的电源电压。一般交流弧焊机的输入端电压为 220V 或 380V。

② 空载电压是弧焊机不在焊接状态时的输出端电压。一般交流弧焊机的空载电压为 60～80V。

③ 工作电压指焊机在焊接状态时输出端电压。一般交流弧焊机的工作电压为 20～40V。

④ 输入容量表示弧焊变压器传递电功率的能力，由电网输入焊机的电流和电压的乘积确定，其单位为千伏安。

⑤ 电流调节范围是指焊机在正常工作状态下可提供的焊接电流范围。

⑥ 负载持续率是电焊机所特有的一项参数指标，是指 5min 内有焊接电流的时间所占的平均百分数。在负载持续率高的工作状态下，焊机允许使用的电流值就要小些，相反，负载持续率低的工作状态允许使用较大的电流。

BX3-300 型交流弧焊机的主要技术参数如表 1-1 所示。

表 1-1　BX3-300 型交流弧焊机的主要技术参数

初级电压/V		220/380	工作电压/V		32		
空载电压/V	接法 I	78	负载持续率/%		100	60	35
	接法 II	70	初级电流 /A	220V	84	106	139
电流调节范围/A	接法 I	40～125		380V	49	62	81
	接法 II	120～400	次级电流/A		232	300	400

2. 直流弧焊机

直流弧焊机可提供焊接用直流电，直流弧焊机可分为发电机式直流弧焊机和整流式直流弧焊机两种。

（1）发电机式直流弧焊机　这种直流弧焊机由一台三相感应电动机和一台直流弧焊发电机组成。其特点是能够得到稳定的直流电，因而容易引弧，电弧稳定，焊接质量较好。但这种焊机结构复杂，价格比交流焊机贵得多，维修困难、使用时噪声大。这种焊机的外形如图 1-4 所示。

（2）整流式直流弧焊机　用大功率的硅整流元件组成整流器，将交流电转变成直流电，供焊接时使用。与直流弧焊机相比，整流式焊机没有旋转部分，结构简单，维修方便，噪声小，是一种较好的焊接电源。整流式弧焊机的外形如图 1-5 所示。

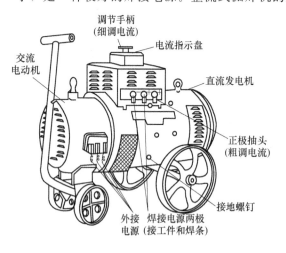
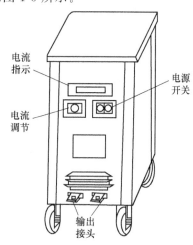

图 1-4　发电机式直流弧焊机　　　　　图 1-5　整流式直流弧焊机

二、电焊条的选用

手工电弧焊的焊条由焊条芯和药皮（涂料）两部分组成，如图 1-6 所示。

图 1-6　电焊条

焊条芯主要起传导电流和填补焊缝合金的作用，它的化学成分和非金属杂质的多少将直接影响焊缝质量。因此焊条芯的钢材都是经过专门冶炼的，其钢号和化学成分应符合国家标准。焊条钢芯具有较低的含碳量和一定的含锰量，含硅量控制较严，有害元素磷、硫的含量低。牌号后面加"高"（A）字，其磷、硫含量控制得更严，不超过 0.03%。焊条芯直径（即代表焊条直径）范围在 0.4～9mm 之间，其中直径为 3～5mm 的焊条应用最普遍。焊条长度为 300～450mm。

焊条药皮在焊接过程中的主要作用是：提高焊接电弧的稳定性，以保证焊接过程正常进行；造气、造渣，以防止空气侵入熔滴和熔池；对焊缝金属脱氧、脱硫和脱磷；向焊缝金属渗入合金元素，以提高焊缝金属的力学性能。

焊条药皮的组成比较复杂，每种焊条的药皮配方中，一般包含 7～9 种原料。焊条药皮原料的种类、名称和作用见表 1-2。

表 1-2　焊条药皮原料的种类、名称和作用

原料种类	原料名称	作用
稳弧剂	碳酸钾、碳酸钠、长石、大理石、太白石、钠水玻璃、钾水玻璃	改善引弧性和提高电弧稳定性
造渣剂	大理石、萤石、长石、花岗石、钛铁矿、锰矿、赤铁矿、钛白、金红石	保护焊缝和改善焊缝成形
合金剂	锰铁、硅铁、钛铁、钼铁、铬铁、钒铁、钨铁、石墨及金属铬、金属锰	使焊缝金属得到必要的合金成分
脱氧剂	锰铁、硅铁、钛铁、铝铁、石墨、木炭	对熔渣和焊缝金属脱氧
造气剂	淀粉、木屑、纤维素、大理石	加强对焊接区保护，有利于熔滴过渡
黏结剂	钾水玻璃、钠水玻璃	使药皮牢固黏结在焊条钢芯上
稀渣剂	萤石、长石、钛铁粉、钛白粉、锰矿	降低熔渣黏度，增加流动性
增塑剂	云母、高岭土、钛白粉	改善涂料塑性和滑性，使之容易压制

焊条按用途不同分为若干类，如碳钢焊条、低合金钢焊条、不锈钢焊条、堆焊焊条、铸铁及有色金属焊条等。GB/T 511—1995 规定的碳钢焊条型号以字母"E"加四位数字组成，如 E4303，其中"E"表示焊条，前面两位数字"43"表示熔敷金属抗拉强度最低值为 420MPa，第三位数字"0"表示适合全位置焊接，第三、四位数字组合"03"表示药皮为钛钙型和焊接电源交直流两用。此外，目前仍保留着焊条行业使用的焊条牌号，如 J422，其中"J"表示结构钢焊条，前面两位数字"42"表示熔敷金属抗拉强度最低值为 420MPa，第三位数字"2"表示药皮类型为钛钙型，交直流两用。

几种常用碳钢焊条的型号、牌号及用途如表 1-3 所示。

表 1-3　几种常用碳钢焊条的型号、牌号及用途

型　号	牌　号	药皮类型	焊接电源	主 要 用 途	焊接位置
E4303	J422	钛钙型	直流或交流	焊接低碳钢结构	全位置焊接
E4320	J424	氧化铁型	直流或交流	焊接低碳钢结构	横向焊接
E5016	J506	低氢钾型	直流或交流	焊接低合金钢或中碳钢结构	全位置焊接
E5015	J507	低氢钠型	直流反接	焊接重要低碳钢或中碳钢结构	全位置焊接

根据焊条熔渣化学性质的不同，焊条分酸性焊条和碱性焊条两种。药皮中含有多量酸性氧化物的焊条，熔渣呈酸性，称为酸性焊条，如 E4303 型焊条；药皮中含有多量碱性氧化物的焊条，熔渣呈碱性，称为碱性焊条，如 E5015 型焊条。酸性焊条能交直流两用，焊接工艺性好，但焊缝金属冲击韧性较差，适合焊接一般低碳结构钢。碱性焊条一般需用直流电源，焊接工艺性较差，对水分、铁锈敏感，使用时必须严格烘干，但焊缝金属抗裂性较好，适合焊接重要结构工件。

三、手工电弧焊的焊接工艺

1. 接头形式和坡口形状

常用焊接接头形式有对接接头、搭接接头、角接接头和丁字接头，如图 1-7 所示。

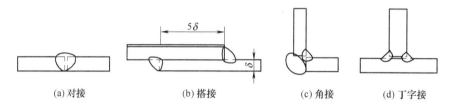

(a) 对接　　(b) 搭接　　(c) 角接　　(d) 丁字接

图 1-7　常见焊接接头形式

为了保证焊接强度，焊接接头处必须熔透，工件较薄时，电弧的热量足以从一面或两面熔透整个板厚，板边可不作任何加工，只要在接口处留一定间隙，就能保证焊透。厚度大于 6mm 的工件，从两面焊也难以保证焊透时，就要将接头边缘加工成斜坡，构成"坡口"。开坡口的目的是使焊条能伸入接头底部起弧焊接，以保证焊透。为防止接头烧穿，坡口的根部要留 2～3mm 的直边，称为"钝边"。对很厚的工件，可双面开坡口。对接接头常用的坡口形状如图 1-8 所示。焊接时，X 形坡口必须双面施焊，其他形式的坡口根据实际情况，可采用单面焊，也可采用双面焊。

2. 焊接位置

一条焊缝，可以是在空间不同位置施焊而成。生产中要尽可能选取合适的焊接位置，以达到方便操作、提高生产率和容易保证焊缝质量的目的。图 1-9 表示了对接接头和角接接头的各种焊接位置。由图中可以看出，平焊位置最利于操作，焊缝质量也易于保证。立焊与仰焊时因熔池金属有滴落的趋势，操作难度大，生产率低，质量也不易保证，所以焊缝应尽可能安排在平焊位置施焊。

3. 焊接规范

焊接规范包括焊条直径、焊接电流、焊接速度等工艺参数，选择合适的焊接规范是获得优质焊接接头的基本保证。

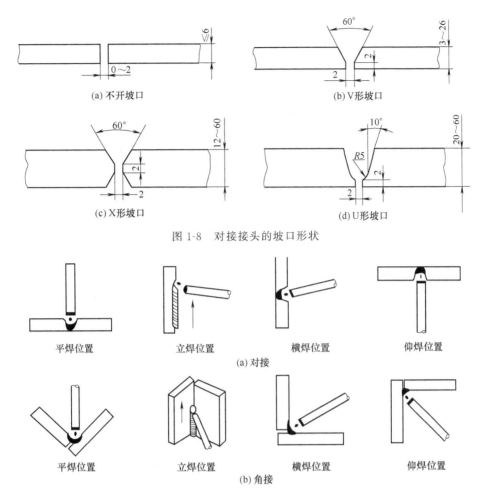

图 1-8　对接接头的坡口形状

图 1-9　焊接位置

选择焊接规范时，首先要根据工件厚度选取焊条直径。焊条直径可按表 1-4 选取。

表 1-4　焊件厚度与焊条直径选择

焊件厚度/mm	≤1.5	2	3	4～5	6～12	≥13
焊条直径/mm	1.5	3	3.2	3.2～4	4～5	5～6

其次，根据焊条直径选择焊接电流。在焊接低碳钢时，焊接电流和焊条直径之间的关系由下面的经验公式确定：

$$I = Kd$$

式中　I——焊接电流，A；

　　　d——焊条直径，mm；

　　　K——经验系数，通常取 35～55。

必须指出，上式只给出了焊接电流的大致范围。实际焊接时，还要根据工件厚度、焊条种类、焊接位置等因素，通过试焊来调整焊接电流的大小。

焊接速度指焊条沿焊接方向移动的速度，焊接速度的快慢一般由焊工凭经验确定。

4. 手弧焊基本操作技术

手弧焊时引，弧和堆平焊波是最基本的操作技能。

引弧就是开始焊接时使焊条和工件间产生稳定的电弧。引弧时，首先使焊条末端和工件表面接触形成短路，然后迅速将焊条向上提起2～4mm的距离，即可引燃电弧。引弧方法有敲击法和摩擦法两种，如图1-10所示。

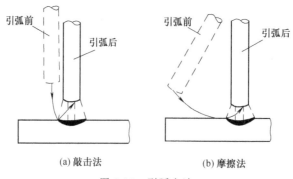

(a) 敲击法   (b) 摩擦法

图 1-10　引弧方法

堆平焊波是手工电弧焊的基本功之一，其关键是掌握好焊条与工件的角度及运条基本动作，保持合适的电弧长度和均匀的焊接速度。平焊时的焊条角度和运条基本动作如图1-11和图1-12所示。

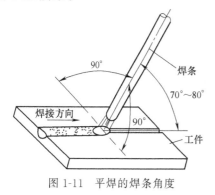

图 1-11　平焊的焊条角度

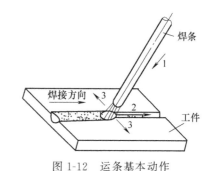

图 1-12　运条基本动作

1—向下送进；2—沿焊接方向移动；3—横向摆动

第二节　气焊与气割

气焊是利用气体火焰做热源的焊接方法，常用的有氧-乙炔焊、氧丙烷焊、氢氧焊等。

气焊作为一种焊接方法，曾经在焊接史上起过重要作用。但随着焊接技术的发展，气焊的应用范围日趋缩小。由于气焊熔池温度容易控制，有利于实现单面焊双面成形，便于预热和后热，所以气焊常用于薄板焊接、低熔点材料焊接、管子焊接、铸铁补焊、工具钢焊接以及无电源的野外施工等。

气割是利用气体火焰的热量将工件切割处预热到一定温度后，喷出高速切割氧流，使其燃烧并放出热量实现切割的方法。气割具有设备简单、方法灵活、基本不受切割厚度与零件形状限制，容易实现机械化、自动化等优点，广泛应用于切割低碳钢和低合金钢零件。

一、气焊与气割设备

尽管气焊与气割的目的不同，但热源相同，所用设备大同小异。气焊设备包括氧气瓶、乙炔发生器（或溶解乙炔瓶）以及回火保险器等；气焊工具包括焊炬、减压器以及胶管等。这些设备和工具在工作时的连接示意图如图 1-13 所示。

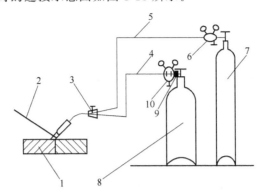

图 1-13　气焊设备和工具的连接示意图

1—焊件；2—焊丝；3—焊炬；4—乙炔胶管；5—氧气胶管；6—氧气减压阀；
7—氧气瓶；8—溶解乙炔瓶；9—回火保险器；10—乙炔减压阀

1. 氧气瓶

氧气瓶是贮存和运输高压氧的高压容器，其构造如图 1-14 所示。根据不同的使用要求，氧气瓶有不同的压力等级和不同的气瓶容量。目前我国生产的氧气瓶的规格见表 1-5。瓶底呈凹状，使氧气瓶在直立时保持平稳。氧气瓶必须每三年检验一次，超期未检验的气瓶不得使用。有关气瓶的使用、运输、贮存及其他方面应遵循有关规程。

表 1-5　氧气瓶的规格

瓶体表面颜色	工作压力 /MPa	容积 /L	瓶体外径 /mm	瓶体高度 /mm	质量 /kg	水压试验压力 /MPa	采用瓶阀规格
天蓝 （黑色字样）	15	30	219	1150±20	45±2	22.0	QF-2 铜阀
		40		1370±30	55±2		
		44		1490±30	57±2		

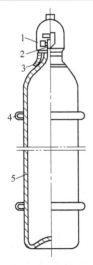

图 1-14　氧气瓶的构造

1—瓶帽；2—瓶阀；3—瓶钳；4—防振橡胶圈；5—瓶体

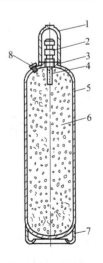

图 1-15　乙炔气瓶的构造

1—瓶帽；2—瓶阀；3—瓶口；4—过滤物质；5—瓶体；
6—多孔填料；7—瓶座；8—易熔安全塞

2. 溶解乙炔瓶

溶解乙炔瓶是一种贮存和运输乙炔的容器，其形状与构造如图 1-15 所示。它与移动式乙炔发生器相比，具有节省能源、减少公害、安全可靠、使用方便等优点。

在溶解乙炔瓶内装有浸着丙酮的多孔性填料（如活性炭、木屑、浮石和硅藻土等），能使乙炔稳定而安全地贮存在乙炔瓶内。在瓶阀下面的填料中心放置石棉，以使乙炔容易从多孔性填料中分解出来。使用时分解出来的乙炔通过瓶阀流出，而丙酮仍留在瓶内，以便再次灌入乙炔。

3. 焊炬

焊炬（俗称焊枪）是气焊时用于控制火焰进行焊接的工具。焊炬按气体的混合方式分为射吸式焊炬和等压式焊炬两类；按火焰的数目分为单焰和多焰两类；按可燃气体的种类分为乙炔用、氢用、汽油用等；按使用方法分为手工和机械两类。

（1）射吸式焊炬　射吸式焊炬是可燃气体靠喷射氧流的射吸作用与氧气混合的焊炬，也称为低压焊炬。射吸式焊炬的构造如图 1-16 所示。乙炔靠氧气的射吸作用吸入射吸管，因此它适用于低压及中压乙炔气（0.001～0.1MPa），目前国内适用较多。

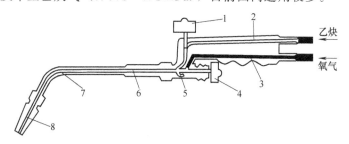

图 1-16　射吸式焊炬的构造

1—乙炔阀；2—乙炔胶管；3—氧气胶管；4—氧气阀；5—喷嘴；

6—射吸管；7—混合气管；8—焊嘴

（2）等压式焊炬　等压式焊炬是氧气与可燃气体压力相等，混合室出口压力低于氧气及燃气压力的焊炬，其构造如图 1-17 所示。压力相等或相近的氧气、乙炔气同时进入混合室，工作时可燃气体流量保持稳定，火焰燃烧也稳定，并且不易回火。但它仅适用于中压乙炔气。

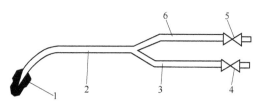

图 1-17　等压式焊炬的构造

1—焊嘴；2—混合室；3—乙炔胶管；4—乙炔阀；

5—氧气阀；6—氧气胶管

（3）焊割两用炬　焊割两用炬即在同一炬体上，装上气焊用附件可进行气焊，装上气割用附件可进行气割的两用器具。在一般情况下装成割炬形式，当需要气焊时，只需换下气管及割嘴，并关闭高压氧气阀即可。

4. 辅助工具

（1）橡胶软管　氧气瓶和乙炔发生器（或溶解乙炔瓶）中的气体需用橡胶软管输送到焊炬（或割炬）中，按有关规定：氧气软管为红色，乙炔软管为绿色或黑色。一般氧气软管内径为 8mm，允许工作压力为 1.5MPa；乙炔软管内径为 10mm，允许工作压力为 0.5MPa。连接焊炬和割炬的软管长度一般为 10～15m，橡胶软管禁止油污及漏气，并严禁互换使用。

（2）软管接头　焊炬和割炬用软管接头由螺纹管、螺母及软管组成，其结构如图 1-18 所示。内径为 5mm 的胶管所用的氧气软管接头，其螺纹尺寸为 M16×1.5，内径为 10mm 的燃气软管接头，螺纹尺寸为 M18×1.5。软管接头可分为普通型（A 型）与快速接头（B 型）两种。

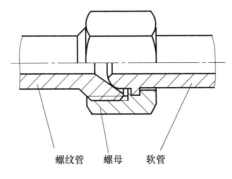

螺纹管　螺母　软管

图 1-18　软管接头结构

（3）护目镜　气焊时，焊工应戴护目镜进行操作，主要是保护焊工的眼睛不受火焰亮光的刺激，防止飞溅金属微粒溅入眼睛内。护目镜片的颜色和深浅应根据焊工的视力、焊枪的大小和被焊材料的性质选用，一般宜用 3～7 号黄绿色镜片。

（4）点火枪　点火枪是气焊与气割时的点火工具，采用手枪式点火枪最为安全。

辅助工具除上述几种外，还有清理焊缝用的工具如钢丝刷、錾子、锤子、锉刀等，连接和启闭气体通路的工具如钢丝钳、活络扳手、铁丝等。此外每个焊工都应备有粗细不等的三棱式钢质通针一套，用于清除堵塞焊嘴或割嘴的脏物。

二、气焊工艺

1. 焊接接头形式及坡口

气焊可以在平、立、横、仰各种空间位置进行焊接，接头形式主要采用对接接头，角接接头和卷边接头只在焊接薄板时用，而搭接接头和 T 形接头应用很少。

焊接低碳钢时，其对接与角接接头的钢板坡口形式见表 1-6。

2. 气焊操作

气焊操作分左焊法与右焊法两种。

（1）左焊法　左焊法时焊丝和焊炬都是自右向左移动，焊丝位于焊接火焰之前。这种焊法因火焰指向未焊冷金属，故热量散失一部分，焊薄件时不易烧穿。由于左焊法时熔池看得很清楚，故操作简单方便，应用最普遍，但焊厚件时因热量损失较大，生产率显著降低。

（2）右焊法　右焊法时焊丝和焊炬都是自左向右移动，焊丝在焊炬后面，火焰指向焊缝，故热量损失较小，熔深较大。焊接过程中火焰始终保护着焊缝金属使之避免氧化，并使熔池冷却缓慢，有改善焊缝金属的组织、减少气孔夹渣的可能性。同时，这种焊法热量集中，金属受热区小，焊缝质量较高。但施焊时焊丝阻挡了焊工视线，熔池看不清楚，操作不便，因此除焊厚件外一般不采用。

表 1-6　低碳钢对接焊接及角接焊接的钢板坡口形式

坡口形式		各种尺寸/mm		
图示	名称	板厚(δ)	间隙(b)	钝边(p)
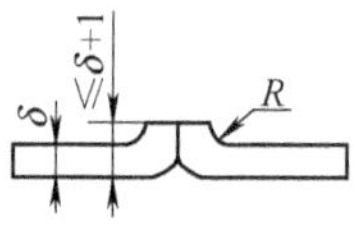	卷边坡口	0.5～1	—	—
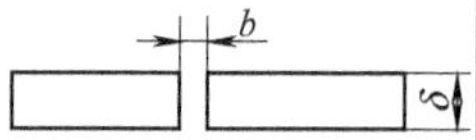	I 形坡口	1～3	0～0.5	1～2
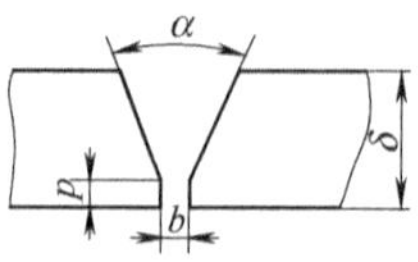	Y 形坡口	3～6 4～15	0～2.5 2～4	— 1.5～3
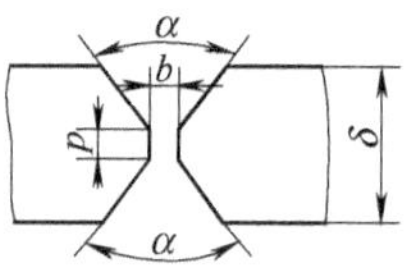	双 Y 形坡口	>10	2～4	2～4
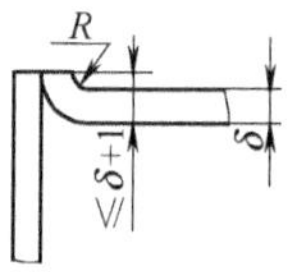	卷边	0.5～1	—	1～2
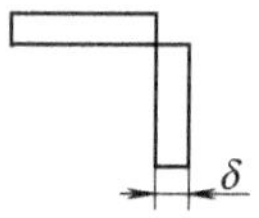	不开坡口	≤4	—	—
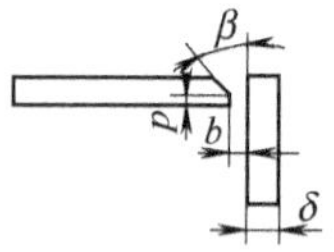	单边 V 形坡口	>4	1～2	—

在焊接过程中,为了获得优质美观的焊缝,焊炬与焊丝应作均匀协调地摆动。通过摆动使焊件金属熔透均匀,并避免焊缝金属过热或过烧。在焊接某些有色金属时,要不断地用焊丝搅动金属熔池,以利于熔池中各种氧化物及有害气体的排出。

气焊时焊炬有两种动作,即沿焊接方向的移动和垂直于焊缝的横向摆动。对于焊丝,除了与焊炬同样的两种动作外,由于焊丝的不断熔化,还必须有向熔池的送进动作,并且焊丝末端应均匀协调地上、下跳动,否则会造成焊缝高低不平、宽窄不匀的现象。焊炬与焊丝的摆动方法和工件厚度、性质、空间位置及焊缝尺寸等有关,常见的几种摆动方法如图 1-19所示。

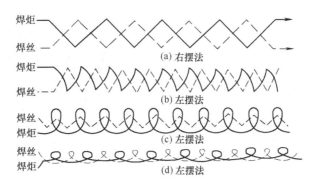

图 1-19 焊炬和焊丝的摆动方法

三、气割方法

气割时，割炬是气割的主要工具，可以安装或更换割嘴，调节预热火焰气体流量和控制切割氧流量。与焊炬一样，按氧气与乙炔混合形式的不同，割炬也分为射吸式与等压式两类。

手工割炬具有轻便、灵活的特点，不受切割位置的限制，并随操作者依切割线可切割出所需的任何形状，适用于各种场合，特别适用于检修、安装工地及野外施工。但手工切割的劳动强度大，切口质量不高，生产率也比较低。

目前切割机在生产中已广泛使用，其形式有数十种，如手持式切割机、直线式切割机、椭圆切割机、弧形切割机、坡口切割机、型钢切割机、光电跟踪切割机和数控切割机等。

1. 手工气割

手工气割可根据个人的习惯，在满足切割要求的前提下采用各种各样的操作姿态。

起割时，先将割件划线处边缘预热到红热状态（割件发红），开始缓慢开启切割氧调节阀，待铁水被氧射流吹掉时，可加大切割氧气流，当听到割件下面发出"啪、啪"的声音时表明割件已被切透。这时根据割件厚度，灵活掌握切割速度，沿切割线前进方向施割。

在整个切割过程中，割炬运行要均匀，割嘴离工件表面的距离应保持不变。

切割临近终点时，割嘴应沿切割方向略向后倾斜一定角度，以利于割件下面提前割透，保证收尾时的割缝质量。气割结束时，应先关闭切割氧气手轮，再关闭乙炔手轮和预热氧气手轮。如果停止工作时间较长，应旋松氧气减压器，再关闭氧气瓶阀和乙炔输送阀。

在气割过程中割炬发生回火时，应先关闭乙炔开关，然后再关闭氧气开关，待火熄灭后，割嘴不烫手时方可重新进行气割。

2. 机械气割

与手工切割相比，机械化气割具有劳动强度低、气割质量好、生产效率高及成本低等优点，因此其应用越来越广泛。机械切割分为半自动切割、仿形切割、数控切割、光电跟踪自动气割等。

常用的 CG1-30 型半自动气割机是一种小车式半自动切割机，如图 1-20 所示。它能切割直线或圆弧，目前用得最多的是气割直线，一般情况下一名工人可以操纵一台半自动气割机。CG2-150 型仿形气割机是一种高效率半自动气割机，如图 1-21 所示。仿形气割机是一种高效率的半自动氧气气割机，可以方便而又精确地气割出各种形状的零件。而数控气割是按照数字指令规定的程序进行的热切割，可省去放样、划线等工序，使工人的劳动强度大大降低，切口质量好，生产效率高，因此在造船、锅炉及化工机械等部门越来越广泛地得到应用。光电跟踪自动气割是一项新技术，也在造船、锅炉及化工机械等部门得到了应用。

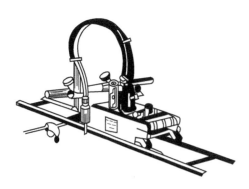

图 1-20　CG1-30 型半自动气割机

图 1-21　CG2-150 型仿形气割机

3. 其他切割方法

其他切割方法及应用见表 1-7。

表 1-7　其他切割方法及应用

切割方法	特　点	应 用 范 围
等离子弧切割	利用等离子弧的热量实现切割	可切割不锈钢、铸铁、钛、钼、钨、铜及铜合金、铝及铝合金等难以切割的材料,也可切割花岗岩、碳化硅等非金属
氢氧源切割	利用水电解产生的氢气和氧气恰好完全燃烧,来用于气割	水电解氢氧焊割机有利于实现一机多用,形式多样,如可一机实现电焊、气焊、切割、喷涂、刷镀等
激光切割	利用激光束的热能实现切割	可切割多种材料如低碳钢、不锈钢、钛、钽、铌、锆及非金属等。目前激光切割仅适用于切割中、小厚度板材
水射流切割	利用高压水射流进行切割	适用于切割各种金属和非金属,尤其是其他加工方法难以加工的硬质合金材料和陶瓷材料
碳弧气割	使用石墨棒或碳棒与工件间产生的电弧将金属熔化,并用压缩空气将其吹掉,实现切割	主要用于清理铸件飞边、毛刺及切割高合金钢、不锈钢、铝、铜及其合金等
电弧刨割	利用药皮在电弧高温下产生的喷射气流,吹除熔化金属,达到刨割的目的	常用于焊缝返修和局部切割问题,尤其在野外施工及工位狭窄处
氧熔剂切割	在切割氧流中加入纯铁粉或其他熔剂,利用它们的燃烧热和造渣作用实现气割	可用于不锈钢、铸铁和有色金属的氧切割
氧矛切割	利用在钢管中通入氧气流对金属进行切割	对 ϕ1200mm 的合金铸钢件冒口,可采用氧矛切割的办法去除
火焰气刨	利用气割原理在金属表面上加工沟槽	可以铲除钢锭表面的缺陷、焊缝表面的缺陷及清焊根,完成火焰表面清理的任务
水下切割	在水下进行的热切割	可以切割碳素钢、不锈钢、铸铁和非铁金属等

4. 气割缺陷及防止方法

常见的气割缺陷产生原因及防止方法见表 1-8。

表 1-8　常见的气割缺陷产生原因及防止方法

缺陷形式	产　生　原　因	防　止　方　法
切口断面纹路粗糙	①氧气纯度低；②氧气压力太大；③预热火焰能率小；④割嘴距离不稳定；⑤切割速度不稳定或过快	①一般气割，氧气纯度不低于98.5%；要求较高时，不低于99.2%，或者高达99.5%；②适当降低氧气压力；③加大预热火焰能率；④稳定割嘴距离；⑤调整切割速度，检查设备精度及网路电压，适当降低切割速度
切口断面刻槽	①回火或灭火后重新起割；②割嘴或工件有振动	①防止回火和灭火，割嘴是否离工件太近，工件表面是否清洁，下部平台是否阻碍熔渣排出；②避免周围环境的干扰
下部出现深沟	切割速度太慢	加快切割速度，避免氧气流的扰动产生熔渣旋涡
气割厚度方向出现喇叭口	①切割速度太慢；②风线不好	①提高切割速度；②适当增大氧气流速，采用收缩-扩散型割嘴
后拖量过大	①切割速度太快；②预热火焰能率不足；③割嘴倾角不当	①降低切割速度；②增大火焰能率；③调整割嘴后倾角度
厚板凹心大	切割速度快或速度不均	降低切割速度，并保持速度平稳
切口不直	①钢板放置不平；②钢板变形；③风线不正；④割炬不稳定；⑤切割机轨道不直	①检查气割平台，将钢板放平；②切割前校平钢板；③调整割嘴垂直度；④尽量采用直线导板；⑤修理或更换轨道
切口过宽	①割嘴号码太大；②氧气压力过大；③切割速度太慢	①换小号割嘴；②按工艺规程调整压力；③加快切割速度
棱角熔化塌边	①割嘴距离太近；②预热火焰能率大；③切割速度过慢	①将割嘴提高到正确高度；②将火焰调小，或更换割嘴；③提高切割速度
中断、割不透	①材料缺陷；②预热火焰能率小；③切割速度太快；④切割氧压力小	①检查夹层、气孔缺陷，以相反方向重新气割；②检查氧气、乙炔压力，检查管道和割炬通道有无堵塞、漏气，调整火焰；③放慢切割速度；④提高切割氧压力及流量
切口被熔渣黏结	①氧气压力小，风线太短；②割薄板时切割速度低	①增大氧气压力，检查割嘴；②加大切割速度
熔渣吹不掉	氧气压力太小	提高氧气压力，检查减压阀通畅情况
下缘挂渣不易脱落	①氧气纯度低；②预热火焰能率大；③氧气压力低；④切割速度慢	①换用纯度高的氧气；②更换割嘴，调整火焰；③提高切割氧压力；④调整切割速度
割后变形	①预热火焰能率大；②切割速度慢；③气割顺序不合理；④未采取工艺措施	①调整火焰；②提高切割速度；③按工艺采用正确的切割顺序；④采用工夹具，选用合理起割点等工艺措施
产生裂纹	①工件含碳量高；②工件厚度大	①可采取预热及割后退火处理办法；②预热温度250℃
碳化严重	①氧气纯度低；②火焰种类不对；③割嘴距工件近	①换纯度高的氧气，保证燃烧充分；②避免加热时产生碳化焰；③适当提高割嘴高度

章 节 小 结

1. 焊接电弧。焊接电弧是在电极与工件间气体介质中强烈持久的放电现象。焊接电弧由阴极区、阳极区和弧柱区三部分组成。

2. 手工电弧焊设备及其基本技术参数。

3. 电焊条。手工电弧焊的焊条由焊条芯和药皮（涂料）两部分组成。

4. 手弧焊焊接工艺。常用焊接接头形式有对接接头、搭接接头、角接接头和丁字接头。焊接位置分为平焊位置、立焊位置、横焊位置和仰焊位置四种。焊缝应尽可能安排在平焊位置施焊。选择合适的焊接规范是获得优质焊接接头的基本保证。手弧焊时引弧和堆平焊波是最基本的操作技能。

5. 气焊与气割的特点及其应用。

6. 气焊与气割设备的作用。

气焊与气割设备主要包括氧气瓶、溶解乙炔瓶、减压器、回火保险器、焊炬、割炬等。氧气瓶是贮存和运输高压氧的高压容器。溶解乙炔瓶是贮存和运输乙炔的容器。减压器的作用是将贮存在瓶内的高压气体减少到工作所需要的压力，并保护输出气体的压力和流量稳定不变。回火防止器是装在燃烧气体系统上防止向燃气管路或气源回烧的保险装置。焊炬（俗称焊枪）是气焊时用于控制火焰进行焊接的工具。割炬是气割的主要工具，可以安装或更换割嘴，调节预热火焰气体流量和控制切割氧流量。

7. 气焊工艺的特点。

气焊可以在平、立、横、仰各种空间位置进行焊接，接头形式主要采用对接接头。根据不同的要求，采用左焊法或右焊法焊接。

8. 气焊操作的基本方法。

气焊操作分左焊法与右焊法两种。左焊法时焊丝和焊炬都是自右向左移动，焊丝位于焊接火焰之前。这种焊法操作简单方便，应用最普遍，生产效率低。右焊法时焊丝和焊炬都是自左向右移动，焊丝在焊炬后面，火焰指向焊缝，这种焊法热量集中，金属受热区小，焊缝质量较高。

9. 各种气割方法的特点及应用。

常见的气割方法有手工气割、机械气割、高速气割、等离子弧切割等。各种气割方法都有不同的特点及应用范围。

10. 气割中常见的故障及排除方法。

思 考 题

1. 焊接电弧由哪几部分组成？

2. 手工电弧焊有哪些特点？

3. 焊条药皮的作用是什么？

4. 焊条涂层按照其在焊接过程中所起的作用不同，通常由哪些剂组成？

5. 什么是酸性焊条和碱性焊条？它们各自有什么特点？

6. 手工电弧焊焊条按用途不同分为哪几类？各类的代号是什么？

7. 焊条的选用原则是什么？

8. 气焊的主要设备与工具有哪些?

9. 气割的主要设备与工具有哪些?

10. 乙炔的主要性质是什么?

11. 减压器的主要作用是什么?

12. 回火保险器的作用是什么?

13. 气割的原理是什么?

14. 使用氧气瓶和溶解乙炔瓶应注意什么?

15. 碳素钢气焊时如何正确选择气焊丝?

第二章 埋 弧 焊

【**学习指南**】 本章重点学习埋弧焊的有关知识。要求了解埋弧焊的特点及应用范围，理解焊接材料、焊接参数的选用与使用原则，理解埋弧焊的操作技术，学会使用相关的设备进行焊接操作。

埋弧焊是电弧在焊剂层下燃烧进行焊接的方法。这种方法是利用焊丝与焊件之间在焊剂层下燃烧的电弧产生热量，熔化焊丝、焊剂和母材金属而形成焊缝，连接被焊工件。在埋弧焊中，颗粒状焊剂对电弧和焊接区起保护和合金化作用。而焊丝则用做填充金属。熔融的焊剂形成熔渣，凝固成为渣壳覆盖于焊缝表面，如图 2-1 所示。

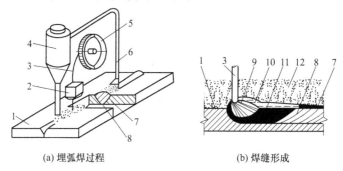

(a) 埋弧焊过程　　　　　　　　(b) 焊缝形成

图 2-1　埋弧焊示意图

1—焊件；2—送丝装置；3—焊丝；4—焊剂漏斗；5—焊丝盘；6—焊剂回收装置；

7—渣壳；8—焊缝；9—电弧；10—熔渣；11—熔池金属；12—焊剂

近几十年来，埋弧焊作为一种高效、优质的焊接方法有了很大的发展，已演变出多种埋弧焊工艺方法并在工业生产中得到实际应用，具体方法如图 2-2 所示。

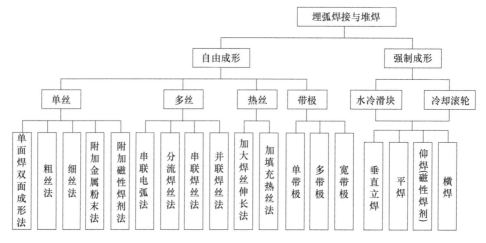

图 2-2　埋弧焊工艺方法

　　埋弧焊的突出优点是：可以相当高的焊接速度和高的熔敷率完成厚度实际上不受限制的对接、角接和搭接接头，多丝埋弧焊特别适用于厚板接头和表面堆焊；单丝或多丝埋弧焊可以单面焊双面成形工艺完成厚度 20mm 以下直边对接接头，可以双面焊完成 40mm 以下的直边对接和单 V 形坡口对接接头，并取得相当高的经济效益；可通过焊剂和焊丝的选配任意调整，改善焊缝金属性能，从而获得力学性能优良、致密性高的优质焊缝；焊接过程中焊丝的熔化不产生任何飞溅，焊缝表面光洁，焊后无需修磨焊缝表面；焊接过程无弧光刺激，劳动条件得到改善，焊工可集中注意力操作，焊接质量易于保证；易于实现机械化和自动化操作，焊接过程稳定，焊接参数调整范围广，适用于各种形状工件的焊接；可在风力较大的露天场地施焊。

　　但不足之处是：焊接设备占地面积较大，一次投资费用较高，需要用处理焊丝、焊剂的辅助装置；每层焊道焊接后必须清除焊渣，增加了辅助时间。如清渣不仔细，容易使焊缝产生夹渣之类的缺陷；埋弧焊只能在平焊或横焊位置下进行，对工件的倾斜度有严格的限制。

　　目前，埋弧焊仍是各工业部门应用最广泛的机械化焊接方法之一，特别在船舶制造、发电设备、锅炉压力容器、大型管道、机车车辆、重型机械、桥梁及炼油化工装备生产中已成为主导焊接工艺，对这些焊接结构制造行业的发展起到了积极的推动作用。

第一节　焊　接　方　法

一、焊接材料

　　埋弧焊所用焊丝有实心焊丝与药芯焊丝两种。普遍使用的是实心焊丝，有特殊要求时使用药芯焊丝。根据所焊金属材料的不同，埋弧焊用焊丝有碳素结构钢焊丝、合金结构钢焊丝、高合金钢焊丝、各种有色金属焊丝和堆焊焊丝。按焊接工艺的需要，除不锈钢焊丝和有色金属焊丝外，焊丝表面均镀铜，以利于防锈并改善导电性能。

　　埋弧焊焊剂按用途分为钢用焊剂和有色金属用焊剂，按制造方法分为熔炼焊剂、烧结焊剂和陶质焊剂，焊剂的制造类别见表 2-1。

表 2-1　焊剂的制造类别

分　类	制　造　工　艺
熔炼焊剂	按配方比例配料→干混均匀→熔化→注入冷水或在激冷板上粒化→干燥→捣碎→过筛。制成玻璃状、结晶状、浮石状焊剂
烧结焊剂	按配方比例配料→混拌均匀→加水玻璃调成湿料→在 750～1000℃下烧结→破碎→过筛
陶质焊剂	按配方比例配料→混拌均匀→加水玻璃调成湿料→制成一定尺寸颗粒→350～500℃烘干

　　常用焊剂的用途及配用焊丝分别见附表 1、附表 2。具体参见 GB/T 5293—1999。

二、常用的焊接方法

1. 单丝焊接法

　　单丝焊接法是埋弧焊中最通用的焊接方法，其原理如图 2-3 所示。单丝焊可分细丝焊和粗丝焊，焊丝直径 φ2.5mm 以下为细丝，φ2.5mm 以上为粗丝。粗丝埋弧焊通常用于自动焊或机械化焊接，细丝埋弧焊通常配恒压电源和等速送丝系统。单丝埋弧焊在表面堆焊或不要求深熔的填充焊中，应选用正极性焊接法；对要求深熔的平板对接单面焊或双面焊以及厚板开坡口对

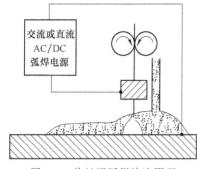

图 2-3　单丝埋弧焊接法原理

接接头的根部焊道，则必须采用反极性焊接法。

2. 加大焊丝伸出长度焊接法

埋弧焊时的焊丝伸出长度较短（25～35mm），如果控制恰当，也可利用加大焊丝伸出长度而产生的电阻热加速焊丝的熔化速度提高熔敷率。为了避免在窄坡口内形成夹渣，加大焊丝伸出长度焊接法通常采用直流电焊接。为便于引弧，焊丝端应剪成 45°尖角或采用热引弧技术。加大焊丝伸出长度焊接法可以使用标准的埋弧焊机，无需改进电源和送丝系统。

3. 多丝埋弧焊接法

多丝埋弧焊接法是使用二根以上焊丝完成同一条焊缝的埋弧焊，又可分为并联焊丝焊接法、串联电弧焊接法和多丝多电源埋弧焊。并联焊丝焊接法中电源与焊丝的连接方法如图 2-4 所示。串联电弧焊接法是将二根由单独送丝系统送给的焊丝分别连接于焊接电源两输出端，两电弧之间形成一串联的焊接回路，如图 2-5 所示。为进一步提高熔敷率和焊接速度并改善焊道成形，从串联电弧焊接法中派生出分流焊丝焊接法，其接法如图 2-6 所示。

多丝多电源埋弧焊中，每根焊丝由单独的送丝机构送进并由独立的焊接电源供电。焊丝的数量、焊丝的极性和所使用的电源种类可以有多种组合形式。最

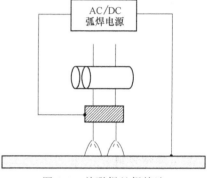

图 2-4　并联焊丝焊接法

常用的是双丝和三丝焊接法如图 2-7 和图 2-8 所示。通常将前置焊丝接直流电源，后置焊丝及中间焊丝均接交流电源，在一些特殊应用场合如管道内环缝的焊接，则必须全部采用交流焊接电源。多丝多电源埋弧焊与单丝埋弧焊相比，其焊接速度成倍提高，显著地提高了厚板的焊接效率。

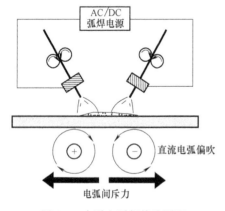

图 2-5　串联电弧焊接法原理

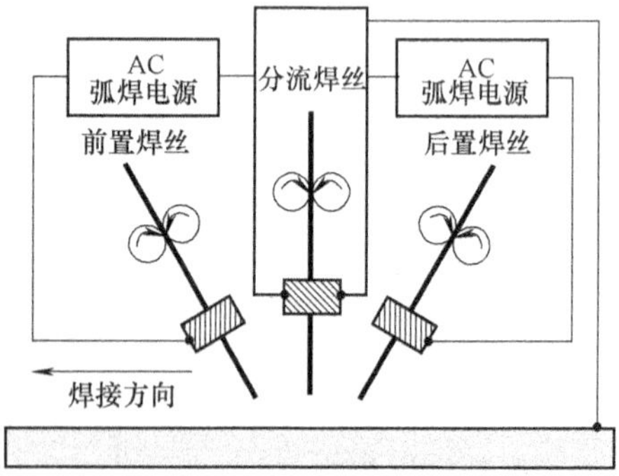

图 2-6　分流焊丝焊接法

4. 加金属粉末埋弧焊接法

加金属粉末埋弧焊接法熔敷率高，稀释率低，非常适用于表面堆焊和厚壁坡口焊缝的填充层焊接。附加金属粉末最常用的方法如图 2-9 所示。其中第一种方法是金属粉末通过勺轮计量器直接铺撒在焊剂层前面的焊接坡口上 [图 2-9 (a)]，第二种方法是金属粉末通过可控

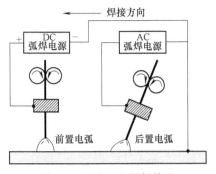

图 2-7 双丝双电源焊接法

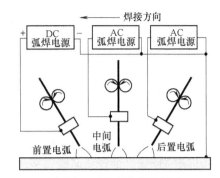

图 2-8 三丝多电源焊接法

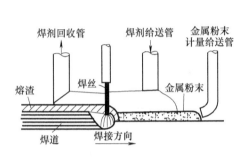

(a) 金属粉末铺撒填加法

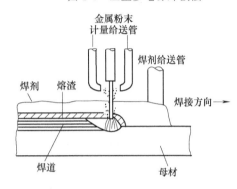

(b) 金属粉末吸附填加法

图 2-9 附加金属粉末埋弧焊接法

管送到焊丝周围,并吸附在焊丝表面进入焊接熔池[图 2-9(b)]。

金属粉末的成分,原则上按所用的焊丝成分确定。在焊接某些低合金钢时,为提高焊缝金属的性能,可加适量的镍和钼等金属粉末或使用合金粉末。加金属粉末埋弧焊接法已在海洋建筑等重要焊接结构中得到实际应用并取得了可观的经济效益。

5.窄间隙埋弧焊

厚板对接接头,焊前不开坡口或只开小角度坡口,并留有窄而深的间隙,采用埋弧焊多层焊完成整条焊缝的高效率焊接方法,称为窄间隙埋弧焊。在宽度 14~20mm 的窄间隙内完成整个焊接接头的焊接,以节省焊接材料的消耗并缩短焊接时间,避免了厚板接头通常采用的 U 形或双 U 形坡口。

窄间隙埋弧焊可采用每层单道、每层双道和每层三道的焊接工艺方案。每层双道的工艺通常在宽度 18~24mm 的间隙内完成,便于操作,容易获得无缺陷的焊缝,是目前最常用的窄间隙埋弧焊方法。

窄间隙埋弧焊采用单丝或双丝。焊接设备中的送丝机构和焊接电源可以采用标准的埋弧焊设备,窄间隙焊时焊头的位置、焊剂和焊丝给送系统如图 2-10 所示。为连续完成整个接头的焊接,焊头应具有随焊道厚度增加而自动提升的功能;焊炬导电嘴应具有随焊道的切换而自动偏转的功能。在焊接厚壁环缝时,焊接滚轮架应装设防止工件轴向窜动的自动防偏移装置。

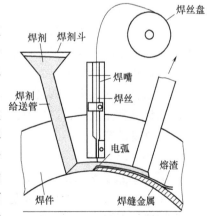

图 2-10 窄间隙埋弧焊时的焊头位置焊剂和焊丝给送系统

第二节　焊接设备及工艺

一、常用设备

埋弧焊设备由焊接电源、埋弧焊机和辅助设备构成。

1. 埋弧焊电源

埋弧焊时，电弧静特性工作段为平或略上升曲线，为了获得稳定的工作点，电源的外特性应采用缓降特性或平特性曲线。对于等速送丝焊机的细丝焊（焊丝 $\phi1.6\sim3mm$），采用平特性曲线的焊接电源；但对粗丝焊时（焊丝 $\phi\geqslant4mm$），应采用缓降特性焊接电源配以电压反馈的变速送丝焊机较好。

埋弧焊电源可以用交流、直流或交直流并用，具体选用见表2-2。

表2-2　单丝埋弧焊电源的选用

焊接电流/A	焊接速度/(cm/min)	电源类型
300～500	＞100	直流
600～1000	38～75	交流、直流
≥1200	12.5～38	交流

2. 埋弧焊机

埋弧焊机按其自动化程度可分为半机械化（自动）焊机和机械化（自动）焊机；按用途可分为通用和专用焊机；按电弧自动调节方式可分为等速送丝和均匀调节式焊机；按焊丝数目可分为单丝、双丝和多丝焊机；按行走机构形式可分为小车式、门架式和伸缩臂式等。

常用的机械化埋弧焊机有等速送丝和变速送丝两种，一般由机头、控制箱、导轨（或支架）组成。其中MZ1-1000型埋弧焊机是目前国内常用的焊机，该焊机有交流与直流两种，小车式机头，采用感应电动机驱动，变换齿轮调速的等速送丝与行走结构，适用于批量大、参数一致的焊接工作场合，而MZ-1250型埋弧焊机是近年采用高技术开发而成的多功能通用自动埋弧焊机。

为适应某些特殊工件的焊接，埋弧焊还有不少专用的焊接设备，如MZ7-1000型带钢对接埋弧焊机、焊缝铣平机和MZ8-1500型埋弧螺旋焊管机。可以将钢带拼接、铣平，卷成螺旋缝后实现连续埋弧焊接，高效率生产钢管。

3. 埋弧焊辅助设备

在焊接生产过程中，为了保证焊接质量和实施焊接工艺，提高生产率及减轻工人的劳动强度，必须采用各种焊接辅助设备如焊接操作架、焊件变位机、焊缝成形装置、焊剂回收装置等，其形式及应用见表2-3。

4. 埋弧焊机常见故障及排除方法

埋弧焊机常见故障、产生原因及排除方法见附表3、附表4。

二、焊接工艺

（一）埋弧焊接头

1. 埋弧焊接头坡口的基本形式

焊接接头的坡口形式和尺寸是满足工艺要求、保证焊接质量的必要条件。对于碳素钢和低合金钢埋弧焊焊接接头，按GB 986—1988《埋弧焊焊缝坡口的基本形式和尺寸》，其坡口形式有数十种，常用的坡口形式及尺寸见表2-4。

表 2-3 埋弧焊辅助设备的形式及应用

辅助设备名称	主 要 形 式	适 用 范 围
焊接操作架	平台式、悬臂式、龙门式、伸缩式等	将焊接机头准确地送到待焊位置,焊接时以一定的速度沿规定的轨迹移动焊接机头进行焊接
焊件变位机	滚轮架、翻转机	主要用于容器、梁、柱、框架等焊件的焊接
焊缝成形装置	—	钢板对接时,为防止烧穿和熔化金属的流失,促使焊缝背面的成形,则在焊缝背面加衬垫如焊剂铜槽垫板,但应用更广泛的是焊剂衬垫如热固化焊剂垫
焊剂回收装置	—	用于在焊接过程中自动回收焊剂。如 XF-50 焊剂回收机利用真空负压原理自动回收焊剂,在回收过程中微粒粉尘能自动与焊剂分离

表 2-4 埋弧焊焊缝常用的坡口形式及尺寸

序号	板厚/mm	符号	坡 口 形 式	坡口尺寸/mm
1	6~20[①]			$b=0\sim2.5$
2	6~12[②]			$b=0\sim4$
3	6~24[③]			$b=0\sim4$
4	10~24[②]			$\alpha=50°\sim80°$ $b=0\sim2.5$ $p=6\sim10$
5	10~30[①]			$\alpha=40°\sim80°$ $b=0\sim2.5$ $p=6\sim10$
6	24~60			$\alpha=50°\sim80°$ $\alpha_1=50°\sim80°$ $b=0\sim2.5$ $p=5\sim10$
7	50~160			$\beta=5°\sim12°$ $b=0\sim2.5$ $p=6\sim10$ $R=6\sim10$ $\beta_1=5°\sim12°$
8	60~250			$\alpha=70°\sim80°$ $\beta=1°\sim3°$ $b=0\sim2$ $p=1.5\sim2.5$ $H=9\sim11$ $R=8\sim11$
9	6~14			$b=0\sim2.5$

续表

序号	板厚/mm	符号	坡口形式	坡口尺寸/mm
10	10～20			$\beta=35°\sim45°$ $b=0\sim2.5$ $p=0\sim3$
11	20～40			$\beta=35°\sim45°$ $\beta_1=40°\sim50°$ $b=0\sim2.5$ $p=1\sim3$ $H=6\sim10$
12	10～24			$\beta_1=35°\sim45°$ $b=0\sim2.5$ $p=3\sim7$
13	10～40			$\beta=10°\sim50°$ $\beta_1=10°\sim50°$ $b=0\sim2.5$ $p=3\sim5$

①允许后焊侧采用碳弧气刨清根；②需采用焊剂垫和铜垫保护熔池；③需采用铜垫保护熔池，并允许后焊侧用碳弧气刨清根。

2. 埋弧焊接头的设计

埋弧焊的接头形式是由焊件的结构形式决定的，其中对接接头和角接接头是埋弧焊最主要的接头形式。根据接头在结构中的受力条件，对接接头和角接接头可以加工成 V 形、I 形、U 形、J 形、Y 形、X 形、K 形及组合形坡口。

对于重要的焊接结构如锅炉、受压容器、船舶和重型机械采用对接接头，板厚大于 20mm 时要开一定形状的坡口；厚度超过 50mm 时，为降低生产成本，目前已广泛采用坡口倾角仅 1°～3°的窄坡口或窄间隙接头形式。

采用角接接头时，在保证角焊缝强度的前提下，可将角接边缘开成一定深度的坡口来减小焊缝的截面积，如图 2-11 所示。三种不同形式等强度角焊缝的相对成本比较如图 2-12 所示。当板厚超过 25mm 时，开坡口角焊缝的生产成本反而低于直角角焊缝。

（二）焊接工艺

1. 焊前准备

埋弧焊在焊接前必须做好准备工作，包括焊件的坡口加工、待焊部位的清理、焊件的装配以及焊丝表面的清理、焊剂的烘干等。

（1）坡口加工　坡口加工要求按 GB 986—1988 执行，以保证焊缝根部不出现未焊透或夹渣，并减少填充金属量。坡口的加工可使用刨边机、机械化、半机械化气割机、碳弧气刨等，加工后的坡口尺寸及表面粗糙度等，必须符合设计图样或工艺文件的规定。

（2）待焊部位的清理　焊件清理主要指去除锈蚀、油污及水分，防止气孔的产生。可用喷砂、喷丸方法或手工清除，必要时用火焰烘烤待焊部位。在焊前应将坡口及坡口两侧各 20mm 区域内及待焊部位的表面铁锈、氧化皮、油污等清理干净。

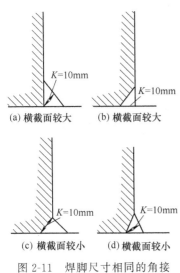

图 2-11 焊脚尺寸相同的角接
接头焊缝截面积对比

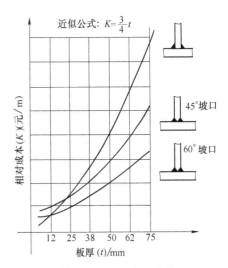

图 2-12 相对成本比较

（3）焊件的装配　装配焊件时要保证间隙均匀，高低平整，错边量小，定位焊缝长度一般大于 30mm，并且定位焊缝质量与主焊缝质量要求一致，必要时采用专用工装、卡具。

对直缝焊件的装配，在焊缝两端要加装引弧板和引出板，待焊后再割掉，其目的是使焊接接头的始端和末端获得正常尺寸的焊缝截面，而且还可除去引弧和收尾容易出现的缺陷。

（4）焊接材料的清理　埋弧焊用的焊丝和焊剂对焊缝金属的成分、组织和性能影响极大。因此焊接前必须清除焊丝表面的氧化皮、铁锈及油污等。焊剂保存时要注意防潮，使用前必须按规定的温度烘干保存。

2. 焊接参数的选择

与焊条电弧焊相比，埋弧焊需控制的焊接参数较多，对焊接质量和焊缝成形影响较大的焊接参数有焊接电流、焊接电压、焊接速度、焊丝直径与伸出长度、焊丝与焊件的相对位置、装配间隙与坡口的大小等。

（1）焊接电流　焊接电流是决定熔深的主要因素。在一定的范围内，焊接电流增加时，焊缝的熔深和余高都增加，而焊缝的宽度增加不大。为保证焊缝的成形美观，在提高焊接电流的同时要提高焊接电压，使它们保持合适的比例关系，具体见表 2-5。

表 2-5　焊接电流与相应的焊接电压

焊接电流/A	600～700	700～850	850～1000	1000～1200
焊接电压/V	36～38	38～40	40～42	42～44

（2）焊接电压　焊接电压是决定熔宽的主要因素。焊接电压增加时，弧长增加，熔深减小，焊缝变宽，余高减小。焊接电压过大，熔剂熔化量增加，电弧不稳，严重时会产生咬边和气孔等缺陷。

（3）焊接速度　焊接速度增加时，母材熔合比较小。焊接速度太快，会产生咬边、未焊透、电弧偏吹和气孔等缺陷，焊缝余高大而窄，成形不好；焊接速度太慢，则焊缝余高过高，形成宽而浅的大熔池，焊缝表面粗糙，容易产生满溢、焊瘤或烧穿等缺陷。

焊接速度过慢，焊接电压又太高时，焊缝截面呈"蘑菇形"，容易产生裂纹。

（4）焊丝直径与伸出长度　不同直径焊丝适用的焊接电流范围见表 2-6。焊丝伸出长度增加时，熔敷速度和余高增加。

表 2-6　不同直径焊丝适用的焊接电流范围

焊丝直径/mm	2	3	4	5	6
电流密度/（A/mm）	63～125	50～85	40～63	35～50	28～42
焊接电流/A	200～400	350～600	500～800	700～1000	800～1200

（5）焊丝倾角的影响　焊接时焊丝相对焊件倾斜，使电弧始终指向待焊部分的焊接操作方法叫前倾焊。焊丝前倾时，焊缝成形系数增加，熔深浅、焊缝宽，适于焊薄板；单丝焊时，通常焊件放在水平位置，焊丝与工件垂直。

焊接时电弧永远指向已焊部分叫后倾焊。焊丝后倾时，熔深与余高增大，熔宽明显减小，焊缝成形不良，一般只用于多丝焊的前导焊丝；焊丝倾角对焊道成形的影响见表 2-7。在实际生产中，埋弧焊时一般不使焊丝倾斜。

表 2-7　焊丝倾角对焊道成形的影响

焊丝倾角	前　倾	垂　直	后　倾
焊道形状			
熔透	深	中等	浅
余高	大	中等	小
熔宽	窄	中等	宽
示意图			

（6）焊件位置的影响　焊件倾斜时，对焊道成形有十分显著的影响，见表 2-8。上坡焊时，熔池底部焊缝的熔深和熔高都有增加，而熔池前部熔宽有所减小，上坡角越大，这一影响越显著。下坡焊与上坡焊情况正好相反。无论上坡焊还是下坡焊，焊件的倾角均不宜大于 6°～8°。

表 2-8　焊件倾斜对焊道成形的影响

上坡焊	$\alpha<6°～8°$	$\alpha>6°～8°$	图　示
焊道横截面形状		咬边	
下坡焊	$\alpha<6°～8°$	$\alpha>6°～8°$	图　示
焊道横截面形状		下凹	

（7）焊接参数的选择　埋弧焊焊接参数对焊缝的质量和成形影响很大，所选择的焊接参数要保证电弧稳定、焊缝质量和成形好、产率高、成本低。

埋弧焊的焊接参数可采用查表法、经验法和试验法来确定。根据焊接工艺的不同要求，不同板厚各种接头的焊接参数见附表5～11。

3. 埋弧焊缺陷的防止方法

选择合适的焊接工艺，能有效地防止埋弧焊焊接缺陷的产生。常见的埋弧焊焊接缺陷的产生原因及防止方法见表2-9。

表 2-9　常见埋弧焊焊接缺陷的产生原因及防止方法

缺　陷	产　生　原　因	防　止　方　法
热裂纹 （结晶裂纹）	易发生在焊缝金属中。由于焊缝中的杂质引起	控制焊缝金属杂质的含量，减少低熔点共晶物的生成
冷裂纹 （氢致裂纹）	常发生于焊缝金属或热影响区，特别是低合金钢、中合金钢和高强度钢的热影响区	采用低氢焊剂，减少氢的来源；选择合理的焊接参数；采用后热或焊后热处理；改善焊接接头设计，防止应力集中，降低接头拘束度等
夹渣	与焊剂的脱渣性、坡口形式、焊件的装配情况及焊接工艺有关	选择脱渣性好的焊剂如SJ101；采取窄间隙埋弧焊和小角度坡口焊接；深坡口采用多道焊，夹渣可能性小
气孔	焊接坡口及附近存在油污、锈等；焊剂中存在水分、污物和氧化铁屑以及焊剂的熔渣黏度过大；电弧磁偏吹及焊剂覆盖不良；环境因素及板材的初始状态等	焊接坡口在焊前必须将其清除干净；焊剂的保管要防潮，使用前要按规范严格烘干；防止电弧磁偏吹，改善焊剂覆盖状态；选择熔渣碱度较低、具有氧化性、黏度较低的焊接材料；改善环境因素等

第三节　典型焊缝的焊接

实例一：对接环焊缝的焊接

1. 焊前准备

焊接圆形筒体结构的对接环焊缝时，可以用辅助装置和可调速的焊接滚轮架，在焊接小车固定、焊件转动的情况下进行埋弧焊，如图 2-13 所示。常用的坡口形式有 I 形坡口、V 形坡口、双 Y 形坡口和 VU 形组合坡口，可根据不同情况选用，同时环缝剖开的错边量不能超过规定值。

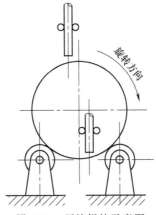

图 2-13　环缝焊接示意图

2. 焊接工艺

对于筒体的环缝焊接，可根据焊件厚度，采用双面埋弧焊，氩弧焊打底加埋弧焊焊接，焊条电弧焊打底挑焊根后加埋弧焊或焊条电弧焊加埋弧焊。

筒体内、外环缝的焊接一般先焊内环缝，后焊外环缝。双面埋弧焊焊接内环缝时，焊机可放在筒体底部，配合滚轮架，或使用内伸式焊接小车配合滚轮架进行焊接，如图 2-14 所示。筒体外侧配用圆盘式焊剂垫。焊接外环缝时，可使用立柱式操作机、平台式操作机或龙门式操作机配合滚轮架进行。

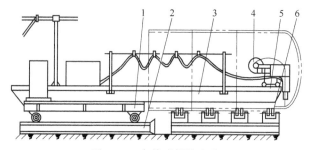

图 2-14　内伸式焊接小车

1—行车；2—行车导轨；3—悬臂梁；4—焊接小车；5—小车导轨；6—滚轮架

埋弧焊焊接环缝时，除焊接参数对焊接质量有影响外，焊丝与焊件的相对位置也起着重要作用。为了保证焊缝成形良好，在环缝自动焊时，焊丝应逆焊件旋转方向相对于焊件中心有一个偏移量，以保证焊接内、外环缝时，焊接熔池大致处于水平位置时凝固，从而得到成形良好的焊缝。偏移量 a 值的大小，随着筒体直径、焊接速度以及焊接电流的不同而变化。a 值的大小根据筒体直径选用，具体选用见表 2-10。最佳的 a 值还要根据焊缝成形的好坏作相应的调整。

表 2-10　焊丝偏移量的选用

筒体直径/mm	800～1000	<1500	<2000	<3000
偏移值/mm	20～25	30	35	40

埋弧焊操作时一般要有两人同时进行，一人操纵焊机，另一人负责清渣工作。焊接结束时，环缝的始端与尾端应重合 30～50mm。

实例二：角焊缝的焊接

角焊缝主要出现在 T 形接头和搭接接头中，按其焊接位置可分为船形焊和横角焊两种。

1. 船形焊

船形焊的焊接形式如图 2-15 所示。

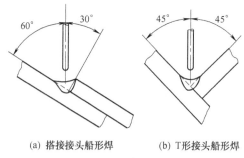

(a) 搭接接头船形焊　　(b) T 形接头船形焊

图 2-15　船形焊

焊接时，由于焊丝处在垂直位置，熔池处在水平位置，熔深对称、焊缝成形好，能保证焊接质量，但易形成凹形焊缝。对于重要的焊接结构如锅炉钢架，要求此焊缝的计算厚度不小于焊缝厚度的60％，否则必须进行补焊。当焊件装配间隙超过1.5mm时，容易发生熔池金属流失和烧穿的现象，这时可在焊缝背面用焊条电弧焊封底，用石棉绳垫或焊剂垫等来防止熔池金属的流失。在确定焊接参数时，焊接电压不能太高，以免焊件两边产生咬边。船形焊的焊接参数见表2-11。

表2-11 船形焊焊接参数

焊脚/mm	焊缝层数	焊缝道数	焊丝直径/mm	焊接电流/A	电弧电压/V	焊接速度/(m/h)	焊丝伸出长度/mm	电源
8		1		600～650	36～38			
10		1		650～700	36～38			
12	1	1	4	700～750	36～39	25～30	35～40	交流
12		2		650～700	36～38			
14～16	2	1		700～750	37～39			
		1		700～750	37～39			
		2		650～750	36～39			

2. 横角焊

横角焊的焊接形式如图2-16所示。由于焊件太大、不易翻转或其他原因不能在船形位置进行焊接时，才采用横角焊。即焊丝倾斜，横角焊对焊件装配间隙的敏感性小，即使间隙较大，一般也不产生流渣及熔池金属流溢现象，但单道焊缝的焊脚最大不能超过8mm。当焊脚要求大于8mm时，必须采用多道焊或多层多道焊。横角焊的焊接参数见表2-12。一般焊丝与水平板的夹角应保持在75°～45°之间，并选择距竖直面适当的距离。

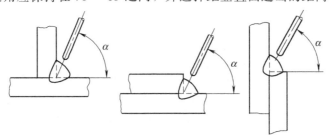

图2-16 横角焊

表2-12 横角焊的焊接参数

焊脚/mm	焊丝直径/mm	焊接电流/A	电弧电压/V	焊接速度/(m/h)
4	3	350～370	28～30	53～55
6	3	450～470	28～30	54～58
6	4	480～500	28～30	58～60
8	3	500～530	30～32	44～46
8	4	670～700	32～34	48～50

实例三：窄间隙埋弧焊接

根据焊件结构特点、板厚和具体加工条件，窄间隙焊坡口形式如图2-17所示。

单面焊坡口的焊接工作量主要在筒体外面，背面清焊根后再焊接。带垫板的单面焊坡口焊缝可连续焊完，但焊后需要将垫板去掉。若装配有错边，根部会产生焊接缺陷。双面焊坡

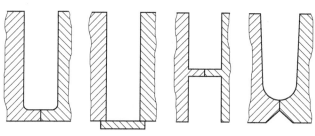

(a) 单面焊坡口　　(b) 带垫板的单　　(c) 双面焊坡口　　(d) 焊条电弧焊封底
　　　　　　　　　面焊坡口　　　　　　　　　　　　　的双面焊坡口

图 2-17　坡口形式

口可用于大直径的容器焊接，但缺点是筒体内部焊接工作量较大，如焊件需要预热，焊接环境条件很差。双面坡口的内部用焊条电弧焊或埋弧焊打底，焊接工作量小。

　　窄间隙焊接时必须选择合适的坡口间隙。为了补偿焊缝的自然收缩，保证焊接能连续进行，坡口面角度一般为 1°～5°。焊接参数的具体选择见表 2-13。

表 2-13　窄间隙埋弧焊焊接参数

间隙 /mm	焊丝直径 /mm	焊丝伸出长度 /mm	焊接电流 /A	电弧电压 /V	焊接速度 /(cm/min)
18～20	3	30～40	450	29	40
20～24	4	35～45	550	29	35～40
24	5	35～45	650	29	40

实例四：双面埋弧焊

以电站锅炉主焊缝的焊接为例。

1. 技术要求

锅筒材料：20g，$\delta=42mm$；工作压力：3.82MPa；焊缝表面：外形尺寸符合图样和工艺文件的规定，焊缝及热影响区表面无裂纹、未熔合、夹渣、弧坑、气孔和咬边；焊缝 X 射线探伤：按 JB 4730—94Ⅱ级；焊接接头力学性能：$\sigma_b=400～540MPa$，$\sigma_s=225MPa$，$\delta_5=23\%$，冷弯 $\alpha=180°$，$A_{KV}=27J$；焊接接头宏观金相：没有裂纹、疏松、未熔合、未焊透。

2. 焊接工艺

① 坡口形状及尺寸如图 2-18 所示。

② 选用的焊接材料为 $\phi5mmH08MnA$ 焊丝和 HJ431 焊剂。

③ 焊接工艺采用多层搭接焊，焊层分布如图 2-19 所示，层间温度为 100～250℃，焊接参数及焊丝偏移量见表 2-14。

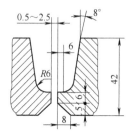

图 2-18　电站锅炉主焊缝对接
坡口的形状及尺寸

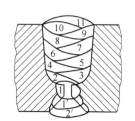

图 2-19　电站锅炉主焊缝
的焊层分布图

表 2-14 电站锅炉主要焊缝埋弧焊的焊接参数及焊丝偏移量

焊接层次	焊接电流/A	电弧电压/V	焊接速度/(cm/min)	焊丝位置
1′	680～730	34～35	40～41.7	焊缝坡口中心
2′	750～770			
背面气刨	炭精棒 ϕ7mm,槽宽 6～8mm,槽深 4～5mm			—
1	730～750	34～35	40～41.7	焊缝坡口中心
2、3	750～770			4～5[1]
4、5、6、7				5～6[1]
8、9				6～7[1]
10				8～10[1]
11	750～780			

[1] 为焊丝距坡口侧边的距离,单位为 mm。

3. 焊接检验

① 焊缝成形美观,过渡均匀,焊缝余高为 1.5～3mm,焊缝宽 35～38mm,焊缝表面无裂纹、咬边、未熔合、气孔等。

② 按 JB 4730—94 100％探伤Ⅱ级合格。

③ 力学性能数据见表 2-15,结果均合格。

表 2-15 电站锅炉主要焊缝埋弧焊焊接接头的力学性能

检验项目	σ_s/MPa	σ_b/MPa	δ_5/％	弯曲	冲击韧度/(J/cm²)	
					焊缝	热影响区
焊缝拉伸	326～350	451～463	31～38.7	$D=2S$ $\alpha=180°$ 合格	—	—
接头拉伸	—	447～461	—		—	—
侧弯	—	—	—		—	—
冲击	—	—	—	—	35～88	30～50

注:D 为弯曲直径,S 为厚度。

④ 宏观金相检查时,无任何肉眼可见缺陷。

实践训练 埋弧自动焊实验

一、实验目的

① 了解焊机的结构与组成,埋弧自动焊的操作技术。

② 理解焊机的操作规程。

③ 理解焊接参数的调节方法及对焊接质量的影响。

二、实验设备及其他

① 焊机:选用 BX-330 型焊接变压器一台和 MZ1-1000 型埋弧焊机一台。

② 焊条：选用 E4303，ϕ4.0mm。

③ 焊剂：HJ431 配 H08A 焊丝 ϕ4.0mm。

④ 试件：Q235A，厚 12mm，规格 500mm×125mm 两块。

⑤ 引弧板和引出板：Q235A，厚 12mm，规格 100mm×100mm 两块。

⑥ 各种辅助工具及量具。

三、实验内容

① 埋弧焊机操作训练。

② 中厚板的双面埋弧焊。

四、注意事项

① 在焊接过程中，应注意观察焊接电流和电弧电压表的读数及焊接小车的行走路线，随时进行调整，以保证焊接参数的匹配和防止焊偏，并注意焊剂漏斗内的焊剂量，必要时需立即添加，以免影响焊接工作的正常进行。

② 接长焊缝时，要注意观察焊接小车的焊接电源电缆和控制线，防止在焊接过程中被工件及其他东西挂住，使焊接小车不能前进，引起焊瘤、烧穿等缺陷。

③ 在关闭停止按钮时，按下停止开关一半的时间若太短，焊丝易粘在熔池中或填不满弧坑；太长容易烧焊丝嘴，需反复练习积累经验才能掌握。

④ 工件焊完后，必须切断一切电源，将现场清理干净，整理好设备，并确信没有引燃火种后，才能离开现场。

章 节 小 结

1. 埋弧焊的分类及特点。

埋弧焊是电弧在焊剂层下燃烧进行焊接的方法。埋弧焊作为一种高效、优质的焊接方法有了很大的发展，已演变出多种埋弧焊工艺方法并在工业生产中得到实际应用。每一种方法都有各自的特点。

2. 埋弧焊用焊接材料的选用原则。

埋弧焊所用焊丝有实心焊丝与药芯焊丝两种。埋弧焊所用的焊剂按用途分为钢用焊剂和有色金属用焊剂，按制造方法分为熔炼焊剂、烧结焊剂和陶质焊剂。

3. 埋弧焊设备的特点。

埋弧焊设备由焊接电源、埋弧焊机和辅助设备构成。埋弧焊时，电弧静特性工作段为平或略上升曲线，电源的外特性应采用缓降特性或平特性曲线。埋弧焊电源可以用交流、直流或交直流并用。埋弧焊机有多种分类方法。常用的有 MZ1-1000 型等，适用于批量大、参数一致的焊接工作场合。同时还采用各种焊接辅助设备如焊接操作架、焊件变位机、焊缝成形装置、焊剂回收装置等。

4. 常见的埋弧焊接头形式。

埋弧焊的接头形式是由焊件的结构形式决定的，其中对接接头和角接接头是埋弧焊最主要的接头形式。

5. 埋弧焊的焊接参数及选择。

埋弧焊需控制的焊接参数较多，对焊接质量和焊缝成形影响较大的焊接参数有焊接电流、焊接电压、焊接速度、焊丝直径与伸出长度、焊丝与焊件的相对位置、装配间隙与坡口的大小等。

6. 埋弧焊工艺的要点。

思 考 题

1. 埋弧焊的原理是什么？

2. 埋弧焊的特点是什么？适用什么场合？

3. 为何埋弧焊时可以使用较大的焊接电流？

4. 埋弧焊设备包括哪些？各有什么作用？

5. 如何正确选择埋弧焊用的焊接材料？

6. 埋弧焊的主要焊接参数对焊接过程有什么影响？

7. 试述埋弧焊过程中夹渣产生的原因及防止措施。

8. 试述埋弧焊过程中常见的裂纹种类、产生原因及防止措施。

9. 采用双面埋弧焊工艺焊接厚 12mm 的钢板，如何保证焊透？是否一定要 I 形以外的坡口？

10. 为什么埋弧焊中使用焊剂垫？

11. 大直径的筒体环缝焊接时，焊丝为什么有一定的偏移量？

12. 在实际生产中，埋弧焊常与其他焊接方法组合使用，为什么？

第三章　熔化极气体保护焊

【学习指南】　本章重点学习熔化极气体保护焊的有关知识。要求了解熔化极气体保护焊的特点及应用，理解焊接材料、焊接参数的选用原则，理解熔化极气体保护焊的操作技术，掌握 CO_2 气体保护焊的基本操作方法。

气体保护电弧焊是用外加气体作为电弧介质并保护电弧和焊接区的电弧焊，简称气体保护焊。气体保护焊是一种高效、节能、节材的焊接方法，合适的保护气体流量，使之形成稳定的层流气帘，有效地防止大气的侵入，是气体保护焊获得优质接头的重要因素之一。特别适于焊接薄板，但气体保护焊不如手弧焊灵便，在现场施工时，需采取相应的防风措施。

气体保护焊根据所采用的保护气体的种类不同，适于焊接不同的金属。气体保护焊的分类方法很多，通常的分类方法见表 3-1。

表 3-1　气体保护焊方法分类

分类方法	按电极类型分	按焊丝种类分	按保护气种类分	采用的保护气体
气体保护焊	熔化极气体保护焊	实芯焊丝气体保护焊	二氧化碳气体保护焊	CO_2 或 CO_2+O_2
			惰性气体保护焊（MIG 焊）	Ar、He 或 He+Ar
			活性气体保护焊（MAG 焊）	$Ar+CO_2$、$Ar+O_2$ 或 $Ar+CO_2+O_2$
		药芯焊丝电弧焊	药芯焊丝气体保护焊	CO_2 或 CO_2+Ar
			（药芯焊丝自保护电弧焊）	—
	非熔化极气体保护焊（TIG）	—	钨极氩弧焊	Ar
			钨极氦弧焊	He

熔化极气体保护焊是使用熔化电极的气体保护焊，如图 3-1 所示。由焊丝盘拉出的焊丝

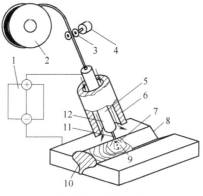

图 3-1　熔化极气体保护焊示意图

1—焊接电源；2—焊丝盘；3—送丝轮；4—送丝电机；5—导电嘴；6—喷嘴；7—电弧；
8—母材；9—熔池；10—焊缝金属；11—焊丝；12—保护气

经送丝轮送入焊枪，再经导电嘴后与母材之间产生电弧，以此电弧为热源熔化焊丝和母材，其周围有自喷嘴喷出的气体保护电弧及焊接区，隔离空气，保证焊接过程的正常进行。

熔化极气体保护焊，按所用焊丝种类可分为实芯焊丝气体保护焊和药芯焊丝气体保护焊（FCAW）；按保护气体的种类可分为纯 CO_2 气体保护焊、惰性气体保护焊（MIG 焊）、氧化性混合气体保护焊（MAG 焊），这几种焊接方法都采用实芯焊丝；按所使用的电流种类可分为直流电弧熔化极气体保护焊和脉冲电弧熔化极气体保护焊。

熔化极气体保护焊，还可根据其电弧特征特别是熔滴过渡形式，分为短路电弧焊、潜弧焊、射流电弧焊、脉冲电弧焊以及大电流电弧焊等，具体焊接方法见表 3-2。

表 3-2 焊接方法及保护气体的种类

焊接方法	保护气体种类		
	氩气（Ar）	混合气体（Ar+CO_2）（Ar+O_2）	二氧化碳（CO_2）
短路电弧焊	不用	常用	最常用
射流电弧焊	最常用	常用	不用
脉冲电弧焊	最常用	常用	不用
潜弧焊	不用	不常用	最常用
大电流电弧焊	最常用	常用	不常用

目前，熔化极气体保护焊已广泛应用于重型机械、工程机械、建筑工程、船舶、锅炉、机床和各种车辆制造等行业，并正在逐步取代低效的焊条电弧焊。常见的几种焊接方法的比较见表 3-3。

表 3-3 常见的几种焊接方法的比较

焊接方法	特 点	应 用 范 围
CO_2 气体保护焊	该方法的优点是生产效率高；对油锈不敏感；冷裂倾向小；便于控制焊接过程；操作简单；成本低。但缺点是飞溅较大；弧光强；抗风力弱；不够灵活等	广泛用于焊接低碳钢、低合金钢；与药芯焊丝配合可以焊接低合金高强钢、耐热钢、耐候钢、不锈钢；还可用于堆焊耐磨零件；补焊铸钢件和铸铁件
熔化极惰性气体保护焊（MIG 焊）（常采用氩气、氦气等惰性气体做保护气体）	几乎可以焊接所有金属；生产效率比 TIG 焊（钨极氩弧焊）高产多，焊接时几乎没有飞溅；具有阴极清理作用，提高了焊缝质量；焊接薄、中、厚各种板材，可焊接空间任何位置或全位置焊缝。其缺点是焊接成本较高，对母材及焊丝上的油、锈等很敏感，易产生气孔；抗风力弱，不宜在室外焊接。其熔滴过渡形式包括短路过渡、喷射过渡和亚射流过渡	几乎可以焊接不同厚度的所有金属，但由于其成本较高，目前主要用于焊接有色金属、不锈钢和合金钢。或用于普通碳钢及低合金钢管道及接头打底焊道的焊接
氧化性混合气体保护焊（MAG 焊）（常采用 Ar+O_2、Ar+CO_2、Ar + CO_2 + O_2、Ar+He 等混合气做保护气体）	MAG 焊克服了 MIG 焊和 CO_2 焊的主要缺点，其优点是：飞溅率低，熔敷效率高，合金元素烧损比 CO_2 焊小，焊缝质量高，焊接薄板时焊接参数范围大，焊缝成形好。其熔滴过渡形式包括短路过渡、喷射过渡	MAG 焊可用于焊接碳钢、低合金钢、不锈钢及高强钢，还可焊接铜、铝、镁、钛和它们的合金、镍及镍合金等，能焊薄板、中板和厚板，单面焊双面成形，空间各种位置的焊缝和全位置焊

第一节   焊 接 材 料

一、保护气体

保护气体分惰性气体和活性气体两大类。国际焊接学会按照保护气的"氧化势"进行分类，提出了一个简化的近似公式，即分类指标＝$O_2\%+0.5CO_2\%$。以此公式为基础，可将保护气分成五类，具体焊接黑色金属时保护气体分为惰性、还原性、弱氧化性、中等氧化性、强氧化性五类。

金属在单一的气体保护下进行焊接，有时不能得到令人满意的效果，为此人们发展了混合气体保护焊，并已在生产实践中逐步推广应用。常用金属材料焊接用保护气体及主要特点见表3-4。

表 3-4   常用金属材料焊接用保护气体及主要特点

母材材质	保护气体 （体积分数）	化学性质	主 要 特 点
碳钢	$Ar+O_2(1\%\sim5\%)$ $Ar+CO_2(10\%\sim20\%)$	氧化性	稳弧，熔池流动性好，飞溅小，改善焊缝成形。用于射流电弧，对焊缝要求较高的场合
	$Ar+CO_2 25\%$		适用于板厚<3mm不焊透的高速焊，变形小，飞溅小，采用短路电弧
	$Ar+CO_2 50\%$		适用于板厚>3mm板材的焊接，飞溅小，在立焊及仰焊时控制熔池较好
低合金钢	$Ar+O_2(1\%\sim2\%)$		可消除咬边、韧性好
	$Ar75\%+CO_2 25\%$		韧性、塑性好，可用于脉冲、射流及短路电弧。采用脱氧焊丝
	$Ar80\%+CO_2 15\%+O_2 5\%$		熔深较佳，可用于脉冲、射流及短路电弧。采用脱氧焊丝
	CO_2		用于短路电弧，有一定的飞溅
	$CO_2+O_2(20\%\sim25\%)$		用于射流及短路电弧
高合金钢	$Ar+O_2(1\%\sim2\%)$ $Ar+CO_2(1\%\sim5\%)$		稳弧，成形良好，飞溅小
不锈钢	$Ar+O_2(1\%\sim2\%)$ $Ar+CO_2(1\%\sim5\%)$		稳弧，成形良好，咬边小
	$Ar+O_2 2\%+CO_2 50\%$		用于喷射、脉冲及短路电弧
铜及铜合金	$Ar+He(30\%\sim40\%)$	惰性	焊缝成形良好，稳弧，熔深大，可消除指状熔深
	Ar		有稳定的喷射过渡电弧，板厚大于5～6mm时要预热
	$Ar50\%+He50\%$ $Ar30\%+He70\%$		输入热量比纯Ar大，可以减少预热温度
	N_2	还原性	增大了输入热量，可降低或取消预热温度，有飞溅及烟雾
	$Ar+N_2 20\%$		电弧热输入明显比纯Ar大，但有一定的飞溅
铝及铝合金	Ar	惰性	用直流反接有阴极破碎作用，焊缝表面光洁
	$Ar+He(26\%\sim90\%)$ $Ar+He(50\%\sim80\%)$		电弧温度高，适用于焊接厚铝板，可增加熔深，减少气孔，飞溅随He量增加而增加
镍基合金	$Ar+He90\%$ Ar		适用于喷射、脉冲及短路过渡电弧
	$Ar+He(15\%\sim20\%)$		增加热输入
钛、锆及其合金	Ar		适用于喷射、脉冲、短路电弧，可增加热输入
	$Ar+He25\%$		

二、焊丝

1. CO_2 气体保护焊用焊丝

CO_2 气体保护焊用焊丝要具有足够的脱氧元素，常用的 CO_2 气体保护焊焊丝的化学成分见附表 12。为提高焊丝表面的导电性能，通常在焊丝表面镀铜，但镀铜层的厚度不应使熔敷金属铜的质量分数大于 0.35%。CO_2 气体保护焊焊丝的规格有 $\phi0.8mm$、$\phi1.0mm$、$\phi1.2mm$、$\phi1.6mm$、$\phi2.0mm$、$\phi2.5mm$、$\phi3.0mm$，CO_2 自动焊可采用直径大于 3.0mm 的粗焊丝。

2. 实芯焊丝

① 钢焊丝应符合国标 GB/T 8110—1995《气体保护电弧焊用碳钢、低合金钢焊丝》的有关规定。

② 铜及铜合金焊丝应符合国标 GB/T 9460—2008《铜及铜合金焊丝》的有关规定。

③ 铝及铝合金焊丝应符合国标 GB/T 10858—2008《铝及铝合金焊丝》的有关规定。

④ 镍及镍合金焊丝应符合国标 GB/T 15620—1995《镍及镍合金焊丝》的有关规定。

3. 药芯焊丝

药芯焊丝是吸收了焊条和实芯焊丝的优点开发出来的一种新型焊接材料。虽然制造工艺比实芯焊丝复杂，但具有电弧稳定、飞溅小、焊缝成形好、致密性高和焊缝性能良好等优点。药芯的成分可分钛型、钙型和钛钙型几种，其组成与焊条药皮相似。按保护的方式，药芯焊丝有自保护式、纯 CO_2 气体保护和 $Ar+CO_2$ 混合气体保护三种。不锈钢药芯焊丝必须采用富 Ar 混合气体保护。各种药芯焊丝的焊接性比较见表 3-5。

表 3-5　各种药芯焊丝的焊接性比较

项　目		填充粉类型			
		钛型	钛钙型	钙型	"金属粉"型
工艺性能	焊道外观	美观	一般	稍差	一般
	焊道形状	平滑	稍凸	稍凸	稍凸
	熔滴过渡	细小滴过渡	滴状过渡	滴状过渡	滴状过渡
	电弧稳定性	良好	良好	良好	良好
	熔渣覆盖性	良好	稍差	差	渣极少
	飞溅量	粒小、极少	粒小、少	较大、多	粒小、极少
	脱渣性	良好	稍差	稍差	稍差
	烟尘量	一般	稍多	多	少
焊接性能	抗气孔性	稍差	良好	良好	良好
	抗裂性	一般	良好	优秀	优秀
	扩散氢/(mL/100g)	2~10	2~6	1~4	1~3
	缺口韧性	一般	良好	优秀	良好
	含氧量/10^{-6}	600~900	500~700	450~650	600~700
	X 射线探伤	良好	良好	良好	良好
熔敷效率/%		70~85			90~95
备注		—			低电流时短路过渡

第二节　焊接设备及工艺

一、常用设备

1. 设备的基本配置

熔化极气体保护焊的主要焊接参数有焊接电流、电弧电压、焊接速度和保护气流量，为满足工艺要求，焊接设备应满足：焊接参数在要求的范围内连续可调；保证焊接过程中，调定的焊接参数稳定；保证焊接过程能按要求的程序动作；保证焊接过程中，保护气流量稳定；根据需要对焊枪提供合适的冷却方式，保证焊接过程能长时间稳定进行。

熔化极气体保护焊设备的基本配置包括电源与控制系统、送丝机构、供气系统、冷却系统、连接电缆与送气管道等。熔化极气体保护半自动焊设备配置图（不包括冷却系统）如图3-2所示。而熔化极气体保护自动焊设备还需增加一台自动焊小车、送丝机构、焊枪及调整机构、控制按钮，其中调节旋钮及指示仪表都装在焊接小车上。近年来国产熔化极气体保护焊机发展很快，有的生产厂已生产逆变式熔化极气体保护焊电源，大大地提高了设备的性能，减轻了重量和能源消耗。

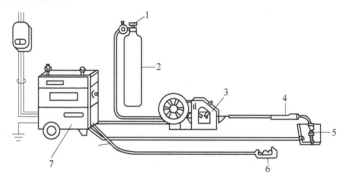

图 3-2　熔化极气体保护半自动焊设备配置示意图

1—流量计；2—气瓶；3—送丝机；4—焊枪；5—工件；6—控制器；7—配电装置

2. 常用的焊接设备

半自动 CO_2 气体保护焊设备如图3-3所示，主要由焊接电源、供气系统、送丝系统和焊枪等组成。CO_2 气体保护焊机的常见故障及相应的排除方法见附表13。

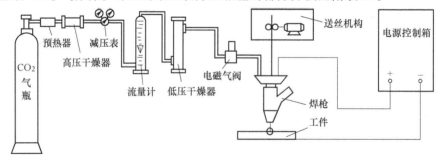

图 3-3　半自动 CO_2 气体保护焊设备示意图

（1）电源　CO_2 气体保护焊所用电源在采用等速送丝时，焊接电源应具有平稳或缓降外特征；采用变速送丝时，焊接电源应具有下降外特征。颗粒过渡时，对电源的动特征无要求；短路过渡时，要求焊接电源具有良好的动态品质。

用于细丝短路过渡的焊接电源，要求电弧电压为 $17\sim23V$，电弧电压分级调节时，每级不能大于 $1V$；焊接电流能在 $50\sim250A$ 范围内均匀调节。用于颗粒过渡的焊接电压，要求电弧电压能在 $25\sim40V$ 范围内调节。

（2）供气系统　供气系统的作用是使钢瓶内的 CO_2 液体变成符合质量要求、具有一定流量的 CO_2 气体，并均匀地从焊枪喷嘴中喷出，以便有效地保护焊接区。其主要由 CO_2 气瓶及以下部件组成：预热器，干燥器，气体流量计，减压器，气阀等。

（3）送丝系统　半自动焊的送丝方式有推丝式、拉丝式和推拉式三种。目前应用最多的是推丝式送丝系统，其结构如图 3-4 所示。

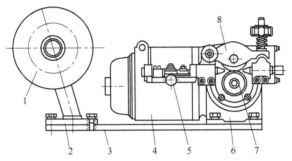

图 3-4　推丝式送丝系统结构示意图

1—焊丝盘；2—焊丝盘支承装置；3—底板；4—送丝电动机；5—焊丝校直机构；

6—减速装置；7—送丝滚轮；8—压紧装置

（4）焊枪　焊枪用于传导焊接电流，导送焊丝和 CO_2 保护气体。其主要零件有喷嘴和导电嘴。焊枪分为半自动焊枪和自动焊枪。

（5）控制系统　其作用是对 CO_2 气体保护焊的供气、送丝和供电系统进行控制。自动焊时，控制系统还要控制焊接小车行走和焊件运转等动作。

二、焊接工艺

（一）CO_2 气体保护焊

CO_2 气体保护焊是目前广泛应用的一种电弧焊方法，生产效率高，焊接变形小，适用范围广，主要用于汽车、船舶、管道、机车车辆、集装箱、矿山及工程机械、电站设备、建筑等金属结构的焊接生产。

1. 焊接参数

CO_2 气体保护焊的主要焊接参数有焊丝直径、焊接电流、电弧电压、焊接速度、气体流量、电流极性和焊丝伸出长度等。生产中要根据板厚、接头形式及坡口尺寸、焊接位置以及对接头质量的具体要求，合理选择焊接参数。

（1）焊丝直径　CO_2 气体保护焊所用焊丝直径范围较宽，$\phi1.6mm$ 以下的焊丝多用于半自动焊，超过 $\phi1.6mm$ 的焊丝多用于自动化焊接。

从焊接位置上看，细丝可用于平焊和全位置焊接，粗丝只适于水平位置焊接。

从板厚来看，细丝适用于薄板，可采用短路过渡；粗丝适用于厚板，可采用射滴过渡。采用粗丝焊接既可提高效率，又可加大熔深。同时在焊接电流和焊接速度一定时，焊丝直径越细，焊缝的熔深便越大。

（2）焊接电流　焊接电流是影响焊接质量的重要焊接参数。它的大小主要取决于送丝速度，随着送丝速度的增加，焊接电流也增加。另外焊接电流的大小还与焊丝伸长、焊丝直径、气体成分等有关，不同直径焊丝的焊接电流范围见表3-6。

表3-6　不同直径焊丝的焊接电流范围

焊丝直径/mm	0.6	0.8	1.0	1.2	1.6	2.0
焊接电流范围/A	40～90	50～120	70～180	80～350	140～500	200～550

（3）电弧电压　在CO_2气体保护焊中电弧电压是指导电嘴到工件之间的电压降。这一参数对焊接过程稳定性、熔滴过渡、焊缝成形、焊接飞溅等均有重要影响。短路过渡时弧长较短，随着弧长的增加，电压升高，飞溅也随之增加；再进一步增加电弧电压，可达到无短路的过程。相反，若降低电弧电压，弧长缩短，直至引起焊丝与熔池的固体短路。

（4）焊接速度　焊接速度与电弧电压和焊接电流有一个对应的关系。在一定的电弧电压和焊接电流下，焊接速度与焊缝成形的关系如图3-5、图3-6所示。半自动焊时，适宜的焊接速度为30～60mm/min。自动焊时由于能严格控制焊接参数，焊接速度可提高。

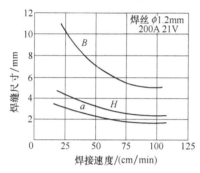

图3-5　焊接速度与焊缝成形的关系
B—熔宽；H—熔深；a—余高

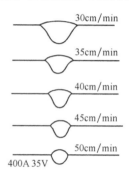

图3-6　不同焊接速度时的焊缝成形

（5）气体流量　气体流量是气体保护焊的重要参数之一。通常情况下，保护气体流量与焊接电流有关。当采用小电流焊接薄板时，气体流量可小些；采用大电流焊接厚板时，气体流量要适当加大。

焊接参数对CO_2气体保护焊的影响见表3-7。

表3-7　焊接参数影响规律

焊接参数	结　果	焊接参数	结　果
焊丝伸长太大	①焊接电流变小	电弧电压过低	①焊丝插向熔池
	②电弧不稳		②飞溅增加
	③飞溅增大		③焊道变窄
	④焊缝成形恶化		④熔深、余高变大
焊接电流过高	①飞溅颗粒变小	电弧电压过高	①弧长变长
	②焊道变宽		②飞溅颗粒变大
	③熔深、余高变大		③产生气孔
焊接速度过快	①焊道变窄		④焊道变宽
	②产生咬边		⑤熔深、余高变小
	③熔深、余高变小		

2. 焊接技术

(1) 焊前清理与检查 焊接设备电路、水路、气路检查：焊前要对焊接设备电路、水路、气路进行仔细检查，确认其全部正常后，方可开机工作，以免由于焊接设备故障而造成焊接缺陷。

送丝系统检查：送丝系统的检查主要是针对自焊丝盘到焊枪的整个送丝途径。

坡口加工及清理：坡口加工的精度是保证熔合良好和焊缝规整美观的重要因素之一。坡口加工可以采用机械加工、气体火焰切割和等离子弧切割等方法进行。坡口的清理也很重要，在定位点固焊前，应将坡口面及坡口两侧至少各自 20mm 以内的油污、铁锈及氧化皮等清理干净。油污可用汽油及丙酮清洗、擦拭；铁锈可用钢丝刷清除；较厚的轧制氧化皮可用角向砂轮磨去。

(2) 焊缝接头技术 CO_2 气体保护焊时焊丝是连续送进的，不像焊条电弧焊那样需要更换焊条，但半自动焊时的较长焊缝也是由短焊缝所组成的，这时必须考虑焊缝接头的质量。具体焊缝接头的处理方法如图 3-7 所示。当无摆动焊接时，可在火口前方约 20mm 处引弧，然后快速将电弧引向火口，待熔化金属充满火口时立即将电弧引向前方，进行正常焊接［图 3-7 (a)］。摆动焊时，也是在火口前方约 20mm 处引弧，然后立即快速将电弧引向火口，到达火口中心后即开始摆动并向前移动，同时加大摆幅转入正常焊接过程［图3-7 (b)］。

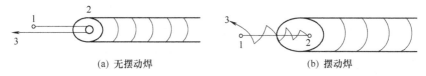

(a) 无摆动焊　　　　　　　　　　(b) 摆动焊

图 3-7　接头处理方法

(3) 焊接操作 不同焊接接头可采用左焊法或右焊法进行焊接，它们之间的比较见表3-8。同时，各种位置焊接操作的比较见表 3-9。

表 3-8　不同焊接接头左焊法和右焊法的比较

接头形式	左焊法	右焊法	接头形式	左焊法	右焊法
薄板焊接 0.8～4.5 G≥0	可得到稳定的背面成形，焊道宽而余高小；G 较大时采用摆动法易于观察焊接线	易烧穿；不易得到稳定的背面焊道；焊道高而窄；G 大时不易焊接	水平角焊缝焊接焊脚尺寸 8mm 以下	易于看到焊接线而能正确地瞄准焊缝；周围易附着细小的飞溅	不易看到焊接线，但可看到余高；余高易呈圆弧状；基本上无飞溅；根部熔深大
中厚板的背面成形焊接 G R、G≥0	可得到稳定的背面成形，G 大时作摆动，根部能焊得好	易烧穿；不易得到稳定的背面焊道；G 大时最易烧穿	水平横焊 I 形坡口 V 形坡口 G≥0	容易看清焊接线；G 较大时也能防止烧穿；焊道齐整	熔深大、易烧穿；焊道成形不良，窄而高；飞溅少；焊道宽度和余高不易控制；易生成焊瘤
船形焊脚尺寸达 10mm 以下	余高呈凹形，熔化金属向焊枪前流动，焊脚处形成咬边；根部熔深浅（易造成未焊透）；摆动易造成咬边，焊脚过大时难焊	余高平滑；不易发生咬边；根部熔深大；易看到余高，因熔化金属不易向前流动，焊缝宽度、余高均容易控制	高速焊接 （平、立、横等）	可通过调整焊枪角度来防止飞溅	易产生咬边，且呈沟状连续咬边；焊道窄而高

表 3-9　各种位置焊接操作的比较

焊接方法		焊接特点	注意事项
平焊	对接接头平焊	焊接薄板或要求单面焊双面成形的打底焊道时,采用短路过渡,焊接电流较小,电弧电压较低。焊接中板或厚板的填充盖面焊道时,应采用较大电流、较高的电弧电压。焊接有垫板的打底焊道时,应适当加大焊接电流	当接头两侧板厚不一致,或坡口角不对称时,应及时调整焊枪的工作角,必须控制好填充缝的形状,保证两侧熔合。焊接立焊缝、横焊缝或仰焊缝时,更要注意填充焊缝的表面形状
	T形接头平焊	焊接时要注意选择合适的焊枪行走角、焊枪的工作角与电弧对中位置	关键是保证顶角处焊透,焊脚对称,防止立板咬边和焊缝下塌
立焊	对接接头立焊	选择合适的焊枪的角度、焊枪的摆动方法,焊接过程中要掌握好焊接速度,焊枪采用上凸月牙形摆动,对多层焊时,焊枪常按梯形轨迹运动	多层焊时,焊接电流不能太大,焊接的关键是在焊缝最低处先焊出一个梯形小平台,其大小由需要的焊肉厚度确定
	T形接头立焊	焊薄板或焊脚较小的单层焊时,焊枪采用锯齿形摆动;焊脚较大的单层焊,焊枪作螺旋状三角形运动;焊脚更大时,采用多层焊,填充焊道采用梯形运动	焊枪作三角形运动或梯形运动时,焊接电流不能太大,先根据要求的焊脚大小在下面堆出一个小平台,把立焊变成平焊来堆,每一层都是由若干个小熔池组成的。焊接时小熔池沿三角形或梯形螺旋面逐渐上升,焊接电流不能太大
横焊		横焊时要选择合适的焊枪行走角和工作角	为了防止焊缝表面下坠,横焊通常都采用窄焊道多层多道焊
仰焊		为了保证焊道成形好,熔滴过渡容易,可采用短路过渡的右焊法。或采用站在焊缝的正下方,由远向近焊的左焊法,以便观察熔池和坡口熔合情况	仰焊时要求双手持枪,焊枪的摆动方式和平焊时完全相同,但采用右向焊或由远而近的方式焊接;克服背面焊道下凹的缺陷,加强层间清理
全位置焊		根据焊缝所在位置,调整焊枪角度,改变焊接速度	

3. 药芯焊丝的焊接

药芯焊丝 CO_2 气体保护焊的基本工作原理与普通 CO_2 气体保护焊一样,是以可熔化的药芯焊丝为一个电极(通常接正极,即直流反接),母材作为另一电极。实质上这种焊接方法是一种气-渣联合保护的方法,焊丝熔敷速度快,熔敷效率和生产效率都较高。与普通 CO_2 气体保护焊的主要区别在于焊丝内部装有焊剂混合物。因此药芯焊丝基本上克服了 CO_2 气体保护焊焊丝的缺点,但其本身焊丝制造比较复杂,送丝困难,焊丝外表容易锈蚀,粉剂容易吸潮,所以使用前需经 $250\sim300℃$ 的烘干。药芯焊丝和实芯焊丝的比较见表 3-10。

表 3-10　药芯焊丝和实芯焊丝的比较

项目		焊丝种类		项目		焊丝种类	
		药芯焊丝	实芯焊丝			药芯焊丝	实芯焊丝
焊接工艺性	焊道外观	平滑美观	稍呈凸状	焊缝性能	抗拉强度/MPa	500~580	560~580
	电弧稳定性	很好	较好		冲击韧度	一般	良好
	熔滴过渡	微细粒过渡	颗粒状过渡		扩散氢量/(mL/100g)	低(2~4)	极低(0.5~1)
	电弧类型	软弧	硬弧		抗裂性	一般	良好
	飞溅量	粒小且少	粒大稍多		X射线探伤	优秀	良好
	熔渣熔敷性	覆盖均匀	覆盖不均匀	效率及经济性	熔敷速度(焊接电流相同)	极快	快
	脱渣性	良好	稍差		熔敷效率/%	一般(83~87)	良好(94~96)
	熔深	较深	深		熔渣、飞溅的去除	容易	困难
	送丝性能	稍差	良好		适用电流范围	大	一般
	焊接烟尘量	稍多	一般		焊丝价格	高	一般
	全位置焊接	良好	稍差				

药芯焊丝 CO_2 气体保护焊时，通常焊丝伸出长度在 $19\sim38mm$ 范围。直流、交流，平特性或下降特性电源均可以使用，但通常采用直流平特性电源。采用纯 CO_2 气体保护时，通常采用长弧焊接。保护气体的流量与普通 CO_2 气体保护焊相同。常用药芯焊丝的规格及适用的焊接方法见表 3-11。

表 3-11 常用药芯焊丝的规格及适用的焊接方法

焊丝直径/mm	断面形状	适用的焊接方法	焊丝直径/mm	断面形状	适用的焊接方法
1.6	圆形	手工焊	2.8	复杂断面	机械化焊
2.0	圆形	手工焊	3.2	复杂断面	机械化焊
2.4	圆形或复杂断面	手工焊或机械化焊[①]	—	—	—

① 据 GB/T 3375—1994 规定，此处"手工焊"即原称的"半自动焊"；"机械化焊"即原称的"自动焊"。

（二）其他常用气体保护焊

1. 熔化极活性气体保护焊

熔化极活性气体保护焊（以下简称 MAG 焊）习惯上称为混合气体保护焊。这种方法的混合气体是在惰性气体中加入一定比例的 O_2 或 CO_2，或是同时加入 O_2 和 CO_2。

MAG 焊的主要特点：与纯氩气体保护焊相比，MAG 焊电弧稳定性好，而且焊道熔透形状合理；与 CO_2 气体保护焊相比，MAG 焊飞溅小，而且成形美观；根据不同的混合气体比例，MAG 焊可实现不同的熔滴过渡形式，如短路过渡、喷射过渡等；MAG 焊对工件壁厚的适应性强，从薄板到厚板都可焊接。

MAG 焊因为电弧气氛具有一定的氧化性，因此不能用于活泼金属如 Al、Mg、Cu 及其合金的焊接，大多数用于碳钢和某些低合金钢的焊接。MAG 焊在汽车制造、工程机械、化工机械、矿山机械、电站锅炉等行业得到广泛的应用。

MAG 焊的焊接设备与 CO_2 气体保护焊设备基本相同，也包括焊接电源、送丝系统、气路系统、焊枪等，如图 3-8 所示。MAG 焊的焊接设备与 CO_2 气体保护焊设备不同的是，在气路系统中多了一个混合气体配比器（采用瓶装混合气体时除外）。

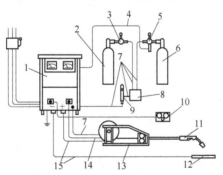

图 3-8 MAG 焊设备组成示意图

1—焊接电源；2—氩气瓶；3—减压器；4—预热器连线；5—减压器（带预热器）；6—CO_2 气瓶；7—送气软管；8—气体配比器；9—气体流量计；10—遥控盒；11—焊枪；12—工件；13—送丝机；14—控制电缆；15—焊接电缆

2. 熔化极惰性气体保护焊

熔化极惰性气体保护焊（以下简称为 MIG 焊）是采用 Ar 或 He 或二者的混合气体作为保护气体进行焊接的。MIG 焊采用惰性气体保护，对电弧区和熔池的保护效果很好，电弧气氛无氧化性，焊接中不产生熔渣；可以实现各种熔滴过渡方式，采用喷射过渡时可实现基本上无飞溅；对工件、焊丝等的焊前清理要求较高，即焊接过程对油、锈等污染比较敏感；采用反极性焊接时，具有阴极清理作用。

MIG 焊可以进行半自动焊接或自动化焊接，其应用范围较广。从被焊金属的种类上看，原则上可采用 MIG 焊方法进行各种材料的焊接，近年来 MIG 焊方法主要用于铝、镁、铜、钛及其合金和不锈钢的焊接；从被焊工件的厚度看，MIG 焊方法可以完成各种厚度工件的焊接。但是在实际生产中，较薄的板如 2mm 以下的，采用 MIG 焊较为合理；而大厚度焊件则采用埋弧焊甚至电渣焊方法更合理；从焊接位置上看，MIG 焊的适应性较强，可以实现各种位置的焊接。

MIG 焊的焊接设备与 CO_2 气体保护焊设备基本相同，主要包括焊接电源、送丝机构、焊枪、供气系统等，如图 3-9 所示。

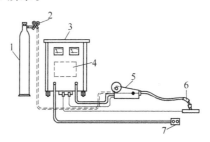

图 3-9　MIG 焊设备示意图
1—气瓶；2—减压器；3—焊接电源；4—控制装置；5—送丝装置；6—焊枪；7—遥控盒

MIG 焊所用焊接电源与 CO_2 气体保护焊基本相同，但 MIG 焊除用于钢铁材料的焊接外，更多地用于 Al、Mg 等合金的焊接，焊接中采用的惰性气体多用氩气。对焊接电源的选择，要根据具体情况确定。

3. 气电立焊

气电立焊是熔化极气体保护焊的一种特殊形式。气电立焊效率高，成本低，接缝边缘一般开 I 形坡口，接头性能优良，焊后可不作细化晶粒的热处理，目前已在船体合拢，大型贮罐和重型建筑结构中得到推广应用。

气电立焊通常采用 I 形坡口，接缝间隙范围为 16～22mm。为节约填充焊丝，提高焊接速度，降低焊接热输入量，还可以采用 V 形或双 V 形坡口，其特点见表 3-12。但 T 形接头采用气电立焊法焊接时，需配置特殊形状的水冷滑块。

（三）焊接应用实例

实例一：船体结构的 CO_2 气体保护焊

1. 产品结构

CO_2 气体保护焊几乎可以代替焊条电弧焊在各种位置上焊接，是目前造船中应用最广的焊接方法。船体结构采用 CO_2 气体保护焊的焊缝形式及应用位置如图 3-10 所示。

由于造船的吨位越来越大，使船体分段重量大大增加，分段翻身很不方便，仰焊工作量非常大。为了解决这个难题，采用了 CO_2 气体保护焊单面焊双面成形工艺。用平焊代替仰焊，大大提高了焊接质量和生产效率。

2. 焊接工艺

（1）单面焊双面成形的工艺要点　采用无钝边的 V 形坡口，留够间隙，装配要求如图3-11所示。不允许在坡口内焊定位焊缝，采用压码固定板缝。压码尺寸 14mm×150mm×250mm，间距 500mm～700mm。用于坡口背面的压码上加工有 35mm 的扇形孔。

表 3-12　气电立焊坡口形状及特点

坡口和滑块形状	特　点
I 形坡口	①双面水冷铜滑块 ②可从一面焊接 ③焊接热输入较大 ④热影响区较宽
I 形窄坡口	①双面水冷铜滑块 ②可从一面焊接 ③焊接热输入较小 ④热影响区较窄
V 形坡口	①外侧水冷铜滑块，内侧固定铜衬垫 ②可从一面焊接 ③熔敷金属量少 ④热影响区较窄
V 形坡口 第一层　第二层	①外侧水冷铜滑块，内侧固定铜衬垫 ②可从一面焊接 ③熔敷金属量少、热输入小、热影响区较窄 ④第二层焊接时对前层有细化晶粒作用
X 形坡口 第一层　第二层	①外侧水冷铜滑块，内侧固定铜衬垫 ②须从二面焊接 ③熔敷金属量少 ④第二层焊接时对前层有细化晶粒作用

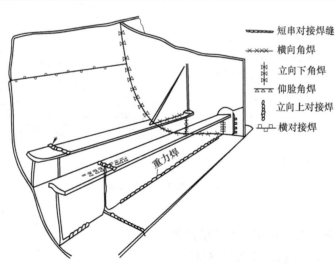

图 3-10　船体结构 CO_2 气体保护焊的焊接位置

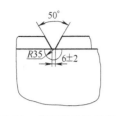

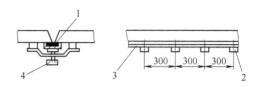

图 3-11　单面焊的坡口形式

和装配要求错过 0~1mm

图 3-12　衬垫安装

1—衬垫；2—压码；3—压板；4—磁铁压码

在坡口背面安装衬垫，主要用压码固定，压码间距离如图 3-12 所示，不足部分用磁铁压码补充。衬垫与钢板必须贴紧。衬垫接缝要小，且要与压板接缝错开。

（2）平焊工艺要点　根部间隙≤4mm 时不能施焊。采用左向焊法，焊枪作锯齿形运动。为保证根部焊透，电弧在坡口两侧应稍停留。接头位于斜面时，应采用上坡焊。

（3）立焊工艺要点　短焊道采用向上立焊，长焊道采用药芯焊丝垂直自动焊。

实例二：钢板组合件的自动 MAG 焊

1. 工件结构及坡口形式

该工件为国外市售手动机器的一个部件——操作手柄组合件，其结构如图 3-13（a）所示，由图可见组合件共有两条焊缝。工件材质为冷轧低碳钢。工件的坡口形式为 I 形，接头形式为对接，如图 3-13（b）所示。

2. 自动焊装置

自动焊装置如图 3-13（c）所示。采用双焊枪同时焊接，工件的夹持采用凸轮控制的两个对中夹具和两个气动夹具来实现，利用工件上的两个孔采用定位销来定位。

该自动焊装置操作方便，容许操作人员用一只手把工件装卡在夹具的定位销上，而用另一只手去开动由凸轮控制的夹具及气动夹具，以及焊枪扳机开关。为防止焊缝收缩影响焊件的尺寸精度，焊后要让焊缝在夹具中冷却，而不要将工件立即卸下。

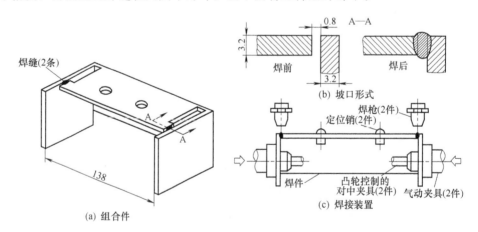

图 3-13　组合件及其自动焊装置示意图

3. 焊接条件

采用短路过渡形式进行焊接，焊接条件如下。

焊接电源：300A，三相恒压弧焊整流器

焊　　丝：直径≈0.8mm，E70S-G

焊接电流：190A，直流反接

电弧电压：30V

保护气体：$Ar+CO_2$（流量均为 4.7L/min）

送丝速度：10.9m/min

焊接时间：0.7s

生产率：1.158h/100 个

4. 效益分析

采用自动焊的生产率约为半自动焊的 3 倍，同时大大减轻了工人的劳动强度，也改善了焊缝的外观和均匀性。

实践训练　二氧化碳气体保护焊

一、实验目的

① 了解二氧化碳气体保护焊设备组成及操作规程。

② 理解主要焊接参数对焊接质量的影响。

③ 理解焊接参数的调节方法和操作方法。

二、实验设备及其他

① NBC-400 型手工 CO_2 气体保护焊机一台。

② 试件：Q235A，板厚 12mm，规格 400mm×125mm　两块。

③ 焊丝：H08Mn2SiA，$\phi1.2$mm。

④ 其他工具。

三、实验内容

① CO_2 气体保护焊的基本操作技术训练。

② 中厚板水平对接单面焊双面成形焊接。

四、注意事项

① 焊前检查焊机系统。认真清理试件及坡口加工。

② 在焊接过程中，姿势要正确，对焊机操作过程要熟练，选用和调整焊接参数的步骤正确。

③ 焊接时，要随时检查焊接质量，要求焊缝外观成形整齐、飞溅少、余高合适，无明显咬边、焊瘤、裂纹等。

④ 焊接过程中，要反复进行直线移动运丝法和横向摆动运丝法练习。注意掌握引弧和收弧的技巧。

⑤ 焊接时，要注意安全保护，防止辐射和中毒。

章 节 小 结

1. 气体保护电弧焊的特点及分类。

气体保护电弧焊是用外加气体作为电弧介质并保护电弧和焊接区的电弧焊，简称气体保护焊。气体保护焊根据所采用的保护气体的种类不同，适于焊接不同的金属。气体保护焊的分类方法很多。

2. 熔化极气体保护焊的分类及应用。

熔化极气体保护焊是使用熔化电极的气体保护焊，是一种高效、优质、低成本的焊接方法，设备简单、操作方便，焊接区便于观察，易于实现机械化和自动化，并且能在任何位置进行焊接。熔化极气体保护焊有多种不同的分类方法。

3. CO_2 气体保护焊的特点及应用。

CO_2 气体保护焊的特点是生产效率高、焊接变形小、适用范围广。目前广泛应用的一种电弧焊方法，主要用于汽车、船舶、管道、机车车辆、集装箱、矿山及工程机械、电站设备、建筑等金属结构的焊接。

4. CO_2 气体保护焊设备组成及作用。

CO_2 气体保护焊设备主要由焊接电源、供气系统、送丝机构和焊枪等组成。焊接电源的作用是为焊接设备提供工作所需的具有一定特征的电源。供气系统的作用是使钢瓶内的 CO_2 液体变成符合质量要求、具有一定流量的 CO_2 气体，并均匀地从焊枪喷嘴中喷出，以便有效地保护焊接区。送丝系统的作用是根据焊接工艺需要输送焊丝。焊枪的作用是传导焊接电流，导送焊丝和 CO_2 保护气体。控制系统的作用是对 CO_2 气体保护焊的供气、送丝和供电系统进行控制。

5. CO_2 气体保护焊的焊接参数及其对焊接质量的影响。

CO_2 气体保护焊的主要焊接参数有焊丝直径、焊接电流、电弧电压、焊接速度、气体流量、电流极性和焊丝伸出长度等。

6. 药芯焊丝 CO_2 气体保护焊的特点。

焊丝熔敷速度快，熔敷效率、生产效率都较高，焊缝成形美观，飞溅少，且飞溅颗粒细，容易清除，抗气孔能力很强。可焊接各种结构钢以及不锈钢等特殊材料。药芯焊丝基本上克服了 CO_2 气体保护焊焊丝的缺点。

7. 熔化极活性气体保护焊（MAG 焊）的特点及应用。

MAG 焊电弧稳定性好，而且焊道熔透形状合理；飞溅小，成形美观；可实现不同的熔滴过渡形式；对工件壁厚的适应性强，从薄板到厚板都可焊接。MAG 焊因为电弧气氛具有一定的氧化性，因此不能用于活泼金属如 Al、Mg、Cu 及其合金的焊接，大多数用于碳钢和某些低合金钢的焊接。

8. 熔化极惰性气体保护焊（MIG 焊）的特点及应用。

MIG 焊采用惰性气体保护，对电弧区和熔池的保护效果很好，电弧气氛无氧化性，焊接中不产生熔渣；可以实现各种熔滴过渡方式，采用喷射过渡时可实现基本上无飞溅；对工件、焊丝等的焊前清理要求较高，即焊接过程对油、锈等污染比较敏感；采用反极性焊接时，具有阴极清理作用。MIG 焊方法主要用于铝、镁、铜、钛及其合金和不锈钢的焊接，从被焊工件的厚度看，MIG 焊方法可以完成各种厚度工件的焊接。

9. 气电立焊的特点。

气电立焊是熔化极气体保护焊的一种特殊形式，厚板立焊时，在接头两侧使用成形器具（固定式或移动式冷却块）保持熔池形状；强制焊缝成形的一种电弧焊，通常加 CO_2 气体保护熔池，在采用自保护焊丝时可不加保护气。

思 考 题

1. 气体保护电弧焊的原理及主要特点是什么？

2. 焊接用的保护气体有哪几种？CO_2 和 Ar 都属于保护气体，但两者性质有何不同？

3. 简述药芯焊丝的种类和特点。

4. CO_2 气体保护焊的特点是什么？

5. CO_2 气体保护焊的熔滴过渡形式有哪些？各自适用于什么情况？

6. CO_2 气体保护焊时，应采取什么样的焊接电源？

7. CO_2 气体保护焊时，为什么常采用 ER49-1（H08Mn2SiA）焊丝？

8. 用纯 Ar 保护不锈钢是否合适？为什么？

9. 熔化极活性气体保护焊的特点是什么？适用什么场合？

10. 熔化极氩弧焊的焊接工艺参数有哪些？

11. 熔化极氩弧焊时，为什么熔滴的过渡形式要采用喷射过渡？

12. 气电立焊的特点是什么？适用什么场合？

第四章　非熔化极气体保护焊

【学习指南】 本章重点学习非熔化极气体保护焊的有关知识。要求了解非熔化极气体保护焊的特点及应用，理解焊接材料、焊接参数的选用原则，了解非熔化极气体保护焊的操作技术，理解钨极氩弧焊设备的具体操作方法。

非熔化极气体保护焊又称为钨极惰性气体保护电弧焊（简称钨极氩弧焊），是一种以惰性气体作保护气体，以钨极作不熔化电极的电弧焊方法。

非熔化极气体保护焊如图 4-1 所示。这种方法是以惰性气体为保护气体，以钨极与母材之间产生的电弧作为热源而进行熔焊。这种焊接方法通常采用氩气作为保护气体，所以又称为钨极氩弧焊（简称 TIG 焊）。这种方法可以很好地控制焊缝成形，使焊缝美观。钨极惰性气体保护电弧焊具有很多优点，特别适用于薄壁焊件和难焊位置的焊接以及全位置的焊接，是完成单面焊双面成形打底焊的理想方法之一。但钨极惰性气体保护电弧焊效率低，不宜用于厚壁焊件，成本较高。钨极惰性气体保护电弧焊可采用直流电源和交流电源。采用直流电时，可焊接碳钢、低合金钢、不锈钢、耐热、耐蚀合金、钛及其合金、镍及其合金以及铜及其合金等。采用交流电时，可焊接铝及铝合金和镁合金等。

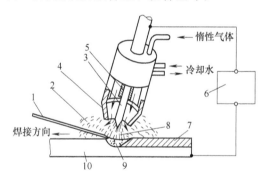

图 4-1　非熔化极气体保护焊示意图

1—填丝；2—保护气体；3—喷嘴；4—钨极；5—钨极夹头；
6—焊接电源；7—焊缝金属；8—电弧；9—熔池；10—母材

非熔化极气体保护焊（TIG 焊）可分为直流 TIG 焊、交流 TIG 焊、脉冲 TIG 焊和热丝 TIG 焊等。其中直流 TIG 焊又可分为直流正接与直流反接两种，两种极性具有不同的电弧特点，适应于不同的焊接要求。交流 TIG 焊是焊接镁、铝及其合金的常用方法。脉冲 TIG 焊大致可分为直流脉冲 TIG 焊与交流脉冲 TIG 焊，具有普通恒定电流 TIG 焊所不能达到的优点，在焊接生产中，特别在管子对接、管板接头等全位置焊接过程中得到日益广泛的应用。

TIG 焊是一种全位置焊接方法，特别适于焊接薄板，可焊接的最小厚度是 0.1～5mm以下，可单道焊；3～50mm 的工件可多层焊或多层多道焊。而热丝 TIG 焊是一种高效 TIG

焊方法，主要用于机械化焊接和自动焊接生产中，但对于电阻低的铝铜等金属不宜采用此法。

第一节　焊接材料

一、焊接材料

1. 焊丝

钨极氩弧焊时，惰性气体仅起保护作用，主要靠焊丝中的合金元素调整焊缝成分，保证焊缝质量，对填充金属要求较高，必须严格控制填充金属中的硫、磷、有害气体及杂质的含量。

根据需要焊接的母材种类，钨极氩弧焊所使用的焊丝有钢焊丝、铝焊丝、铜焊丝等，其中钢焊丝包括碳素结构钢焊丝、合金结构钢焊丝和不锈钢焊丝。如果这些钢焊丝都不能满足焊接母材的需求，可采用成分相同或相近的药芯焊丝做填充金属。

TIG焊按"等强"与"近性"原则选用焊丝，通常选用的焊丝的成分应与母材相同或接近。焊接钢材时焊丝的含碳量最好比母材稍低些，合金元素可稍高。

2. 电极材料

不熔化电极的作用是传导电流、引燃电弧并维持电弧的正常燃烧，其质量对电弧和焊接过程的稳定性及焊接质量影响很大，一般不熔化极应满足许用电流大、耗损小的要求。

目前，常用的电极材料——钨极按化学成分分为纯钨、钍钨、铈钨、锆钨及镧钨。常用钨极直径有0.5mm、1.0mm、1.6mm、2.0mm、2.5mm、3.2mm、4.0mm、5.0mm、6.3mm、8.0mm、10.0mm，共11种，长度范围是76～610mm。钨极表面不允许有疤痕、裂纹、缩孔、毛刺、非金属夹杂物等缺陷。

国产钨极通常采用化学清洗方法或机械打磨方法进行表面加工。为了提高电弧的稳定性，钨极端部需根据电流大小磨成圆锥形或半圆形。有的钨棒有放射性（如钍钨、铈钨等），因此磨钨棒时必须做好安全防护。当存放的钨棒数量较大时，最好放在铅盒中保存，以免放射线对人体造成伤害。

二、保护气体

用TIG焊焊接不同的母材时，可按表4-1选择保护气体。

表 4-1　不同材料适用的保护气体

材　质	适用的保护气体及特点
铝及铝合金	氩气——采用交流焊接具有稳定的电弧和良好的表面清理作用 氦气——直流正接,对化学清洗的材料能产生稳定的电弧,并具有较高的焊接速度 氩氦混合气——具有良好的清理作用,较高的焊接速度和熔深,但电弧稳定性不如纯氩
黄铜	氩气——电弧稳定,蒸发较小
钴基合金	氩气——电弧稳定且容易控制
铜-镍合金	氩气——电弧稳定且容易控制,也适用于铜镍合金与钢的焊接
无氧铜	氩气——采用直流正接,电弧稳定且容易控制 氦气——具有较大的热输入量,焊接速度快、熔深大 氩氦混合气——氦75%,氩25%,电弧稳定,适于焊薄件

续表

材　质	适用的保护气体及特点
因康镍	氩气——电弧稳定,且容易控制 氦气——适于高速自动焊
低碳钢	氩气——适于手工焊 氦气——适于高速自动焊,熔深比氩气保护大
镁合金	氩气——采用交流焊接,具有良好的电弧稳定性和清理作用
马氏体时效钢	氩气——电弧稳定,且容易控制
钼—0.5钛合金	氩气、氦气都适用。要得到良好塑性的焊缝金属,除加强保护外,还必须将焊接气氛中的含氮量控制在 0.1% 以下,含氧量控制在 0.05% 以下
蒙乃尔	氩气——电弧稳定,且容易控制
镍基合金	氩气——电弧稳定,且容易控制 氦气——适于高速自动焊
硅青铜	氩气——可减少母材和焊缝熔敷金属的热脆性
硅钢	氩气——电弧稳定,且容易控制
不锈钢	氦气——电弧稳定,且可得到比氩气更大的熔深 氩气——电弧稳定,且容易控制
铁合金	氩气——电弧稳定,且容易控制 氦气——适用于高速自动焊

第二节　焊接设备及工艺

一、焊接设备

(一) 设备的配置

常见的手工 TIG 焊接设备如图 4-2 所示,包括焊枪、焊接电源与控制装置、供气和供水系统四大部分。如采用手工电弧焊机做电源,则配用单独的控制箱。焊接电流较小时(<300A),采用空气冷却焊枪,不需要冷却系统。自动 TIG 焊设备除上述四大部分外,还有自动焊小车,其上有行走机构、送丝机构、调节旋钮与控制开关、指示灯及仪表等。

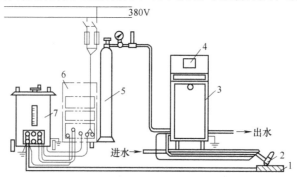

图 4-2　手工 TIG 焊接设备示意图

1—焊件；2—焊枪；3—控制箱（前面）；4—交流表；5—氩气瓶；
6—控制箱（后面）；7—焊接变压器

（二）控制设备

TIG 焊因氩气的电离电位较高，不易被电离，给引弧造成一定的困难。提高空载电压虽然能改善引弧条件，但对人身安全不利，故一般都在焊接电源上加入引弧装置解决引弧问题。通常在交流电源中接入高频振荡器，在直流电源中接入脉冲引弧器。

为了保证保护气的供应，提高引弧的成功率，延长钨极的使用时间，降低钨极的损耗，要求 TIG 焊机的控制系统能自动协调水、电、气各个系统的工作顺序。不同的操作方式要求不同的控制程序，但基本顺序是不能改变的。

焊接结束时，断开启动开关，电弧熄灭后，必须有一段延时，电磁气阀才断电，停止送氩气，至此焊接过程全部结束。如果是自动 TIG 焊，当电弧引燃后，开始送焊丝，走小车；焊接电流开始衰减时，应停止送丝和走小车；当焊炬离焊机较远时，要加长引弧前的送气时间。当焊接电流较大时，要适当延长熄弧后的断气时间。

（三）焊炬与流量调节器

1. 焊炬的结构

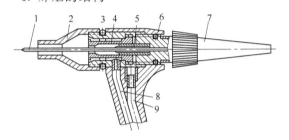 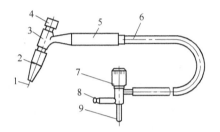

图 4-3　水冷式半自动 TIG 焊枪结构示意图

1—钨极；2—陶瓷喷嘴；3—密封圈；4—夹头套管；5—电极夹头；6—枪体塑压件；7—绝缘帽；8—进气管；9—冷却水管

图 4-4　QQ-85/150-1 型气冷式 TIG 焊枪结构示意图

1—钨极；2—陶瓷喷嘴；3—枪体；4—短帽；5—把手；6—电缆；7—开关手枪；8—进气口；9—通电接头

焊炬是 TIG 焊必备的工具，俗称氩弧焊枪。由炬体、钨极夹头、夹头套筒、绝缘帽、喷嘴、手柄、控制开关等组成。分水冷、气冷两大类，焊接电流从 10A 到 500A。水冷系列 TIG 焊炬结构如图 4-3 所示，气冷式 TIG 焊炬结构如图 4-4 所示。

2. 手工 TIG 焊炬的选用

选择手工 TIG 焊炬时，要考虑焊接材料、工件厚度、焊道层次、焊接电流的极性接法、额定焊接电流及钨极直径、接头坡口形式、焊接速度、接头空间位置、经济性等因素的影响。

3. 氩气流量调节器（氩气表）

TIG 焊通常采用瓶装氩气做气源，充气压力高达 14.7MPa，而焊接时所需氩气的工作压力很低，因此需通过一个减压阀将高压氩降至工作压力，并使气瓶中高压降低后输出氩气的工作压力和流量稳定，保证焊接过程的正常进行。

氩气流量调节器由进气压力表、减压过滤器、流量表、流量调节器等组成，起到降压、稳压作用，也可以方便地调节流量。如果没有专用的氩气流量调节器，可用氧气表来降压和稳压，通过浮子流量计来测定和调节流量，但使用前需标定浮子流量计的刻度。

（四）电源的种类和极性的选择

非熔化极气体保护焊（钨极氩弧焊）可以采用交流、直流和脉冲电源。采用直流电源时，还有极性问题，焊接时应根据被焊材料，选择合适的电源种类和极性，具体选择见表4-2。

表4-2   材料与电流种类和极性的选择

材料	直流		交流	材料	直流		交流
	正极性	反极性			正极性	反极性	
铝（2.4mm以下）	最差	良好	最佳	合金钢堆焊	良好	最差	最佳
铝（2.4mm以上）		最差		低碳钢、高碳钢、低合金钢	最佳		良好
铝青铜、铍青铜		良好		镁（3mm以下）		良好	最佳
铸铝				镁（3mm以上）	最差	最差	
黄铜、铜基合金	最佳	最差	良好	镁铸件		良好	
铸铁				高合金、镍及镍合金、不锈钢	最佳	最差	最差
无氧铜			最差	钛			
异种金属			良好	银			

（五）焊机常见故障及处理方法

TIG焊机的故障及处理方法见表4-3。

表4-3   TIG焊机的故障及处理方法

故障特征	可能产生原因	处理方法
电源开关接通，指示灯不亮	①开关损坏；②熔断器烧断；③控制变压器烧坏；④指示灯损坏	①更换开关；②更换熔断器；③修复；④换新指示灯泡
控制线路有电，电源指示灯亮，但焊机不能启动	①焊炬开关接触不良；②继电器出故障；③控制变压器损坏	检修
焊机启动后，高频振荡器工作，但引不起弧	①网路电压太低；②接地线太长；③焊件接触不良；④无气，钨极或工件表面太脏，间距不合适；⑤高频振荡器放电器火花间隙不合适；⑥火花放电器钨极表面太脏	①提高网路电压；②减短地线；③清理焊件；④检查气、钨极表面及间距是否符合要求；⑤调整放电间隙至0.5～1.5mm；⑥打磨放电器钨极端面至出现金属光泽
焊机启动后，无氩气输出	①按钮开关接触不良；②电磁气阀损坏；③气路不通，管子被压住；④控制线路出故障；⑤气体延时线路故障	①打磨触头；②检修；③检修；④检修；⑤检修
电弧引燃后，焊接过程中电弧不稳	①脉冲稳弧器不工作，指示灯不亮；②消除直流分量的元件故障；③焊接电源故障	①检修；②检修或更换；③检修

二、焊接工艺

（一）焊接参数

1. 焊接接头与坡口形式

钨极惰性气体保护电弧焊多用于厚度5mm以下的薄板焊接。接头形式有对接、搭接、角接和T形接。具体坡口设计原则见表4-4。

表 4-4 TIG 焊坡口设计的一般原则

母材厚度/mm	母 材 材 质	坡 口 形 式
≤3	碳钢、低合金钢、不锈钢、铝的对接接头	I 形
≤2.5	高镍合金	
3～12	碳钢、低合金钢、不锈钢、铝、高镍合金	U 形、V 形或 K 形、T 形
>12	碳钢、低合金钢、不锈钢、铝、高镍合金	双 U 形或 X 形

2. 焊前清理

TIG 焊时，氩气只起机械保护作用，对焊件与填充金属表面的油、锈及其他污物非常敏感，如清理不当，焊缝中很容易产生气孔、夹渣等缺陷。焊前必须认真清理，彻底除去填充金属、焊件坡口面、间隙及焊接区（包括接头上下表面 50～100mm 内）表面上的油脂、油漆、涂层，以及加工用的润滑剂、氧化膜及锈等。

焊前清理有化学清理和机械清理两类。化学清理法可除去工件及焊丝表面的油脂及氧化皮，化学清洗液的配方和处理条件因材质不同而异，此法清理效果好，经化学清理后的工件能保存较长的时间。机械清理通常采用打磨、刮削、喷砂或抛丸等机械方法清除工件表面的油、锈及其他污物，此法比较简单，清理后的表面保存时间很短，通常只用于焊前临时处理。

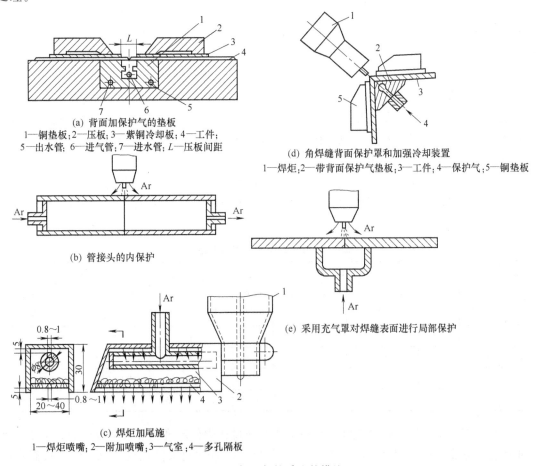

(a) 背面加保护气的垫板
1—铜垫板；2—压板；3—紫铜冷却板；4—工件；
5—出水管；6—进气管；7—进水管；L—压板间距

(b) 管接头的内保护

(c) 焊炬加尾施
1—焊炬喷嘴；2—附加喷嘴；3—气室；4—多孔隔板

(d) 角焊缝背面保护罩和加强冷却装置
1—焊炬；2—带背面保护气垫板；3—工件；4—保护气；5—铜垫板

(e) 采用充气罩对焊缝表面进行局部保护

图 4-5 加强保护采取的措施

3. 焊接参数

钨极惰性气体保护电弧焊的焊接参数主要有焊接电流、电弧电压、焊接速度、钨极直径和端部形状、气体流量和喷嘴直径、喷嘴至焊件表面的距离和焊枪倾角等。TIG 焊焊接参数对焊缝成形及焊接质量的影响，在实际生产中独立的参数很少，如手工 TIG 焊工艺中，只规定焊接电流与氩气流量两个焊接参数；自动 TIG 焊时，需控制的焊接参数包括焊接电流、焊接电压、焊接速度、氩气流量、焊丝直径与送丝速度。除此之外，焊接一些特别活泼的金属如钛等，必须加强高温区的保护，采取严格的保护措施，如图 4-5 所示。

（1）焊接电流　焊接电流是决定焊缝熔深的最主要焊接参数。焊接电流根据所要求的焊道熔深和钨极所能承受的电流来选择。各种钨极直径在不同电流种类和极性下允许的焊接电流范围见表 4-5。

表 4-5　各种钨极直径的允许焊接电流范围

钨极直径 /mm	直流电/A				交流电/A	
	正　　接		反　　接			
	纯钨	钍钨、铈钨	纯钨	钍钨、铈钨	纯钨	钍钨、铈钨
1.6	40～130	60～150	10～20	10～20	45～90	60～125
2.0	75～180	100～200	15～25	15～25	65～125	85～160
2.5	130～230	170～250	17～30	17～30	80～140	120～210
3.2	160～310	225～330	20～35	20～35	150～190	150～250
4.0	275～450	350～480	35～50	35～50	180～260	240～350
5.0	400～625	500～675	50～70	50～70	240～350	330～460

（2）电弧电压　电弧电压是决定焊道宽度的主要参数。在钨极惰性气体保护焊中采用较低的电弧电压，以获得良好的熔池保护。在氦气保护下焊接时，因氦气的电离度较高，相同的电弧长度具有比氩弧更高的电弧电压。电弧电压与钨极尖端的角度有关。钨极端部越尖，电弧电压越高，常用的电弧电压范围为 10～20V。

（3）钨极直径和端部形状　钨极直径的选择取决于拟采用的焊接电流种类、极性及大小。同时钨极端部尖度对焊缝的熔深和熔宽有一定的影响。钨极尖端形状和推荐的电流范围见表 4-6。

表 4-6　钨极尖端形状和电流范围

钨极直径 /mm	尖端直径 /mm	尖端角度 /(°)	直流正接		钨极直径 /mm	尖端直径 /mm	尖端角度 /(°)	直流正接	
			恒定直流 /A	脉冲电流 /A				恒定直流 /A	脉冲电流 /A
1.0	0.125	12	2～15	2～25	2.4	0.8	35	12～90	12～180
1.0	0.25	20	5～30	5～60	2.4	1.1	45	15～150	15～250
1.6	0.5	25	8～50	8～100	3.2	1.1	60	20～200	20～300
1.6	0.8	30	10～70	10～140	3.2	1.5	90	25～250	25～350

（4）焊接速度　钨极惰性气体保护焊的焊接速度按焊件厚度和焊接电流而定。由于钨极所能承受的电流较低，焊接速度通常在 20m/h 以下。自动钨极惰性气体保护焊的最高焊接速度可以达到 35m/h 以上，但此时要考虑焊接速度对保护气体层流形状的影响。

（5）气体流量和喷嘴直径 能有效保护焊接区所需的最低气体流量，与焊枪喷嘴的形状和尺寸存在一定的关系。喷嘴直径取决于焊件厚度和接头的形式，随着喷嘴直径的增大，气体流量需相应增加。当喷嘴的孔径为8～12mm时，保护气体流量为5～15L/min范围内；当喷嘴直径增大到14～22mm时，气体流量为10～20L/min；当焊接铝和铝合金厚板时，气体流量要为25～35L/min。此外，气体流量还与焊接环境有关。在空气流动的场地焊接时，应按空气的流速增加气体流量。

（6）焊枪倾角 焊枪倾角、填充焊丝与焊件表面的夹角对于保证接头质量很重要。对接和角接接头的手工和自动钨极气体保护焊时，焊枪、填充焊丝和焊件保持的相对位置如图4-6所示。

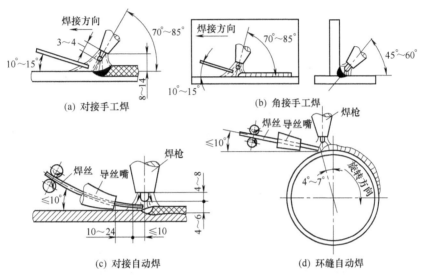

图 4-6 焊枪、填充焊丝和焊件之间正确的相对位置

（7）左向焊与右向焊 在焊接过程中，焊炬采用左向焊和右向焊，如图4-7所示。左向焊是TIG焊经常采用的手法，而右向焊很少采用。

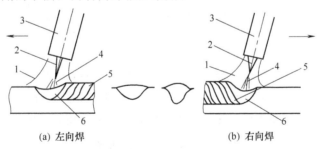

图 4-7 左向焊与右向焊

1—保护气；2—钨极；3—喷嘴；4—电弧；5—焊缝；6—熔池

（二）操作技术

1. 手工钨极氩弧焊的基本操作技术

手工钨极氩弧焊在焊接领域应用很广泛，焊件焊接质量除了和设备状况、焊接参数正确与否、待焊处清理情况、焊接材料等有关外，还与焊工的基本操作技术有关。基本操作技术的主要内容见表4-7。

表 4-7 手工钨极氩弧焊的基本操作技术

名称	内　容
握焊枪、焊丝的方法	通常由左手握焊丝、右手握焊枪。由于受焊接位置的限制,焊工应具备右手握焊丝、左手握焊枪的操作技能 　　在焊接过程中,焊枪与焊件角度为 70°～85°,焊丝与焊件角度为 10°～20° （图：焊枪、焊丝，70°～85°，10°～20°，δ）
引弧方法	①短路引弧。依靠引弧板或碳棒与钨极接触引弧 ②高频引弧。利用高频振荡器产生的高频电压击穿钨极与焊件之间的间隙而引燃电弧 ③高压脉冲引弧。在钨极与焊件之间加一高压脉冲使两极间气体介质电离,从而引燃电弧
焊接操作	引弧后,将电弧移至始焊处,对焊件加热,待母材出现"出汗"现象时,填加焊丝。初始焊接时,焊接速度应慢些,多填加焊丝,使焊缝增厚,防止产生"起弧裂纹" 　　焊接时用左手拇指、食指和中指捏焊丝,让焊丝的末端始终处于氩气保护区内,随着焊接过程的进行,可通过拇指、食指和中指按一定的频率往前均匀串丝,使焊接过程平稳进行,不扰动熔池和保护气流罩
焊丝长度与接头质量	焊接接头质量是整个焊缝的关键环节,为了保证焊接质量,应尽量减少接头数量,所以焊丝要用长的。但焊丝长度较长时,焊接过程中电弧区串丝容易因焊丝"抖动"而送不到"位",还有可能因电磁场作用而出现"粘丝"现象,焊丝的长短要适当 　　停弧后需在熄弧点重新引燃电弧时,电弧要在熄弧处直接加热,直至收弧处开始熔化形成熔池或熔孔后再向熔池填加焊丝,继续焊接
填丝方法	焊接打底层时,有不填丝法和填丝法两种。不填丝法又称为自熔法,由于焊件坡口根部没有间隙或间隙很小,同时又没有钝边或钝边很小,可通过电弧熔化母材金属而形成打底焊道 　　填丝法是在焊接过程中由焊工自己均匀送入焊丝形成焊缝的方法。在焊接小直径管子固定位置的打底焊道时,视焊道根部间隙大小,可采用内填丝法或外填丝法。当焊道根部间隙小于焊丝直径,电弧在试件外壁燃烧,焊丝自外壁填入的方法称为外填丝法。当焊道根部间隙大于焊丝直径,电弧在试件外壁燃烧,而焊丝自内壁通过间隙送至熔池上方的方法称为内填丝法 　　在实际焊接工程中,很难保证坡口间隙均匀一致,焊工要熟练掌握内、外填丝技术,在焊接过程中采取内、外结合填丝方法和左、右手都能握焊枪的焊接技术,才能获得良好的焊缝
焊接方向	手工钨极氩弧焊电弧束细、热量集中,焊接过程中无熔渣,熔池容易控制,焊接方向没有限制,要求焊工根据焊缝的位置,在焊接过程中能左、右手都能握焊枪焊接

2. 各种焊接位置的操作要点

采用不同种类的电弧焊方法,焊接空间位置不同的各种接头时,存在的困难基本是相同的,所不同的是每一种焊接方法都有各自的特点,施焊时注意的地方也有差异。TIG 焊时,必须注意握炬方法、焊炬和焊缝的相对位置、弧长与喷嘴高度,具体见表4-8。

表 4-8 TIG 焊各种焊接位置的操作要点

焊接方法		焊接特点	注意事项
平焊	Ⅰ形坡口对接接头的平焊	选择合适的握炬方法,喷嘴高度为 6～7mm,弧长 2～3mm,焊炬前倾,左向焊法,焊丝端部放在熔池前沿	焊炬行走角、焊接电流不能太大,为防止焊枪晃动,最好用空冷焊枪
	Ⅰ形坡口角接平焊	握炬方法同对接平焊,喷嘴高度为 6～7mm,弧长 2～3mm	钨极伸出长度不能太大,电弧对中接缝中心不能偏离过多,焊丝不能填得太多

续表

	焊接方法	焊 接 特 点	注 意 事 项
平焊	板搭接平焊	握炬方法同对接平焊。喷嘴高度与弧长同角接平焊,不加丝时,焊缝宽度约等于钨极直径的2倍	板较薄时可不加焊丝,但要求搭接面间无间隙,两板紧密贴合;弧长等于钨极直径,缝宽约为钨极直径的2倍,必须严格控制焊接速度;加丝时,缝宽是钨极直径的2.5~3倍,从熔池上部填丝可防止咬边
	T形接头平焊	握炬方法、喷嘴高度与弧长同对接平焊	电弧要对准顶角处;焊枪行走角、弧长不能太大;先预热,待起点处坡口两侧熔化,形成熔池后才开始加丝
立焊	板对接立焊	握炬方法同平焊	要防止焊缝两侧咬边,中间下坠
	T形接头向上立焊	握炬方法与喷嘴高度同平焊。最佳填丝位置在熔池最前方,同对接立焊	
横焊	对接横焊	最佳填丝位置在熔池前面和上面的边缘处	防止焊缝上侧出现咬边,下侧出现焊瘤;同时要做到焊炬和上下两垂直面间的工作角不相等,利用电弧向上的吹力支持液态金属
	T形接头横焊	握炬方法、弧长与喷嘴高度同T形接头平焊	
仰焊	对接仰焊	最佳添丝位置在熔池正前沿处	
	T形接头仰焊		

3. TIG焊与MIG焊的焊接性能比较

TIG焊与MIG焊都是气体保护焊,其焊接性能比较见表4-9。

表 4-9　TIG 焊与 MIG 焊的焊接性能比较

焊接方法		MIG 焊				TIG 焊			
		大电流焊接	短路过渡焊接	脉冲焊		大电流焊接	脉冲焊		
				高频	低频		高频	低频	
焊接材料	焊丝	实芯焊丝				实芯焊丝			
	保护气体	Ar-O$_2$,Ar-CO$_2$				Ar			
	焊接位置	平焊、横焊、横角焊	全位置焊			平焊、立焊	全位置焊		
焊接性能	焊缝金属性能	良好				极好			
	X射线检测性能	良好	单层良好、多层差	良好		良好			
	焊道形状	焊波细,焊道平	焊波细,成凸状	焊波细,焊道平		焊波细而匀			
	熔深	稍深呈指状	浅	可控		可控			
	电弧稳定性	良好				良好			

第三节　典型焊接实例

实例一:铝合金板对接平焊技术

母材为 A5083P-0，板厚 3.0mm；焊丝为 A5183-BY，直径 3.2mm；钨极直径 2.4mm。
对接焊要注意焊缝正、反面成形特点。对 3.0mm 厚的板，根部间隙可为 0，焊接电流
90～120A。焊前坡口两侧各 50mm 宽的区域内要清理干净。

1. 焊枪及填丝角度

焊枪及填丝角度如图 4-8 所示。焊枪与焊丝应保持在同一铅直面内，焊枪与焊缝成
70°～80°角，以保证氩气良好的保护作用。焊丝与板面的角度不大于 10°～15°，倾角太大会
影响焊枪的操作。填丝方法如图 4-9 所示。焊丝对准熔池的前端，有节奏地适量地熔入，保
持焊缝波形的均一性。

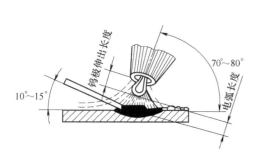

图 4-8　铝合金对接 TIG 焊焊枪及填丝角度

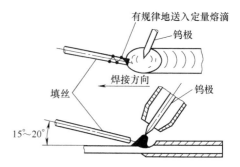

图 4-9　铝合金对接 TIG 焊填丝方法

2. 火口的填充方法

火口的填充方法有两种。一种是连续填充法，如图 4-10 所示，即在距焊缝终端约 5mm
之前的位置，钨极瞬间停止移动，使焊丝较多地送入，填满火口，可以使火口处的焊缝宽度
与高度同其他地方基本相当。第二种方法是断续填充法，如图 4-11 所示。断续填充火口要
注意防止熔合不良，即要确认前一层熔化后，方可使熔滴滴入。这种方法是在焊接停止区域
熔化后，将焊丝送入并立即断弧。此时焊枪仍在原位置，以便保护火口面，过 0.5～2s 左
右，待火口熔化金属凝固后，再于该处引弧并送入焊丝再断弧。这样反复操作 1～3 次左右，
使火口逐渐减小，并得到满意的余高。

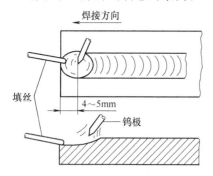

图 4-10　铝合金对接 TIG 焊火口的连续填充法

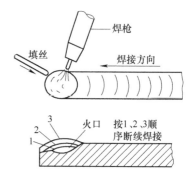

图 4-11　铝合金对接 TIG 焊火口的断续填充法

3. TIG 焊的引弧操作

TIG 焊的引弧操作方法与熔化极焊接时基本相同，即按上述焊枪角度，在距焊缝始端
处 10～15mm 前方引弧（通过高频电或高压脉冲），然后迅速返回始端，母材熔化即开始正
常焊接。

实例二：薄板对接脉冲 TIG 焊

1. 母材成分及焊前准备

所焊薄板为长约 7m、宽约 0.3m、厚度 1.2mm 的钢带，其化学成分是：含碳 0.03%～0.06%，含锰 0.25%～0.40%，含磷≤0.015%，含硫≤0.025%，含钛 0.3%～0.5%。

焊前将待焊处用汽油或丙酮清洗除油污。为保证焊缝两端的质量和成形规整，设有引弧板和熄弧板。

2. 焊接夹具

采用不填丝的自动脉冲氩弧焊方法，焊接夹具如图 4-12 所示，使用紫铜散热板以利于热影响区散热。一般上散热板厚 6mm，下散热板厚 20mm，并开有深 4mm、宽 3mm 的方槽。

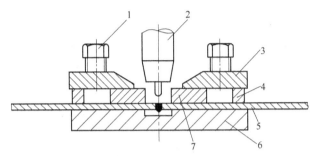

图 4-12 薄板对接焊接夹具示意图

1—压紧螺钉；2—焊枪；3—压板；4—垫块；5—钢带；6—下散热板；7—上散热板

3. 焊接参数及工艺措施

按图 4-12 所示装卡钢带，根部间隙≤0.02mm。两块上散热板间距 3mm，螺钉压紧力调至均匀一致。下散热板的方槽内通氩气，以保护背面。

钨极尖端锥度约 20°，距工件 0.5mm。焊接参数如下：脉冲电流 60A；维弧电流 8A；电弧电压 25～30V；焊接速度 320mm/min；焊枪气流量 13L/min；背面气流量 5L/min。

合理的焊接参数保证了焊缝成形的均一性，并使得焊缝较窄。焊缝表面凹凸程度以不超过 0.1mm 为宜。由于采用了散热板，增大了接头的温度梯度，控制了过热组织，接头性能有较大提高，达到和超过了设计要求。

实例三：手工钨极氩弧焊平敷焊

1. 焊前准备

① 焊件：低碳钢板，规格尺寸为 300mm×100mm×6mm，用钢丝刷角磨机将钢板表面除锈、去污，至露出金属光泽。

② 焊机：WS-315。

③ 焊接材料：见表 4-10。

表 4-10 焊接材料规格

名 称	牌 号	规格/mm	要 求
焊丝	H08A	φ2.5	采用专用焊丝
钨极	WCe-20	φ2.5	端部磨成 30°圆锥形
氩气	—		纯度 99.95%

2. 焊接

① 焊接方向：手工钨极氩弧焊一般采用左向焊法。

② 送丝：右手握焊枪，左手持焊丝，用中指在上、小拇指在下夹持焊丝，拇指和食指捏住焊丝向前移动送入熔池，然后拇指和食指松开后移再捏住焊丝前移，如此往复（见图4-13）。

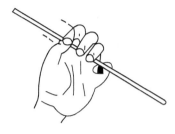 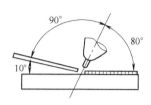

图 4-13　连续送丝操作技术　　　　图 4-14　焊枪、焊丝和工件间的位置和夹角

③ 引弧方法：手工钨极氩弧焊的引弧方法主要有非接触引弧（高频引弧）和接触引弧两种。其中接触引弧时，钨极端部易烧损，同时易造成母材夹钨，一般需配备引弧板进行引弧。

④ 运弧：运弧时，焊枪、焊丝和工件间的位置和夹角如图4-14所示。运弧的方法一般有直线运弧和月牙形运弧两种。

⑤ 停弧：当焊接需要停弧时，应先逐渐加快运弧速度，然后再灭弧，加快运弧的长度为20mm左右。

⑥ 灭弧：电弧的灭弧方法主要有电流衰减法、增加焊速法、多次熄弧法和应用熄弧板法四种。

3. 操作注意问题

① 应熟练掌握焊丝的送丝方法，做到送丝过程连续、平稳。

② 焊接前将钨棒端部磨成所需的形状，焊接过程中若钨棒端部形状发生变化，应重新打磨。

③ 灭弧后不可立即将焊枪移开，一般需在原处停留2～5s后再移开，以加强对熔池的保护。

实践训练　钨极氩弧焊

一、实验目的

① 了解焊机的组成及操作规程。

② 理解电流极性对阴极雾化的作用及对电极烧损的影响。

③ 理解基本操作程序及焊接参数的调节方法。

二、实验设备及其他

① NSA-300 型焊机一台，水冷式焊枪。

② 试件：Q235A，厚6mm，规格125mm×300mm，两块。

③ 焊接材料：填充焊丝 ER50-4（TIG-J50）$\phi 2.0$mm，电极为铈钨极，$\phi 2.5$mm。

④ 其他辅助工具如钢丝刷、角向磨光机等。

三、实验内容

① 观察"阴极雾化"现象。

② 薄板平焊位置单面焊双面成形焊接操作。

四、注意事项

① 认真做好试件的表面清理，检查水路、气路、电路系统的运转情况，选择合适的焊接参数，并调整好焊机。

② 按规定程序焊接试件。在焊接过程中，要及时调整焊枪与焊丝和试件之间的相对位置以及氩气的流量。随时注意观察熔池的大小及其他情况。

③ 改变焊接电流的极性或改用交流电源进行焊接，观察"阴极雾化"现象及钨极烧损情况。

④ 焊接时要正确运用引弧、收弧技术及焊接操作技术，以确保焊接质量。填丝焊时，要注意填丝角度和填充位置。同时让焊丝端头不要退出气体保护区，不要触及钨极以免污染。

⑤ 注意安全保护。工作完毕或临时离开工作场地时，必须切断焊机电源以及气门、水门开关，将焊枪连同输气、输水管、控制电缆等盘好挂起。

章 节 小 结

1. 非熔化极气体保护焊的特点及分类。

非熔化极气体保护焊又称为钨极惰性气体保护电弧焊（简称钨极氩弧焊），是一种以惰性气体作保护气体，以钨极作不熔化电极的电弧焊方法。可焊接各种钢材和合金；电弧稳定性相当好，特别适用于薄壁焊件和难焊位置的焊接以及全位置的焊接；是完成单面焊双面成形打底焊的理想方法之一。TIG 焊可分为直流 TIG 焊、交流 TIG 焊、脉冲 TIG 焊和热丝 TIG 焊等。

2. 非熔化极气体保护焊用焊接材料及选用原则。

非熔化极气体保护焊用焊接材料有焊丝、电极材料、保护气体等。TIG 焊按"等强"与"近性"原则选用焊丝，通常选用的焊丝的成分应与母材相同或接近。根据焊接母材的不同，选择不同的保护气体。

3. 非熔化极气体保护焊的焊接设备组成及作用。

手工 TIG 焊接设备包括焊枪、焊接电源与控制装置、供气和供水系统四大部分。自动 TIG 焊设备除上述四大部分外，还有自动焊小车，其上有行走机构、送丝机构、调节旋钮与控制开关、指示灯及仪表等。

4. 非熔化极气体保护焊中各焊接参数的影响。

钨极惰性气体保护电弧焊的焊接参数主要有焊接电流、电弧电压、焊接速度、钨极直径及端部形状、喷嘴直径和气体流量、喷嘴至焊件表面的距离和焊枪倾角等。

5. 手工钨极氩弧焊的基本操作技术。

6. TIG 焊和 MIG 焊的性能比较。

思 考 题

1. 非熔化极气体保护焊（钨极氩弧焊）有什么特点？适用于哪些场合？

2. 非熔化极气体保护焊的焊接电源有几种？

3. 非熔化极气体保护焊有哪些类型？

4. 如何根据焊接材料选择非熔化极气体保护焊的电源和极性？

5. 钨极氩弧焊的焊接参数主要有哪些？如何选择？

6. 钨极氩弧焊的设备由哪几部分组成？各有什么作用？

7. 采用钨极氩弧焊时，焊接铝及铝合金常采用交流电源，为什么？

8. 钨极的材料、直径和形状如何选择？

9. 手工钨极氩弧焊时，氩气纯度如何选择？

10. 在焊接不锈钢时，如何判断气体保护效果？

11. 手工钨极氩弧焊有哪几种引弧方法？

12. 采用手工钨极氩弧焊时，易产生的缺陷有哪些？如何防止？

第五章　等离子弧焊接与切割

【学习指南】 本章重点学习等离子弧焊接与切割的有关知识。要求了解等离子弧焊接与切割的特点及应用，了解等离子弧焊接与切割设备的作用，理解相关的焊接参数对等离子弧焊接或切割的影响及选用原则。等离子弧焊接实验可选做。

第一节　概　　述

等离子弧焊接是借助水冷喷嘴对电弧的拘束作用，获得较高能量密度的等离子弧进行焊接的方法。它是由钨极惰性气体保护焊演变而来的一种特殊焊接方法。等离子弧焊接可进行单面焊双面成形的焊接，特别适用于背面可达性不好的结构。其中微束等离子弧焊小电流时电弧稳定，焊缝质量好，应用很广泛。

等离子弧切割是利用等离子弧的热能实现切割的方法。切割时，等离子弧将被割件熔化，并借助等离子流的冲击力将熔化金属排除，从而形成切口。等离子弧切割方法可切割任何黑色金属、有色金属，利用非转移弧时，还可切割非金属材料及混凝土、耐火砖等。该方法切割速度快，生产效率高，切口窄且光滑平整，热影响区小，变形小，切割质量好。

一、焊接特点

（一）等离子弧焊

等离子弧焊接根据电流大小的不同分为微束等离子弧焊和大电流等离子弧焊两类；根据使用极性的不同分为直流正极性等离子弧焊、直流反极性等离子弧焊和交流等离子弧焊；根据焊接电流种类的不同分为连续电流等离子弧焊和脉冲电流等离子弧焊。无论是大电流等离子弧焊，还是微束等离子弧焊都可以进行直流正极性、直流反极性或交流焊接，也可以进行脉冲焊接如直流脉冲焊接和交流脉冲焊接。

直流正极性等离子弧焊可以用来焊接碳钢、合金钢、耐热钢、不锈钢、镍及其合金、钛及其合金、铜及其合金等材料。交流等离子弧焊主要用于铝及其合金、镁及其合金、铍青铜、铝青铜等材料的焊接。等离子弧焊可在平焊、横焊位置下进行，采用脉冲电流时可进行全位置焊接。

等离子弧焊与钨极氩弧焊相比，热量高度集中、电弧稳定、穿透能力强、焊接速度明显提高；焊缝的深度比较大，热影响区小，接头质量易于保证。不足之处在于设备投资较大，对操作工人的技术要求较高，较难进行手工焊接，焊接参数的精度要求较严等。

等离子弧焊时可能出现的缺陷、形成原因及防止方法，见表 5-1。

（二）等离子切割

常用的等离子弧切割方法及其应用见表 5-2。等离子弧切割用材料包括气体及电极材料，具体选择见表 5-3。

表 5-1　焊接缺陷的形成原因及防止方法

缺陷名称	形 成 原 因	防 止 方 法
密集气孔	①更换新气瓶；②焊枪漏水；③母材不干净；④保护不良	①气瓶立放 2h 后再用；②消除漏水环节；③清理母材；④提高气体流量
隧道状气孔	①引弧和收弧处小孔未形成；②焊速快	①形成小孔后车再行走；②降低焊速
咬边	①弧偏单侧咬边；②焊枪不与工件垂直；③焊速快或上坡焊双侧咬边	①使钨极尖与喷嘴孔同心；②调整焊枪位置；③降低焊速
焊缝不连续	①焊速快，小孔时有时无；②焊接电流小	①降低焊速；②适当增加焊接电流
未熔合	焊接线能量不足	增加焊接电流或降低焊接速度

表 5-2　等离子弧切割方法及其应用

切割方法	工作气体	主要用途	实用切割厚度/mm
氩等离子弧	Ar，Ar＋H_2，Ar＋N_2，Ar＋N_2＋H_2	切割不锈钢、有色金属及其合金	4～150
氮等离子弧	N_2，N_2＋H_2		0.5～100
空气等离子弧	压缩空气	切割碳钢和低合金钢，也适用于切割不锈钢、铝、铜及其合金	0.1～40 碳钢和低合金钢
氧等离子弧	O_2 或非纯氧		0.5～40
两层气体等离子弧	N_2(工作气体)CO_2(保护气体)	切割不锈钢、铝及铝合金、碳钢(不常用)	≤25
水再压缩等离子弧	N_2(工作气体)H_2O(压缩电弧用)	切割碳钢、低合金钢、不锈钢以及铝合金等有色金属	0.5～100

表 5-3　常用电极材料及适用气体

电极材料	适用气体	适用情况
纯钨	Ar，Ar＋H_2	耗损快，一般不用
钍钨		耗损量较小，但有放射性，目前很少使用
铈钨	Ar，Ar＋N_2，Ar＋H_2，N_2＋H_2，N_2	耗损较钍钨小，放射性小，目前应用较广
钇钨		耗损较铈钨小，正在发展推广
纯锆	N_2，压缩空气	嵌于铜棒内，耗损快
纯铪	O_2，压缩空气	
PE-A[①]	压缩空气	使用寿命分别为铪和锆的 2 倍和 3 倍

① PE-A 是铼（Re）、氧化钇（Y_2O_3）的合金。

二、等离子弧

目前，焊接领域中应用的等离子弧实际是一种高能量密度的"压缩电弧"，是近代由钨极气体保护电弧发展起来的一种新型高温热源。钨极气体保护电弧常被称为"自由电弧"，它燃烧于惰性气体保护下的钨极与被焊接的工件之间，如图 5-1（a）所示。当把一个用水冷却的铜制喷嘴放置在其通道上，强迫这个"自由电弧"从细小的喷嘴孔中通过，利用喷嘴孔的直径对弧柱进行强制压缩，就可以获得"压缩电弧"，如图 5-1（b）所示。这种电弧在"机械压缩"、"热压缩"和"电磁收缩"三种压缩效应的作用下，最后与电弧的热扩散作用相平衡，形成稳定的压缩电弧。这就是工业中应用的等离子弧。

等离子弧具有较高的能量密度、温度及刚直性，因此与一般电弧焊相比，等离子弧具有熔透能力强，在不开坡口、不加填充焊丝的情况下可一次焊透 8～10mm 厚的不锈钢板；焊缝质量对弧长的变化不敏感，电弧的形态接近圆柱形，挺直度好，弧长变化时对加热斑点的

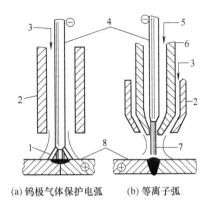

图 5-1　等离子弧的产生

1—"自由"的钨极气体保护电弧；2—保护气罩；3—保护气体；4—钨电极；

5—等离子气体；6—水冷铜喷嘴；7—等离子弧；8—工件

面积影响很小，易获得均匀的焊缝形状；钨极缩在水冷铜喷嘴内部，不与工件接触，避免了焊缝金属夹钨现象的发生；等离子电弧的电离度较高，小电流很稳定，可焊接微型精密零件；可产生稳定的小孔效应，从正面施焊时可以获得良好的单面焊双面成形效果。

等离子弧按不同的接线方式和工作方式可分为非转移型、转移型和联合型等离子弧三类，如图 5-2 所示；按电弧电流的大小可分为大电流等离子弧和小电流等离子弧。其中大电流等离子弧，电弧电流大于 30A；小电流等离子弧，电弧电流小于 30A，又称为微束等离子弧。

作为热源，等离子弧得到了广泛的应用，可进行等离子弧焊、等离子弧切割、等离子弧堆焊、等离子弧喷涂、等离子弧冶金等。

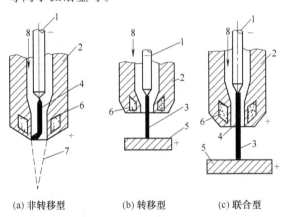

(a) 非转移型　　　(b) 转移型　　　(c) 联合型

图 5-2　等离子弧的三种类型

1—钨极；2—喷嘴；3—转移弧；4—非转移弧；5—工件；

6—冷却水；7—弧焰；8—离子气

第二节　焊接设备及工艺

一、常用设备

（一）等离子弧焊设备

等离子弧焊设备主要包括弧焊电源、控制系统、焊枪、气路系统、水路系统。根据不同的需要有时还包括送丝系统、机械旋转系统或行走系统以及装夹系统等，如图 5-3 所示。

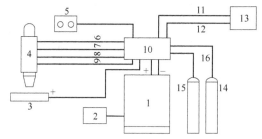

图 5-3　等离子弧焊设备的组成示意图

1—焊接电源；2—控制盒；3—工件；4—等离子弧焊枪；5—启动开关；6—水冷导线（接焊接电源负极）；7—等离子气入口管；8—水冷导线（接焊接电源正极）；9—保护气入口管；10—控制系统；11—冷却水入口；12—冷却水出口；13—水泵；14，15—气瓶；16—气管

1. 弧焊电源

等离子弧焊设备一般采用具有垂直外特性或陡降外特性的电源，以防止焊接电流因弧长的变化而变化，获得均匀稳定的熔深及焊缝外形尺寸。一般不用交流电源，而用直流电源并采用正极性接法。与钨极氩弧焊相比，等离子焊所需的电源空载电压较高。

采用氩气作等离子气时，电源空载电压为 $60\sim85V$；当采用 $Ar+H_2$ 或氩与其他双原子的混合气体作等离子气时，电源的空载电压为 $110\sim120V$。采用联合型电弧焊接时，由于转移弧与非转移弧同时存在，需要两套独立的电源供电；采用转移型电弧焊接时，可以用一套电源或两套电源。

一般采用高频振荡器引弧。当使用混合气体作等离子气时，要先利用纯氩引弧，然后再将等离子气转变成混合气体，这样可降低对电源的空载电压要求。

2. 控制系统

控制系统的作用是控制焊接设备的各个部分按照预定的程序进入、退出工作状态。整个设备的控制电路通常由高频发生器控制电路、送丝电机拖动电路、焊接小车或专用工装控制电路以及程控电路等组成。程控电路控制等离子气预通时间、等离子气流递增时间、保护气预通时间、高频引弧及电弧转移、焊件预热时间、电流衰减熄弧、延迟停气等。

3. 气路系统

等离子弧焊设备的气路系统较复杂。由等离子气路、正面保护气路及反面保护气路等组成，而等离子气路还必须能够进行衰减控制。为此，等离子气路一般采用两路供给，其中一路可经气阀放空，以实现等离子气的衰减控制。采用氩气与氢气的混合气体作等离子气时，气路中一般设有专门的引弧气路，以降低对电源空载电压的要求。

等离子气及保护气体根据被焊金属来选择。大电流等离子弧焊时，等离子气及保护气体通常采用相同的气体，小电流等离子弧焊通常采用纯氩气作等离子气。

4. 水路系统

由于等离子弧的温度在 10000℃ 以上，为了防止烧坏喷嘴并增加对电弧的压缩作用，必须对电极及喷嘴进行有效的水冷却。冷却水的流量不得小于 3L/min，水压不小于 $0.15\sim0.2MPa$。水路中设有水压开关，在水压达不到要求时，切断供电回路。

5. 焊枪

等离子弧焊枪是等离子弧发生器，对等离子弧的性能及焊接过程的稳定性起着决定性作用。主要由电极、电极夹头、压缩喷嘴、中间绝缘体、上枪体、下枪体及冷却套等组成。最关键的部件为喷嘴及电极。

（二）等离子弧切割用设备

等离子弧切割设备通常由电源、高频发生器、割炬、控制系统（控制箱）、供气系统、冷却水系统、切割机（切割小车、数控切割机）和切割工作台等组成。

等离子弧设备的名称是根据国标 GB/T 10249—1988《电焊机型号编制方法》规定来命名的。国产等离子弧切割机的型号与主要技术数据见有关手册，如 LGK-125 型水压缩等离子弧切割机可切割 30mm 以内各种碳钢，特别是切割 25mm 以内不锈钢效果更理想，并配有手工割炬和自动割炬；LGS-250 型浅水等离子弧切割机主要用于厚度为 6～40mm 不锈钢、碳钢、合金钢、铜、铝及其合金切割，能在浅水中进行切割，具有生产率高、割口质量好、切口窄、切割速度快、环境污染小等特点。

选择切割设备时需要考虑的因素很多，主要包括切割对象、对切割质量的要求、切割效率、加工工作量的大小、切割设备投资和日常切割成本、对环境的影响、适应无人化和自动化切割的可行性、对柔性生产系统的适应性等，需要结合工厂实际情况，综合分析后加以确定。

二、焊接工艺

进行等离子弧焊时，其接头形式主要采用Ⅰ形对接、薄板搭接、Ⅰ形接头、端接、卷边对接、外角接头及点焊接头等。用钨极气体保护焊方法可以焊接的接头与结构，多数都可用等离子弧焊方法完成。等离子弧焊能一次焊透较厚的金属，见表 5-4，当金属厚度超过 8～9mm 时，从经济上考虑不宜采用等离子焊。

表 5-4　一次焊透的厚度

材料种类	不锈钢	钛及钛合金	镍及镍合金	低合金钢	低碳钢
一次焊透范围/mm	≤8	≤12	≤6	≤7	≤8

（一）大电流等离子弧焊

大电流等离子弧焊又分为穿透型等离子弧焊（又叫小孔焊法）和熔透型等离子弧焊（又叫熔入法）。

穿透型焊接法是电弧在熔池前穿透工件形成小孔，随着热源移动在小孔后形成焊道的焊接方法。焊炬前进时，小孔在电弧后面闭合，形成完全穿透的焊缝。焊缝断面呈酒杯状，如图 5-4 所示。用这种方法可获得成形美观的焊缝，可用于Ⅰ形坡口一次焊透或多层焊第一层焊缝的底焊。它具有焊接速度快，生产率高，焊接接头质量好，热影响区窄，焊接变形小等优点。穿透型焊接法是目前等离子弧焊的主要方法，3mm 以上的材料常用此法焊接。

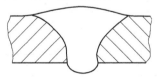

图 5-4　穿透型焊法形成的酒杯状焊缝

熔透型焊接法是焊接过程中熔透焊件的焊接法，简称熔透法。这种方法焊接时电弧压缩的程度比较弱，等离子焰流喷出速度较小，电弧的穿透能力较低，其过程和钨极氩弧焊相似。此方法多用于板厚 2～3mm 以下的焊接、卷边焊接或多层焊时第二层及以后各层的焊接。

1. 等离子弧焊的焊接参数

穿透型焊接法的焊接参数有焊接电流、离子气流量、焊接速度、喷嘴几何尺寸、电极内缩量、喷嘴高度、钨极直径、保护气成分、流量等。

（1）焊接电流　焊接电流是一个主要焊接参数，在具有"小孔效应"的焊接电流范围内，焊接过程稳定，对焊缝成形影响不大。

（2）离子气流量　离子气流量的大小对熔深、焊缝成形、焊接速度都有影响。在一般情况下，离子气对正面焊缝的宽窄影响不大，对反面焊缝的影响较大。离子气一般用纯 Ar，有时为了增加弧长，提高热效率等原因，可加入 $5\%\sim15\%$ H_2 或 He。

（3）焊接速度　焊接速度太快会产生咬边或未焊透；太慢会导致过热，因熔池过大，会产生焊漏或烧穿现象。

（4）喷嘴几何尺寸　一般采用三孔型喷嘴，这种喷嘴的焊接速度比单孔喷嘴高 $50\%\sim100\%$。焊厚工件时，用收敛扩散三孔型或有压缩段的收敛扩散三孔型喷嘴较好。

（5）钨极内缩量　钨极端头到喷嘴口部的距离叫内缩量。它对焊缝成形、熔深、焊速都有影响。钨极内缩量应与喷嘴通道长相等或稍小，比 L（喷嘴通道长度）短 $0.1\sim0.3$mm。若用收敛扩散型喷嘴，电极端头可伸到喷嘴开始扩散处。

（6）喷嘴高度　喷嘴高度影响弧长，对焊缝成形影响不大。喷嘴较低时，焊缝较窄，焊接速度快，易咬边；喷嘴较高时，熔深降低，焊缝粗糙，成形不好。合适的喷嘴高度为 $5\sim8$mm。

（7）钨极直径与形状　常用的钨极有钍钨、铈钨和锆钨，冷却方式有直接冷却和间接冷却。钨极直径取决于工作电流，可按 TIG 焊钨极的许用电流选取。钨极锥度一般在 $30°\sim50°$ 之间，根据电流大小选择。

（8）保护气成分和流量　保护气体流量与离子气流量要以适当的比例匹配。不同材料、不同厚度焊接时所用离子气和保护气比例见表 5-5。

表 5-5　不同材料、不同厚度等离子弧焊用离子气和保护气（体积分数）比例

材料种类	厚度/mm	焊接方法	
		穿透法	熔透法
碳钢（镇静钢）	<3.2	Ar	Ar
	>3.2	Ar	He75%＋Ar25%
低合金钢	<3.2	Ar	Ar
	>3.2	Ar	He75%＋Ar25%
不锈钢	<3.2	Ar，Ar92.5%＋He7.5%	Ar
	>3.2	Ar，Ar95%＋$H_2$5%	He75%＋Ar25%
铜	<2.4	Ar	He75%＋Ar25%，He
	>2.4	—	He
镍合金	<3.2	Ar，Ar92.5%＋He7.5%	Ar
	>3.2	Ar，Ar95%＋$H_2$5%	He75%＋Ar25%
活泼金属	<6.4	Ar	Ar
	>6.4	Ar＋He(50%～70%)	He75%＋Ar25%

2. 焊接工艺

目前用穿透型焊接法焊接不锈钢、低合金钢、低碳钢、钛、镍基合金、黄铜、紫铜、锆等金属的焊接参数见附表 14，常见的缺陷及预防措施见表 5-6。

表 5-6 常见缺陷及预防措施

缺陷类型	产 生 原 因	预 防 措 施
单侧咬边	①焊炬偏向焊缝一侧；②电极与喷嘴不同心；③两辅助孔偏斜；④接头错边量太大；⑤磁偏吹	①改正焊炬对中位置；②调整至同心；③调整辅助孔位置；④加填充丝；⑤改变地线位置
两侧咬边	①焊接速度太快；②焊接电流太小	①降低焊接速度；②加大焊接电流
气孔	①焊前清理不当；②焊丝不干净；③焊接电流太小；④填充丝送进太快；⑤焊接速度太快	①除净焊接区的油锈及污物；②清洗焊丝；③加大焊接电流；④降低送丝速度；⑤降低焊接速度
热裂纹	①焊材或母材含硫量太高；②焊缝熔深、熔宽较大，熔池太长；③工件刚度太大	①选用含硫低的焊丝；②调整焊接参数；③预热、缓冷

（二）微束等离子弧焊

微束等离子弧焊是利用小电流（通常小于 30A）较小焊接的等离子弧焊。微束等离子弧焊在焊接电流小于 10A 时很不稳定，常采用联合电弧的形式，此时即使焊接电流很小（0.05～10A），仍可维持电弧的稳定燃烧。用这种方式可以成功焊接 0.01～0.8mm 的金属箔，这是一般电弧焊难以完成的。微束等离子弧对焊件上加热程度的变化敏感性较小，焊接质量比较稳定，特别有利于焊接薄板。

微束等离子弧焊采用垂直陡降外特性的电源。焊接时维弧（间接电弧）与主弧（直接电弧）同时存在，喷嘴与焊缝对中要求高，要同时采用非磁性材料制造卡具，以防止产生磁偏吹现象。

微束等离子弧焊可以焊接不锈钢、镍合金、钛、哈斯特洛依合金、康铜丝、不锈钢丝、镍丝、钽丝与镍丝、紫铜等，其焊接参数见附表 15。而微束等离子弧焊与大电流等离子弧焊的焊接参数比较见表 5-7。

表 5-7 两种等离子弧焊参数比较

比 较 项 目		大 弧	微 弧
焊接电流/A		＞30	＜30
维弧电流/A		无	2～3 可短路引弧
通道比(L/d)		1～1.2	2～4
喷嘴高度/mm		5～8	2～4
钨极内缩量/mm		$L-0.5$	0.5～1.5
喷嘴内径/mm		2.0～3.4	0.8～1.2
气体流量 /(L/min)	离子气	2～20	0.1～0.7
	保护气	10～40	4～11

（三）脉冲等离子弧焊

脉冲等离子弧焊时，熔池体积小，焊接热效率高，热影响区小；焊缝金属在高温停留时间短，杂质渗入的可能性小，热裂倾向小；通过对脉冲参数的调整，可以控制焊缝金属的组织,改善接头质量;通过控制焊点的熔池大小和形状,扩大焊接材料的厚度范围,可进行全位置焊。脉冲等离子弧的焊接参数,除一般等离子弧的焊接参数外,还有脉冲电流、基值电流、脉冲时间、基流时间和脉宽比,脉冲频率等参数。

常用的脉冲等离子弧焊参数见附表16。

(四) 等离子弧切割

离子弧切割的焊接参数包括切割电流、电弧电压、喷嘴孔径、钨极内缩量、喷嘴到工件的距离、工作气体的种类和流量。

1. 工作气体的选择

切割不锈钢和铝时,可按表5-8选择工作气体。

表5-8　切割不锈钢和铝时选用的工作气体

材料厚度/mm	工作气体	空载电压/V	工作电压/V	备　注
120 以下	纯 N_2	250~350	150~200	常用于切割薄、中、厚板,铝合金切割面不光洁
150 以下	N_2(60%~80%)+Ar	200~350	120~200	适合切割薄、中、厚板,切割面较好
200 以下	N_2(50%~85%)+H_2	300~500	180~300	适于大厚度切割
200 以下	Ar65%+$H_2$35%	250~300	150~300	适于切割薄、中、厚板,切割效果最好,割缝较窄,切割面光滑,成本较高

2. 喷嘴孔径的选择

根据被切割材料的厚度按图5-5确定喷嘴孔径 ϕ。

3. 确定切割电流

可按下式确定切割电流:

$$I=(70\sim100)d$$

式中　I——切割电流,A;

　　　d——喷嘴孔径,mm。

4. 喷嘴高度

喷嘴高度指的是喷嘴端面至工件表面的距离。一般情况下喷嘴高度为6~8mm。切割厚板时可增大至10~15mm。喷嘴高度 H 与切割速度 v、工作电压 U 及割缝宽 B 的关系见图5-6。

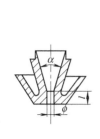
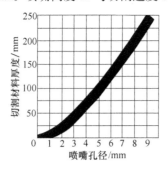

图5-5　喷嘴孔径与切割厚度的关系

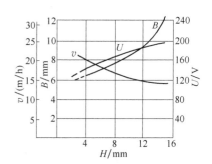

图5-6　切割速度、工作电压和割缝宽与喷嘴高的关系

5. 电极内缩量

电极内缩量指的是钨极尖端至喷嘴内端面的距离。内缩量对等离子弧的压缩性及穿透能力都有影响。内缩量的最佳位置应该在气流的虹吸作用区，使电极端头处于相对的"真空"状态，既不易烧损电极，又对压缩电弧有利。通常钨极内缩量为 2～4mm 较好。

6. 气体流量 Q

气体的流量应与喷嘴孔径适应，可按规定选取。

7. 空载电压与工作电压

空载电压由切割电源决定，但与切割厚度及选用的工作气体的性质有关。用 Ar 做工作气体时，空载电压可以低些，但用 N_2 或 H_2 等双原子气体做工作气体时，空载电压应比较高些。

工作电压除与电源外特性、工作气体有关外，还与割炬结构、气体流量、喷嘴高度、切割速度等焊接参数有关。

8. 切割速度

切割速度由工件厚度、切割电流、气体流量、喷嘴孔径等决定。切割时允许有适当的后拖量，在保证割透和割口质量的前提下，应尽可能提高切割速度。如切割铸铁和碳钢的切割参数与不锈钢相似，切割钛极时，可用纯 N_2 或 $N_2 + H_2$ 混合气体，切割速度较不锈钢快 2～2.5 倍。

等离子弧切割时常见故障及排除方法见表 5-9。

表 5-9　等离子弧切割常见故障及排除方法

故　障　现　象	产　生　原　因	排　除　方　法
小弧不能引燃	①高频振荡器不工作或工作不正常；②电极与喷嘴孔对中不好；③无引弧气流（离子气）；④水冷电阻烧穿	①检修高频振荡器；②调节对中情况，保证同心度；③检查气路，并排除故障；④检修
小弧不稳定	①气体流量太大；②小弧电流太小；③气路不畅，使流量变化	①减小小弧气体流量；②适当加大小弧电流至 15～40A；③检查气路，保证流量均匀
不能引燃大弧	①地线接触不良；②气流太大（离子气）；③小弧与工件接触不良；④切割速度太慢	①卡紧地线；②减小大弧气流量；③清除工件表面的油、锈；④提高切割速度
切割过程中断弧	①切割速度太慢；②电极烧损严重；③水、电、气供应不正常	①提高切割速度；②更换电极；③检修
电弧穿透力差	①气体流量太小或漏气（离子气）；②电极端部损耗严重，或在喷嘴内位置不适当；③喷嘴孔径太大，电弧压缩不良；④喷嘴孔烧坏，孔径大	①提高大弧气流量或堵漏；②修磨电极或调整电极位置；③更换孔径小的喷嘴；④更换新喷嘴
割不透	①切割速度太快；②电弧穿透力差；③焊接参数不合适	①适当降低切割速度；②更换孔径小的喷嘴或适当加大气体流量；③调整喷嘴孔径、气体流量和切割电流

当然，在焊接生产中还可以选择其他的切割方法，如选用空气等离子弧切割、水再压缩等离子弧切割、水下等离子弧切割等方法进行需要的切割。空气等离子弧切割过程中的常见故障、产生原因及预防措施见表 5-10。

表 5-10　空气等离子弧切割常见故障、产生原因及预防措施

故障现象	产　生　原　因	预　防　措　施
切割机不起弧，或有时弧闪烁	①电网三相不平衡，导致熔丝烧断；②熔丝容量太小；③闸刀三相接触不良；④地线夹与工件接触不良；⑤工件表面有较厚的铁锈或油漆	①需电网三相电源电压平衡后，更换熔丝后才能工作；②更换合适的熔丝；③修理闸刀开关；④夹好地线；⑤清除切割区表面的铁锈或油漆
等离子弧不稳	①电网电压低于340V；②压缩空气压力太高；③喷嘴中心孔烧损太大；④电极烧损严重；⑤切割速度太慢，使转移型等离子弧熄灭，仅出现电极与喷嘴间的小弧燃烧	①待电网电压高于340V以后再工作；②降低压缩空气压力；③更换喷嘴；④更换新电极；⑤提高切割速度
割不透	①电网电压超过允许波动范围；②板太厚，超过了切割机的工作范围；③割炬行走角太小；④切割速度太快	①调整电网电压；②改用大型切割机；③加大行走角；④降低切割速度
气流小，切不厚，切口宽，切割速度慢	①空气压缩机容量小；②气路有堵塞现象或有漏气处；③保护套与割炬体处的密封圈损坏或未安装或保护套未拧紧；④分配器装反	①更换容量大的空气压缩机；②修理气路；③修理；④重装分配器
割口斜	①割炬倾斜；②安装的喷嘴分配器和电极中心偏离较大，最大偏差＞0.2mm；③喷嘴孔与电极不同心	①割炬调整在垂直位置，工作角、行走角都是90°；②调整它们的相对位置，减小中心偏差；③调整相对位置，减小偏心
喷嘴电极寿命短	①飞溅物烧坏或堵塞喷嘴孔；②切割速度太慢，喷嘴受辐射热高，寿命低；③切割速度太快，割不透，飞溅物烧坏喷嘴；④喷嘴与工件短路	①清除喷嘴孔内的飞溅，并保持适当高度；②提高切割速度；③降低切割速度；④装割炬托架，防止短路
割炬体易损坏	①飞溅或辐射热烧坏枪体，使绝缘性能下降，或绝缘层破裂；②未及时更换长时间使用的电极，使割炬内腔产生电弧，击穿上下枪体间的绝缘；③压缩空气中含水量过高，降低了上下枪体间的绝缘；④电极与喷嘴未拧紧，使连接螺纹烧坏；⑤切割时间太长，割炬温升太高	①保持合适的切割速度，在最快的速度下割透工件，防止飞溅；②及时更换已严重烧损的电极和上下枪体间的绝缘体，或更换新枪体；③过滤净压缩空气内的油和水；④拧紧电极与喷嘴后才能使用；⑤控制负载持续率

（五）焊接实例

1. 薄板对接焊工艺要点

①　用精度较高的剪床剪直钢带的待焊边缘。剪口反面不得有高度＞0.5mm的毛边，不得有撕断现象，切口与板面及板边垂直。

②　用丙酮或其他去油剂擦去待焊边上、下表面20mm范围内的油污。如果钢带表面有氧化膜，应用砂轮或其他方法磨至完全露出金属光泽，以防焊缝表面产生气孔。焊接沸腾钢时，这一点尤为重要。

③　把准备好的钢带在卡具上对正、装配、卡紧，控制对缝间隙，错边至最小。

④　装引弧板并在与对缝的交点上进行点焊。引弧板的厚度及材质与工件相同。

⑤　调好参数后在引弧板上起焊，保持孔道外弧长在（3±0.5）mm范围内变化并使弧

柱始终对正两板的接缝，在引出板上停弧。

　⑥ 松开卡具、去掉引弧板。

　用上述工艺焊接 16Mn、Q235A、Q235AF、Q235BF 等钢带时，焊出的焊缝强度达母材强度的 90% 以上，双面成形良好，焊缝的力学性能可满足要求。而铜合金的对接焊工艺要点与焊接碳钢时大同小异，主要差别是必须用卡具压紧待焊铜板。垫板的材质为石墨，用其他材料作垫板时，凹槽内要通背面保护气体。几种板材的等离子弧对接焊的焊接参数见表 5-11。黄铜及硅青铜焊后力学性能可满足要求，但锡锌青铜焊后塑性较差，必须经 650℃、2h 以上退火后焊缝塑性才可改善。

表 5-11　几种板材等离子弧对接焊焊接参数

材料种类	厚度 /mm	焊接电流 /A	焊接速度 /(mm/min)	等离子气流量 /(L/h)	保护气流量 /(L/h)	喷嘴孔径 /mm	用途
16MnR	1.5	120	350	150	400	3.0	接带
Q235A	3.5	180	200	180	350	3.5	接带
黄铜 H62	5.5	300	490	300	1500	3.6	接带
锡青铜	5.5	215	260	175	1500	3.8	接带
锡锌青铜	5.5	200	300	100	1500	3.4	接带

2. 直管对接焊工艺要点

　一般直管对接焊时等离子弧焊枪不动，钢管旋转，常用于石油和锅炉工业中接长钢管。通常两段被焊钢管的材质和壁厚是相同的，焊接时多在平焊或略呈下坡焊的位置进行。

　利用 LH-300-G 等离子弧焊管机可焊接直径 $\phi 38 \sim 59mm$、壁厚为 $2 \sim 15mm$、长度为 6000mm＋6000mm 的直管。该机采用可编程控制器控制焊接程序，有气动装卡、电流脉冲、自动记位、电流自动记位衰减、摆动及停摆回中、调高、焊道自动记数等功能。

　碳钢直管等离子弧对接焊工艺要点如下。

　① 切割钢管端头，保证切割面与钢管轴线垂直（小于 ±1°）。去除管头内外表面 20mm 范围内的锈、污物、毛刺和油脂，至露出金属光泽。

　② 把制备好的钢管送到焊管机中定位后卡紧。壁厚小于 3.5mm 时不留间隙；壁厚大于 3.5mm 时两管之间预留 $1 \sim 2mm$ 的间隙。管壁之间的错边小于 0.5mm。壁厚大于 6mm 时，加工 V 形坡口，夹角 45° 左右，钝边 $1 \sim 3mm$。

　③ 选好焊接参数进行焊接。直径＜42mm 时，焊接电流应记位分级衰减，以保证钢管圆周焊缝均匀，壁厚大于 6mm 的坡口焊缝，盖面焊道宜选用摆动程序，以确保焊缝表面焊满。

　合金钢管、不锈钢管的对接焊工艺要点与上述相似。沸腾钢管的等离子弧对接焊时应填充适量的 H08Mn2SiA 焊丝，防止焊缝中产生气孔。

　④ 对有余高要求的钢管及焊前预留间隙或加工坡口的钢管对接焊，可自动填充焊丝，焊丝直径为 1.2mm。焊丝的种类视钢管材质而定，一般为同种材质的焊丝。对于碳钢管多采用 H08A 或 H08Mn2SiA 焊丝。

　一些碳钢直管等离子弧对接焊焊接参数见附表 17。

实践训练　等离子弧焊

一、实验目的

① 了解等离子弧的热特性及形态特征。

② 理解焊接参数对等离子弧焊接的影响。

二、实验设备及其他

① 选用 LH-300 型机械化等离子弧焊机直流正接。

② 试件：母材 1Cr18Ni9Ti，厚度 1mm，规格 100mm×150mm，两块。

③ 其他如角向砂轮机、钢丝刷等。

三、实验内容

① 等离子弧焊机的使用。

② 薄板对接等离子弧焊接。

四、注意事项

① 薄板等离子弧焊采用单面焊双面成形，不填加焊丝，微束等离子弧焊接法。

② 当焊接熔池达到离试件端部 5mm 左右时，应结束焊接，电磁气阀滞后断开以保护钨极及焊件。

③ 特别注意电弧的对中与喷嘴的高度。

④ 了解等离子弧焊机的开机与关机过程及操作过程，注意克服"双弧"现象的发生，了解防止"双弧"的具体措施。

⑤ 必须注意安全防护，要防止电弧光辐射，防尘烟气侵害，防触电、噪声、高频等。

章 节 小 结

1. 等离子弧的特点及应用。

等离子弧实际是一种高能量密度的"压缩电弧"，这种电弧在"机械压缩"、"热压缩"和"电磁收缩"三种压缩效应的作用下，最后与电弧的热扩散作用相平衡，形成稳定的压缩电弧。这就是工业中应用的等离子弧。

等离子弧的特点是熔透能力强，易获得均匀的焊缝形状，等离子电弧的电离度较高，小电流很稳定，可产生稳定的小孔效应，从而正面施焊时可以获得良好的单面焊双面成形。

作为热源，等离子弧得到了广泛的应用，可进行等离子弧焊、等离子弧切割、等离子弧堆焊、等离子弧喷涂、等离子弧冶金等。

2. 等离子弧焊的分类及应用。

等离子弧焊是借助水冷喷嘴对电弧的拘束作用，获得较高能量密度的等离子弧进行焊接的方法。等离子弧焊的分类方法很多。等离子弧焊的主要优点是可进行单面焊双面成形的焊接，特别适用于背面可达性不好的结构。其中小电流时电弧稳定，焊缝质量好，因此微束等离子弧焊的应用很广泛。

3. 等离子弧焊设备及其作用。

等离子弧焊设备主要包括焊接电源、控制系统、焊枪、气路系统、水路系统。根据不同的需要有时还包括送丝系统、机械旋转系统或行走系统以及装夹系统等。

等离子弧焊设备一般采用具有垂直外特性或陡降外特性的电源。控制系统的作用是控制焊接设备的各个部分按照预定的程序进入、退出工作状态。供气系统由等离子气路、正面保护气路及反面保护气路等组成，而等离子气路还必须能够进行衰减控制。水路系统是为了防止烧坏喷嘴并增加对电弧的压缩作用，对电极及喷嘴进行有效的水冷却。

4. 常见的等离子弧焊的工艺特点。

　　大电流等离子弧焊又分为穿透型等离子弧焊（又叫小孔焊法）和熔透型等离子弧焊（又叫熔入法）。穿透型焊接法是电弧在熔池前穿透工件形成小孔，随着热源移动在小孔后形成焊道的焊接方法。熔透型焊接法是焊接过程中熔透焊件的焊接法，简称熔透法。微束等离子弧焊是利用小电流（通常小于30A）较小焊接的等离子弧焊。脉冲等离子弧焊时，焊接热效率高，热裂倾向小，能改善接头质量，扩大了焊接材料的厚度范围，可进行全位置焊。

　　5. 等离子弧切割的特点及应用。

　　等离子弧切割是利用等离子弧的热能实现切割的方法。等离子弧切割方法可切割任何黑色金属、有色金属，利用非转移弧时，还可切割非金属材料及混凝土、耐火砖等。该方法切割速度快，生产效率高，切口窄且光滑平整，热影响区小，变形小，切割质量好。

　　6. 等离子弧切割用材料及设备。

　　7. 等离子弧切割参数及其影响。

　　等离子弧切割的焊接参数包括切割电流、电弧电压、喷嘴孔径、钨极内缩量、喷嘴到工件的距离、工作气体的种类和流量。

　　8. 等离子弧焊与切割时常见的缺陷及防止方法。

思 考 题

1. 等离子弧是如何产生的？有何特点？

2. 等离子弧有哪几种形式？各有什么应用？

3. 什么是"小孔效应"？有什么用途？

4. 等离子弧焊设备由哪几部分组成？

5. 等离子弧焊时产生"双弧"现象的危害是什么？如何克服？

6. 几种等离子弧焊各有什么特点？

7. 厚度为1mm的薄板用等离子弧对接平焊时，焊接电源如何选择？

8. 等离子弧切割用设备由哪几部分组成？如何选择？

9. 等离子弧切割的工作气体有哪几种？如何选择？

10. 何谓等离子弧切割？有何特点？

11. 等离子弧切割对电源的空载电压有什么要求？

12. 使用等离子弧切割应注意哪些事项？

第六章 电 阻 焊

【学习指南】 本章重点学习电阻焊的有关知识。要求了解电阻焊的特点及应用，理解电阻焊工艺，了解电阻焊操作技术。

电阻焊是工件组合后通过电极施加压力，利用电流通过接头的接触面及邻近区域产生的电阻热进行焊接的方法。电阻焊根据所使用的焊接电源波形特征、接头形式和工艺特点，可分为以下几种，其中电阻点焊、高频对接焊缝是应用最广、更易于机械化、自动化的焊接方法。

$$
电阻焊
\begin{cases}
交流焊
\begin{cases}
低频焊——点焊、缝焊、对焊 \\
工频焊——点焊、缝焊、对焊 \\
高频焊——对接焊缝
\end{cases} \\
直流焊——点焊、缝焊、对焊 \\
脉冲焊
\begin{cases}
电容贮能焊——点焊、缝焊、对焊 \\
直流冲击波焊——点焊、缝焊
\end{cases}
\end{cases}
$$

电阻焊设备是采用电阻加热原理进行焊接操作的一种设备，由机械装置、供电装置、控制装置等组成。通用点焊机、闪光对焊操作的电阻焊机、高频对接缝焊设备分别如图 6-1～图 6-3 所示。

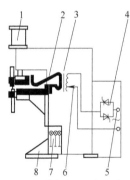

图 6-1 点焊机组成示意图

1—加压机构；2—焊接回路；3—阻焊变压器；
4—主电力开关；5,6—控制设备；
7—冷却系统；8—机身

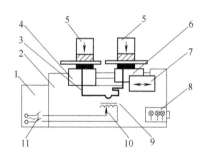

图 6-2 闪光对焊机组成示意图

1—控制设备；2—机身；3—焊接回路；4—固定夹板；
5—夹紧机构；6—活动座板；7—送进机构；8—冷却系统；
9—阻焊变压器；10—功率调节机构；11—主电力开关

电阻焊与其他焊接方法相比，接头质量易保证，熔核由塑性外围区所包围，与空气隔绝，不会发生氧化和吸收其他有害气体，焊接冶金过程比较简单。焊接热量集中，利用率高，加热时间很短，焊接热影响区窄，焊接变形和应力小，焊后不需要校正及热处理。通常不需要焊丝、焊剂、保护气体等焊接材料，焊接成本低。焊接效率高，适用于大批量生产线作业，操作简单，易于实现机械化和自动化。

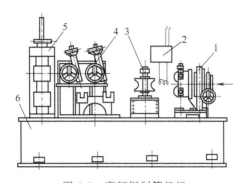

图 6-3　高频焊制管机组

1—水平导向辊；2—高频发生器及其输出装置（输出变压器）；

3—挤压辊；4—外毛刺清除器；5—磨光辊；6—机身

电阻焊的缺点在于设备一次性投资大，维修困难。近年来，随着电阻焊监控技术的突破性进展，使电阻焊接头的质量有了可靠的保证，目前电阻焊技术广泛应用于航空、航天、能源、电子、汽车、轻工等工业部门，是重要的焊接方法之一。

第一节　点焊与凸焊

一、点焊工艺

（一）基本特点

电阻点焊是一种高效率、低成本的焊接方法，广泛地应用于汽车、电子、航空、航天等重要工业领域。目前，从以微米计的微型电子电路到厚达 30mm＋30mm 的巨型房屋框架都可采用点焊连接，但在 3mm 以下板厚的各种金属结构件搭接连接中应用最为广泛。

电阻点焊是焊件装配成搭接接头，并压紧在两电极之间，利用电阻热熔化母材金属，形成焊点的电阻焊方法，通常分为双面点焊和单面点焊两大类。双面点焊时，电极由焊件的两侧向焊接点通电；单面点焊时，电极由焊件的一侧向焊接点通电，并同时形成两个焊点。为提高焊接效率，在实际生产中广泛采用单面多点点焊。

点焊过程可以分为焊件在电极之间预先加压、将焊接部位加热到所需温度、焊接部位在电极压力作用下冷却三个阶段。其基本特点如下。

① 焊件间依靠尺寸不大的熔核进行连接，熔核均匀、对称地分布在两焊件的贴合面上。

② 点焊热-机械（力）联合作用的焊接过程，具有大电流、短时间、压力状态下进行焊接的工艺特点。

点焊接头质量主要取决于熔核尺寸（直径和焊透率）、熔核本身及其周围热影响区的金属显微组织及缺陷情况。同时若有压痕过深、表面裂纹、粘损等表面缺陷，也会使接头疲劳强度降低。

（二）工艺

1.电极结构与材料

点焊电极由端部、主体、尾部和冷却小孔四部分组成。标准电极有五种形式，如图 6-4 所示。电极端面直径 d 和球面端面半径取决于焊件厚度和所要求的熔核尺寸。国内常用电阻焊电极材料见附表 18。

2. 接头的设计

为保证点焊接头质量，接头设计应使金属在点焊时具有尽可能好的焊接性。在重要结构上，同时进行点焊的焊件数目尽量不超过两件，避免焊点的强度不稳定。一般点焊通常采用搭接接头和折边接头，如图 6-5 所示。设计点焊结构时，必须考虑电极的可达性、边距、搭接量、点距、装配间隙以及焊点强度等。接头的装配间隙应尽量小，一般规定为 0.1～1mm。

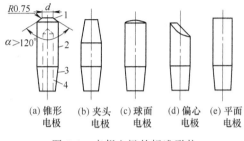

(a) 锥形 电极 (b) 夹头 电极 (c) 球面 电极 (d) 偏心 电极 (e) 平面 电极

图 6-4   点焊电极的标准形状

1—端部；2—主体；3—尾部；4—冷却水孔

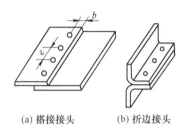

(a) 搭接接头   (b) 折边接头

图 6-5   点焊接头的形式

e—点距；b—边距

其中边距 b 的最小值取决于被焊金属的种类、板厚和焊接参数，接头的搭接量通常为边距的 2 倍。点距 e 的最小值与焊件厚度、电导率、表面清洁度及熔核的直径有关，推荐值见表 6-1。另外，点焊接头易出现的质量问题及改进措施见附表 19。

表 6-1   点焊接头的最小搭接量及最小点距值

接头最薄板厚	最小搭接量/mm						最小点距/mm		
	单排焊点			双排焊点					
	结构钢	不锈钢	轻合金	结构钢	不锈钢	轻合金	结构钢	不锈钢	轻合金
0.5	8	6	12	16	14	22	10	8	15
0.8	9	7	12	18	16	22	12	10	15
1.0	10	8	14	20	18	24	12	10	15
1.2	11	9	14	22	20	26	14	12	15
1.5	12	10	16	24	22	30	14	12	20
2.0	14	12	20	28	26	34	16	14	25
2.5	16	14	24	32	30	40	18	16	25
3.0	18	16	26	36	34	46	20	18	30
3.5	20	18	28	40	38	48	22	20	35
4.0	22	20	30	42	40	50	24	22	35

3. 焊前准备

点焊前焊件表面的清理十分重要，必须认真清理，除去表面脏物、氧化膜等。常用的机械清理方法有喷砂、喷丸和抛光，用砂轮、砂带和钢丝刷打磨等。而化学清理包括去油、酸洗、钝化等。化学清理时，零件不应有搭接缝和其他缝隙，以免因腐蚀液冲洗不净而腐蚀。电解抛光可用于板厚<0.5mm 的不锈钢件。

4. 焊接参数

影响金属材料点焊焊接性的因素有材料的导电性和导热性，凡电阻率小而热导率大的金属材料，其焊接性较差；凡高温屈服强度大的材料（如耐热合金）、塑性温度区间较窄的材料（如铝合金），其焊接性较差；凡易生成与热循环作用有关的缺陷（裂纹、淬硬组织等）

的材料（如 65Mn），其焊接性较差；熔点高、线膨胀系数大、硬度高等金属材料，其焊接性一般也较差。不同材料的点焊工艺特点及技术要求见表 6-2。

表 6-2 不同材料的点焊工艺特点及技术要求

材料	焊接工艺特点	主要技术要求
低碳钢	其点焊焊接性良好，采用普遍工频交流点焊机，简单焊接循环，无需特别的工艺措施	热轧板层去掉氧化皮、锈；一般采用硬规范点焊；焊厚板($\delta>3mm$)时采用多脉冲点焊方式，选用三相低频焊机焊接；当焊件尺寸大时应考虑分段调整焊接参数
可淬硬钢	其点焊焊接性差，点焊接头极易产生缩松、缩孔、脆性组织、过烧组织和裂纹等缺陷	合理选择电极压力和焊接电流，在保证熔核直径的条件下，焊接电流脉冲值应选择偏小或采用可予调制焊接电流脉冲波形；采用多脉冲点焊工艺(焊接脉冲+回火处理)，从而有效、稳定地提高焊接接头的力学性能
铝合金	铝合金(冷作强化型和热处理强化型)焊接性较差。一般选用直流冲击波，三相低频和直流焊机焊接	焊前必须进行化学清洗，并规定焊前有效时间；一般选用 CdCu 合金，采用硬规范操作，同时，可选用缓升、缓降的焊接电流，达到预热和缓冷的要求，特别注意锻压力的施加时间

点焊的主要焊接参数包括电极压力、焊接时间、焊接电流、电极工作端面的形状及尺寸等。对于某些合金的点焊，还应规定预压时间、保压时间和休止时间等参数。

点焊焊接参数通常根据焊件的材料种类和厚度来选择。首先确定电极的端面形状和尺寸，然后根据电极直径选定电极压力和焊接时间，并按所要求的熔核直径确定焊接电流。点焊焊接参数主要按以下两种配合形式选择。

① 焊接电流和焊接时间的适当配合。这种配合以反映焊接区加热速度快慢为主要特征，分为硬规范（采用大焊接电流、小焊接时间参数）和软规范（采用小焊接电流、适当长焊接时间参数）。

② 焊接电流和电极压力的适当配合。这种配合以焊接过程中不产生喷溅为主要原则，这是目前国外几种常用电阻点焊规范如 RWMA 规范（美国电阻焊机制造者协会推荐）、MILSpes（美国军用标准）、BWRA 规范（英国焊接学会推荐）的制定依据。

不同厚度低碳钢焊件点焊的典型焊接参数见表 6-3。

表 6-3 低碳钢焊件点焊典型焊接参数

板厚/mm	电极端直径/mm	电极直径/mm	最小点距/mm	最小搭接量/mm	电极压力/kN	焊接时间/周	焊接电流/A	熔核直径/mm
0.4	3.2	10	8	10	1.15	4	5.2	4.0
0.5	4.8	10	9	11	1.35	5	6.0	4.3
0.6	4.8	10	10	11	1.50	6	6.6	4.7
0.8	4.8	10	12	11	1.90	7	7.8	5.3
1.0	6.4	13	18	12	2.25	8	8.8	5.8
1.2	6.4	13	20	14	2.70	10	9.8	6.2
1.6	6.4	13	27	16	3.60	13	11.5	6.9
1.8	8.0	16	31	17	4.10	15	12.5	7.4
2.0	8.0	16	35	18	4.70	17	13.3	7.9
2.3	8.0	16	40	20	5.80	20	15.0	8.6
3.2	9.5	16	40	22	8.20	27	17.4	10.3

二、凸焊工艺

(一) 基本特点

凸焊是点焊的一种形式,是在一工件的贴合面上预先加工出一个或多个突起点,使其与另一工件表面相接触并通电加热,然后压塌,使这些接触点形成焊点的电阻焊方法。凸焊时在焊件上通常预制出多个凸点,使电流与电极压力均匀分配在每个凸点上,保证各凸点的焊透情况相同,使这些凸点同时焊接起来。凸焊时也可利用焊件上原有的型面、倒角、预制的凸点焊到另一块面积较大的焊件上。

凸焊主要用于低碳钢和低合金钢冲压件的焊接,最适用的焊件厚度为 0.5~4mm。这种方法也可用于焊接厚度比超过 1:6 的焊件。

凸焊与点焊相比生产效率高,凸点的位置准确,尺寸一致,强度比较均匀,电极的磨损量小。但冲制凸点需附加工序,电极形状较复杂,电极压力较高,要求采用大功率的焊机。

(二) 工艺

1. 接头的设计

凸焊搭接接头的设计与点焊相似。通常凸焊接头的搭接量比点焊时小。凸点的形状如图 6-6 所示。

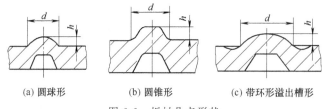

(a) 圆球形   (b) 圆锥形   (c) 带环形溢出槽形

图 6-6   板材凸点形状

凸点的尺寸取决于所要求的焊点强度,典型的凸点尺寸见表 6-4。螺栓、螺母、线材、管材、冲压件等都可冲制出一定形状的凸点或凸环进行凸焊。

表 6-4   典型的凸点尺寸

凸点板厚 /mm	平板厚度 /mm	凸点尺寸/mm		凸点板厚 /mm	平板厚度 /mm	凸点尺寸/mm	
		直径 d	高度 h			直径 d	高度 h
0.5	0.5	1.8	0.5	3.2	1.0	2.8	0.7
	2.0	2.3	0.6		4.0	4.0	1.0
1.0	1.0	1.8	0.5	4.0	2.0	6.0	1.2
	3.2	2.8	0.8		6.0	7.0	1.5
2.0	1.0	2.8	0.7	6.0	3.0	7.0	1.5
	4.0	4.0	1.0		6.0	9.0	2.0

2. 焊接参数

凸焊的主要焊接参数有电极压力、焊接时间和焊接电流。

(1) 电极压力   凸焊的电极压力取决于待焊金属的性能、凸点的尺寸和需一次焊成的凸点数量。电极压力要保证在凸点达到焊接温度时将其压溃,并使两焊件接合而紧密贴合。电极压力过大会提前压溃凸点,使凸点加热温度下降而减弱接头的强度,压力过小会引起飞溅。

(2) 焊接时间   当焊件材料和厚度确定时,焊接时间取决于焊接电流和凸点刚度。焊接时间随焊接电流的增大而缩短，与焊接电流和电极压力相比，焊接时间对接头质量的影响较小。通常凸焊的焊接时间略长于点焊。

（3）焊接电流 凸焊时，每一个焊点所需的焊接电流低于点焊。所选择的凸焊焊接电流应保证凸点被完全压溃之前使凸点熔化，这时焊接电流要与电极压力相匹配。通常焊接电流按被焊材料的性能和厚度来选择。

第二节 缝焊与对焊

一、缝焊工艺

（一）基本特点

缝焊是采用滚轮电极沿接缝滚压同时通焊接电流而产生一连串相互搭接的熔核，形成连续焊缝。缝焊按滚轮转动和馈电方式可分连续缝焊、断续缝焊和步进缝焊；按接头形式可分为搭接缝焊、压平缝焊、垫箔对接缝焊、铜线电极缝焊等。

缝焊可焊接低碳钢、合金钢、铝及铝合金等材料，常用来焊接要求密封性好的容器如油罐、薄壁容器等。其焊接表面光滑平整，焊缝具有较高的强度和气密性，生产效率高，质量可靠，易于实现机械化和自动化，目前已广泛用于汽车、飞机制造业中。

（二）焊接工艺

1. 缝焊用电极

缝焊用电极是扁平的圆形滚轮，滚轮直径一般为 $50\sim600mm$，常用的滚轮直径为 $180\sim280mm$，滚轮厚度为 $10\sim20mm$。滚轮的端面有圆柱面、球面和圆锥面三种，如图 6-7 所示。

圆柱面滚轮除双侧倒角外还有单侧倒角，以适应折边接头的缝焊，接触面宽度 b 可按焊件厚度而定，一般为 $3\sim10mm$，球面半径 R 为 $25\sim200mm$。圆柱面滚轮主要用于各种钢材和高温合金的焊接，球面滚轮因易于散热、压痕过渡均匀，常用于轻合金的焊接。

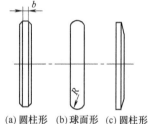

(a)圆柱形 (b)球面形 (c)圆柱形

图 6-7 滚轮形状

滚轮在焊接时通常采用外部冷却的方式。焊接有色金属和不锈钢时，可用清洁的自来水冷却，而焊接碳钢和低合金钢时，为防止生锈，应采用质量分数为 5% 的硼砂的水溶液冷却。滚轮也可采用内部循环水冷却，但结构较为复杂。

2. 接头的设计

缝焊接头的形式、搭边宽度基本上与点焊相似，缝焊接头设计时还应考虑滚轮的适应性。在焊接曲率半径小的焊件时，要考虑因滚轮直径减小而使熔核偏移的问题。

最常用的缝焊接头形式是卷边接头和搭接接头，卷边宽度不宜过小，板厚为 1mm 时，卷边不小于 12mm；板厚为 1.5mm 时，卷边不小于 16mm；板厚为 2mm 时，卷边不小于 18mm。搭接接头的应用最广，搭边长度为 $12\sim18mm$。缝焊接头易出现的质量问题及改进措施见附表 19。

3. 焊接参数

缝焊的焊接参数主要有焊接电流、电极压力、焊接时间、休止时间、焊接速度和滚轮直径等。

（1）焊接电流　焊接电流的大小，决定了熔核的焊透率和重叠量，焊接电流随着板厚的增加而增加，在缝焊 0.4～3.2mm 钢板时，适用的焊接电流范围为 8.5～28kA。焊接电流还要与电极压力相匹配。在焊接低碳钢时，熔核的平均焊透率控制在钢板厚度的 45%～50%，熔核的重叠量不小于 15%～20%，以获得气密性较好的焊缝。

缝焊时，由于熔核互相重叠而引起较大的分流，因此焊接电流比点焊的电流提高15%～30%，但过大的电流，会导致压痕过深和烧穿等缺陷。

（2）电极压力　缝焊时，电极的压力对熔核的尺寸和接头的质量有较大的影响，在各种材料缝焊时，电极压力至少要达到规定的最小值，否则接头的强度会明显下降。电极压力过低，会使熔核产生缩孔，并因接触电阻过大而加剧滚轮的烧损；电极压力过高，会导致压痕过深，滚轮变形和损耗。所以要根据板厚和选定的焊接电流，确定合适的电极压力。

（3）焊接时间和休止时间　缝焊时，熔核的尺寸主要决定于焊接时间。焊点的重叠量可由休止时间来控制，在较低的焊接速度下，焊接时间和休止时间的最佳比例为1.25∶1～2∶1。以较高速度焊接时，焊接时间与休止时间之比应在 3∶1 以上。

（4）焊接速度　焊接速度决定了滚轮与焊件的接触面积和接触时间，也决定了接头的加热和散热。通常焊接速度根据被焊金属种类、厚度以及对接头强度的要求来选择。在焊接不锈钢、高温合金和有色金属时，为获得致密性高的焊缝，避免飞溅，应采用较低的焊接速度；当对接头质量要求较高时，应采用步进缝焊，使熔核形成的全过程在滚轮停转的情况下完成。

二、对焊工艺

（一）基本特点

根据焊接过程的操作方法的不同，对焊可分为电阻对焊及闪光对焊两种形式。

电阻对焊是将工件装配成对接接头，使其端面紧密接触，利用电阻热加热至塑性状态，然后迅速施加顶锻力完成焊接的方法。电阻对焊具有生产效率高、易于实现机械化和自动化、无需填充材料、生产成本低等优点，在各工业部门得到了广泛的应用。

闪光对焊是将工件装配成对接接头，接通电源，并使其端面逐渐移近达到局部接触，利用电阻热加热接触点（产生闪光），使端面金属熔化，直至端部在一定范围内达到预定温度时，迅速施加顶锻力完成焊接的方法。闪光对焊又分为连续闪光对焊及预热闪光对焊，连续闪光对焊有烧化、顶锻两个过程；预热闪光对焊则有预热、烧化、顶锻三个过程。闪光对焊的生产效率高，易于实现自动化，已广泛应用于工件的接长、闭合零件的拼口、异种金属对焊、部件组焊等，而一些高效低耗的闪光对焊新方法如程控降低电压闪光法、脉冲闪光法、瞬时送进速度自动控制连续闪光法、矩形波电源闪光对焊也正在使用。

（二）焊接工艺

1. 电阻对焊

电阻对焊的特点是先加压力，后通电，焊件只有变形而几乎没有烧损。其焊接循环可分为等压焊接循环和锻压焊接循环。

电阻对焊的焊前准备工作较简单，即保证两焊件对接端面的形状和尺寸基本相同，使表面平整并与夹钳轴线成 90°直角。焊前的清理通常采用砂轮、钢丝刷等对焊件进行打磨去污，在批量生产中，可采用喷砂和喷丸处理，使焊件端面以及与夹钳的接触面保持清洁，去掉氧化皮等。电阻对焊时，接头的加热区暴露于大气之中，接合面往往存在较多的氧化物夹杂。因此在焊接质量要求高的焊件时，应采用氩、氢等气体保护焊接加热区。

电阻对焊的主要焊接参数有电流密度、通电时间、顶锻压力和伸出长度。一般焊件的伸出长度是焊件直径的（0.6～2）倍。常用金属材料的电阻对焊的焊接参数见表 6-5。

表 6-5　常用金属材料的电阻对焊的焊接参数

焊件材料	截面积 /mm²	伸出长度 /mm	电流密度 /(A/mm²)	焊接时间 /s	顶锻量/mm		顶锻压力 /MPa
					有电	无电	
低碳钢	25	12	200	0.6	0.5	0.9	10～20
	50	16	160	0.8	0.5	0.9	
	100	20	140	1.0	0.5	1.0	
	250	24	90	1.5	1.0	1.8	
铜	25	15	70～200		1	1	30
	100	25			1.5	1.5	
	500	60			2.0	2.0	
黄铜	25	10	50～150		1	1	
	100	15			1.5	1.5	
	500	30			2.0	2.0	
铝	25	10	40～120		2	2	15
	100	15			2.5	2.5	
	500	30			4	4	

2. 闪光对焊

闪光对焊的焊前准备包括对接端面的加工和表面清理。焊件毛坯的端面可以采用冲剪、机械加工或热切割进行加工，闪光对焊前，对于夹钳的接触表面同样要清理干净，以保证良好的导电性。

闪光对焊时，两焊件对接端面的几何形状和尺寸基本相同，对接接头的设计见图 6-8。对于大截面的焊件应将其中一个焊件的端部倒角，推荐的棒料、管件和板材的倒角尺寸如图 6-9 所示。

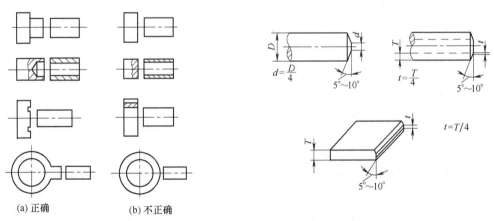

图 6-8　闪光对接接头的设计　　　　图 6-9　闪光对焊焊件端部倒角尺寸

闪光对焊的焊接参数包括预热参数（预热次数、每次短路时间等）、烧化参数（烧化模式、烧化留量、空载电压、平均烧化速度等）、顶锻参数（顶锻留量、顶锻压力、顶锻速度等）等。各类钢闪光对焊的焊接参数见附表 20。

实践训练 电阻焊实验

一、实验目的

① 了解电阻点焊机的基本构造和操作规程。

② 掌握焊接参数的调节方法。

③ 了解熔核及焊接接头的形成过程，焊接参数对熔核及焊接接头强度的影响。

二、实验设备及其他

① 点焊机 DN-25 一台。

② 试件：Q235A，厚 2～3mm，四块；1Cr18Ni9Ti，厚 2～3mm，四块。

③ 其他工具。

三、实验步骤

① 低碳钢的点焊。

② 不锈钢的点焊。

四、注意事项

① 认真做好试件的表面清理工作。检查焊机的电源及其控制系统的完好性。

② 根据试件的材质和厚度，确定合适的焊点位置。选择合适的焊接参数，注意硬规范和软规范的区别。

③ 在试件的锻压过程结束后，电极压力在焊接电源断开、熔核金属全部结晶后才能去除。一般在切断焊接电流（0～0.2s）后再加大锻压力。

④ 点焊时伸入焊机回路内的磁铁焊件或夹具的端面积要尽可能小，并且在焊接过程中不能剧烈变化。

⑤ 严格按规定程序控制电流的断开与接通。注意安全要求，及时清理现场。

章 节 小 结

1. 电阻焊的分类和特点。

电阻焊根据所使用的焊接电源波形特征、焊接头形式和工艺特点，可分为交流焊、直流焊、脉冲焊，每一类又可分为多种。

电阻焊的特点是接头质量易保证，焊接热量集中，利用率高，焊接成本低，焊接效率高，适用于大批量生产线作业，操作简单，易于实现机械化和自动化。

2. 电阻焊设备及作用。

电阻焊设备是指采用电阻加热原理进行焊接操作的一种设备，由机械装置、供电装置、控制装置等组成。

3. 点焊的特点及焊接工艺。

电阻点焊是焊件装配成搭接接头，并压紧在两电极之间，利用电阻热熔化母材金属，形成焊点的电阻焊方法。点焊过程可以分为焊件在电极之间预先加压、将焊接部位加热到所需温度、焊接部位在电极压力作用下冷却等三个阶段。具有大电流、短时间、压力状态下进行焊接的工艺特点。

4. 凸焊的特点及焊接工艺。

凸焊是在一工件的贴合面上预先加工出一个或多个突起点，使其与另一工件表面相接触并通电加热，然后压塌，使这些接触点形成焊点的电阻焊方法。凸焊与点焊相比生产效率高，一个焊接循环可同时焊接多个焊点，采用较低的焊接电流，凸点的位置准确，电流密度小，散热快，电极的磨损量小。

5. 缝焊的特点及焊接工艺。

缝焊是采用滚轮电极沿接缝滚压同时通焊接电流而产生一连串相互搭接的熔核，形成连续焊缝。缝焊可以焊接低碳钢、合金钢、铝及铝合金等材料，焊接表面光滑平整，焊缝具有较高的强度和气密性，生产效率高，质量可靠，易于实现机械化和自动化。

6. 对焊的特点及焊接工艺。

根据焊接过程的操作方法的不同，对焊可分为电阻对焊及闪光对焊两种形式。

电阻对焊是将工件装配成对接接头，使其端面紧密接触，利用电阻热加热至塑性状态，然后迅速施加顶锻力完成焊接的方法。电阻对焊具有生产效率高、易于实现机械化和自动化、无需填充材料、生产成本低等特点。

闪光对焊是将工件装配成对接接头，接通电源，并使其端面逐渐移近达到局部接触，利用电阻热加热接触点（产生闪光），使端面金属熔化，直至端部在一定范围内达到预定温度时，迅速施加顶锻力完成焊接的方法。闪光对焊的生产效率高、易于实现自动化，已广泛应用于工件的接长、闭合零件的拼口、异种金属对焊、部件组焊等。

思 考 题

1. 电阻焊的类型有哪些？
2. 点焊操作时的基本操作步骤是什么？
3. 点焊时对焊件如何处理？
4. 点焊过程分为哪三个阶段？
5. 碳钢点焊时，如何选择焊接参数？
6. 硬规范和软规范分别指的是什么？各有什么特点？
7. 凸焊的特点是什么？
8. 试述缝焊的特点及应用。
9. 缝焊分为哪几种？如何选择缝焊的接头形式？
10. 点焊和缝焊时存在的主要质量问题是什么？如何解决？
11. 对焊分为哪几类？各有什么特点？
12. 电阻焊设备的主要组成部分有哪些？各有什么作用？

第七章　其他焊接方法简介

【学习指南】 本章重点学习电渣焊、堆焊、热喷涂等方面的知识。要求理解电渣焊、堆焊、热喷涂的特点及焊接工艺，了解激光焊、电子束焊、螺栓焊、摩擦焊的特点及应用。

第一节　电渣焊与堆焊

一、电渣焊工艺

电渣焊是利用电流通过液体熔渣时所产生的电阻热进行焊接的方法。电渣焊按电极的形式可分为丝极电渣焊、熔嘴电渣焊、板极电渣焊、管板电渣焊和窄间隙电渣焊。

电渣焊的焊接效率可比埋弧焊提高 2～5 倍，但极易产生热裂纹，这在一定程度上阻碍了这种高效焊接法在大型重要焊接结构中的应用。电渣焊可以进行大面积堆焊和补焊，可以焊接各种碳素结构钢、低合金高强度钢、耐热钢和中合金钢，已广泛应用于锅炉、压力容器、重型机械、冶金设备和船舶等的制造中。

（一）接头形式

电渣焊的接头形式如图 7-1 所示，其尺寸见表 7-1。电渣焊接头边缘的加工可以采用热切割法，热切割后去除切割面的氧化皮后即可焊接。但低合金钢和中合金钢焊件接缝边缘切割后，切割面应作磁粉探伤，如发现裂纹，要清除补焊后再焊接。

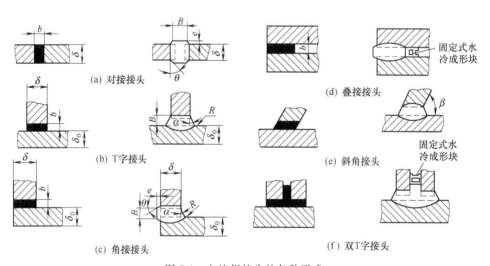

图 7-1　电渣焊接头的各种形式

（二）焊接材料

电渣焊用焊接材料包括焊丝、熔嘴、板极、焊剂和熔嘴涂料等。

表 7-1 电渣焊接头的尺寸

接头尺寸/mm							备　注
δ	b	B	e	θ	R	α	
50～60	24^{+2}_{0}	28±1	2±0.5	约45°	5^{+1}_{0}	约15°	适用于各种形式的接头
61～120	26^{+2}_{0}	30±1					
121～400	28^{+2}_{0}	32±1					
>400	30^{+2}_{0}	34±1					

1. 焊丝及熔嘴

电渣焊用碳钢焊丝应具有较低的含碳量（其质量分数最高不超过0.14%）和足够的硅锰含量。合金钢电渣焊用焊丝应具有与母材金属基本相近的合金成分，有时为提高焊缝金属的韧性，在焊丝中还加入适量的镍、铌、钛和钼等合金元素。常用的焊丝直径为2.5mm和3.0mm或3.2mm。

2. 板极和熔嘴板条材料

板极和熔嘴板条材料也要按上述原则选用，焊接碳钢和低合金钢板时通常采用Q295（09Mn2）钢板，厚度为10～12mm，熔嘴管材可采用ϕ10mm×2mm的20钢管或其他低合金钢管。

熔嘴管涂料要具有一定的绝缘性，防止熔嘴管与焊件侧壁产生电接触。涂料主要由锰矿粉、滑石粉、钛白粉、石英粉和萤石粉等组成。

3. 焊剂

电渣焊焊剂的作用与埋弧焊焊剂不同。电渣焊焊剂的高温液态熔渣充当传递电流的载体，并成为熔化电极和母材金属的热源。因此液态熔渣具有一定的电导率，并能维持稳定的电渣过程。但熔渣的电导率不宜过高，否则会扩大导电区截面，降低电流密度和渣池温度，严重时会导致未焊透。目前国内常用的电渣焊焊剂为HJ360，该焊剂具有稳定的电渣过程，并有一定的脱硫能力，适用于低碳钢及某些合金钢的电渣焊。另外可采用的焊剂有HJ430、HJ431、HJ350、HJ250等。

（三）丝极电渣焊的焊接参数

丝极电渣焊的焊接参数包括焊接电流、焊接电压、渣池深度、装配间隙、焊丝直径、焊丝根数、焊丝伸出长度、焊丝摆动速度、焊丝在滑块附近停留的时间及离滑块的距离。其中焊接电流、焊接电压、渣池深度、装配间隙是影响接头质量和效率的主要焊接参数。

1. 焊接电流

焊接电流对电渣焊金属熔池的形状有较大的影响，熔池深度和宽度随焊接电流的提高而增大。焊接电流主要按待焊钢种、接头厚度和装配间隙来选定，如对于碳钢和低合金钢的丝极电渣焊，每根焊丝的电流不宜超过650A，最佳焊接电流为550A。

2. 焊接电压

焊接电压对电渣焊过程的稳定性及焊缝成形有较大的影响。提高焊接电压，熔宽明显增大，反之熔宽缩小。焊接电压主要按焊件的壁厚和焊接速度来选择。常用的焊接电压范围为40～54V。

3. 渣池深度

渣池深度也是决定渣池温度和焊缝成形的主要焊接参数。渣池深度主要按送丝速度即焊接电流来选择。渣池深度随焊接电流的提高而增大，适用的渣池深度范围为 40～65mm。

4. 焊丝直径和焊丝根数

最常用的焊丝直径为 3mm。焊丝根数取决于焊件壁厚，一根焊丝可焊的厚度范围为 50～90mm，两根焊丝为 91～200mm，三根焊丝为 150～250mm。三丝摆动可焊最大厚度为 400mm。

5. 焊丝伸出长度

为使导电嘴不致因渣池的辐射热而过热，焊丝应保持相当的伸出长度，通常可取 50～60mm。

6. 焊丝摆动参数

焊丝摆动参数有焊丝摆动速度、焊丝离水冷滑块的最小距离和焊丝在滑块附近的停留时间。一般焊丝摆动速度为 1.0～1.2cm/s，焊丝离滑块的最小距离为 6～10mm，焊丝停留时间为 3～6s。

(四) 熔嘴电渣焊的焊接参数

熔嘴电渣焊的焊接参数与丝极电渣焊基本相同，主要是按焊件的厚度选择熔嘴的形式和尺寸。对于厚度小于 300mm 的焊件，多采用单熔嘴，其在接头间隙中的位置如图 7-2 所示，各种接头电渣焊单熔嘴尺寸及位置见表 7-2。

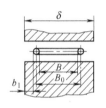 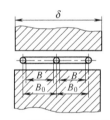 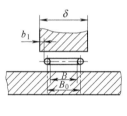 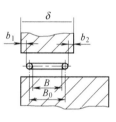

(a) 对接接头中的双丝熔嘴   (b) 对接接头中的三丝熔嘴   (c) T形接头中的双丝熔嘴   (d) 角接接头中的双丝熔嘴

图 7-2   单熔嘴形状和尺寸及其在接头间隙中的位置

表 7-2   各种接头电渣焊单熔嘴尺寸及位置

接头形式	熔嘴形式	熔嘴尺寸和位置	可焊厚度/mm
对接接头	双丝熔嘴	$B=\delta-30$ $b_1=10$ $B_0=\delta-10$ $\phi=10$	80～160
	三丝熔嘴	$B=\dfrac{\delta-50}{2}$ $b_1=10$ $B_0=\dfrac{\delta-30}{2}$	160～240
T 形接头	双丝熔嘴	$B=\delta-25$ $b_1=2.5$ $B_0=\delta-15$	80～130
角接接头	双丝熔嘴	$B=\delta-32$ $b_1=10$ $b_2=2$ $B_0=\delta-22$	80～140

对于厚度大于 300mm 的焊件，则采用多熔嘴，其排列方式如图 7-3 所示，熔嘴尺寸及在接头间隙中的位置见表 7-3。熔嘴电渣焊时，焊丝直径通常选用 3mm，送丝速度按焊件厚度可在 80～160m/h 范围内选用，渣池深度取 35～55mm，焊接电压为 38～50V，可按板厚和焊接电流而定。

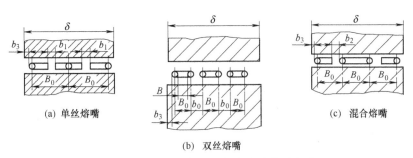

图 7-3 大厚度焊件电渣焊多熔嘴排列方式

表 7-3 大厚度焊件电渣焊多熔嘴的尺寸及位置

熔嘴形式	熔嘴尺寸及位置	可焊厚度/mm
单丝熔嘴	$B_0=\dfrac{\delta-20}{n-1}$ $(B_0<180)$ $b_1=10\sim15$ $b_3=5$	200~400
双丝熔嘴	$B_0=\dfrac{\delta-20}{2.6n-1}$ $b_0=40\sim70$ $B=B_0-10$ $b_3=5$	300~500
混合熔嘴	$B_0=\dfrac{\delta-20}{n}$ $b_2=15\sim20$ $b_3=5$	300~400

二、堆焊工艺

堆焊是为增大或恢复焊件尺寸或使焊件表面获得具有特殊性能的熔敷金属而进行的焊接。堆焊技术主要是控制好焊头和工件的相对位置，堆焊时工件的位置对母材的混合比有重要的影响。堆焊可采用不同的方法来完成，这些堆焊方法的特点对比见表 7-4。堆焊具有延长产品使用寿命、降低生产费用、提高生产效率和合理利用材料等优点，已广泛应用于矿山和冶金设备、农机、车辆、电站、石油化工设备、工程和建筑机械、工具以及模具的制造和修理。

堆焊工艺包括焊前准备、堆焊材料的选用和预处理、焊前预热、焊后热处理、堆焊焊接参数的选定以及操作技术。在某种程度上，堆焊工艺要比焊接工艺更为复杂，要求更为严格。各种堆焊工艺的比较见表 7-5，各种堆焊合金的特点参见附表 21。其中埋弧堆焊方法埋弧堆焊熔敷率高，堆焊层质量稳定，外表美观，便于机械化和自动化，在工业生产中应用最为广泛。埋弧堆焊按所选用的电极形式可分为单丝埋弧堆焊、多丝埋弧堆焊和带极埋弧堆焊，这些方法的特点见表 7-6。堆焊材料基本上可分成铁基、镍基、钴基和铜基四大类，具体见表 7-7。在各种材料的埋弧堆焊中，应用最广的是铁基合金堆焊材料。

表 7-4 各种堆焊方法特点对比

堆焊方法		稀释率/%	熔敷率/(kg/h)	最小堆焊厚度/mm	熔敷效率/%
氧-燃气焰堆焊	手工送丝	1~10	0.5~1.8	0.8	100
	自动送丝		0.5~6.8		100
	粉末堆焊		0.5~1.8		85~95
焊条电弧堆焊		10~20	0.5~5.4	3.2	65
钨极氩弧堆焊		10~20	0.5~4.5	2.4	98~100
熔化极气体保护堆焊		10~40	0.9~5.4	3.2	90~95
自保护药芯焊丝电弧堆焊		15~40	2.3~11.3	3.2	80~85

续表

堆焊方法		稀释率/%	熔敷率/(kg/h)	最小堆焊厚度/mm	熔敷效率/%
埋弧堆焊	单丝	30～60	4.5～11.3	3.2	95
	多丝	15～25	11.3～27.2	4.8	
	串联电弧	10～25	11.3～15.9	4.8	
	单带极	10～20	12～36	36.0	
	多带极	8～15	22～68	4.0	
等离子弧堆焊	自动送粉	5～15	0.5～6.8	0.8	85～95
	手工送粉		0.5～3.6	2.4	98～100
	自动送丝		0.5～3.6	2.4	98～100
	双热丝		13～27	2.4	98～100
电渣堆焊		10～14	15～75	15	95～100

表 7-5   各种堆焊工艺的比较

堆焊方法	工 艺 特 点	备 注
氧-燃气火焰堆焊	通常采用碳化焰进行堆焊,氧和燃气的混合比取决于所堆焊的材料种类。大多数钢制件堆焊可不用熔剂。堆焊铸铁件则必须使用熔剂	堆焊耐磨合金前应将焊件预热,堆焊后作缓冷处理
焊条电弧堆焊	焊条电弧堆焊工艺基本与焊条电弧焊相同,不同的是焊条类型、预热温度和焊后热处理参数以及电流种类和极性。焊条电弧堆焊大多采用直流反接,即焊条接正极	焊接工艺电参数的选择,应以在最低的稀释率下获得最高的熔敷率为原则。应选用较低的焊接速度、适中的焊接电流和电弧电压
埋弧堆焊	埋弧堆焊是应用最广的一种堆焊方法。但其工艺比其他方法复杂。根据不同的堆焊材料(药芯焊丝、渗合金剂和添加金属粉末等)需选用与之相配的焊接参数	丝极埋弧堆焊时,宜采用较低的焊速。对于大型工件的大面积堆焊,可采用熔敷率较高的带极埋弧堆焊
熔化极气体保护电弧堆焊	可采用两种不同的焊接参数。一种是采用低的焊接参数,即低的堆焊电流和电弧电压,以熔滴短路过渡的形式堆焊;另一种是采用高的焊接参数,即高的堆焊电流和电弧电压,以熔滴喷射过渡的形式堆焊	当堆焊材料选择余地较小时,则应采用短路过渡堆焊工艺
钨极氩弧堆焊	手工钨极氩弧焊因熔敷率低、焊接速度慢,主要用于形状复杂,堆焊层质量要求高的工件。自动钨极氩弧堆焊,尤其是热丝钨极氩弧堆焊,可在相当低的稀释率下获得较高的熔敷率	钨极氩弧堆焊中,焊接电流和焊接速度是影响熔敷率和稀释率的主要焊接参数。热丝钨极氩弧焊时,熔敷率还取决于热丝的加热电流和焊丝直径
等离子弧堆焊	等离子弧堆焊的主要焊接参数有等离子弧电流、送丝(粉)速度、堆焊速度和摆动幅度。合理地调整这些参数可使堆焊层的尺寸在较大范围内变化	粉末等离子弧堆焊几乎可以堆焊所有的金属材料,包括难熔金属。填丝等离子弧堆焊与钨极氩弧相似,可填充热丝和冷丝。其中双热丝等离子弧堆焊适用于大型工件的大面积自动堆焊
电渣堆焊	电渣堆焊工艺的关键是选择一种电导率适中,并能很快建立电渣过程的焊剂。电渣堆焊在倾斜位置、垂直位置或水平位置上均可进行	丝极电渣堆焊的堆焊焊接参数与带极电渣焊基本相同

表 7-6　各种埋弧堆焊方法的特点

堆 焊 方 法		工 艺 特 点
单丝埋弧堆焊	传统方法	熔深大,母材稀释率高,规范参数要求严格选择
	加冷丝法	熔深浅,母材稀释率低,操作较复杂
	振动法	细丝小电流,熔深较浅
	热丝法	焊丝经预热,熔敷率高、熔深浅
	添加金属粉末法	熔敷率高,熔深浅,操作较复杂
多丝埋弧堆焊	双热丝法	熔敷率高,熔深浅
	双丝振动法	熔敷率高,熔深浅
	串联电弧法	熔深浅,熔敷率高
	多丝摆动法	熔敷率高,焊道宽,操作复杂
带极埋弧堆焊	单带极堆焊(带极宽 25~60)	熔敷率高,熔深浅
	双带极堆焊(带极宽 25~60)	熔敷率高
	宽带极堆焊(带极宽 80~100)	焊道宽、效率高

表 7-7　堆焊材料的分类

堆焊材料类型	特 性	应 用 实 例
碳化钨堆焊材料	耐磨料磨损性能最好	油井岩石钻机,钻头机具
铬-钴-钨合金	高温强度和蠕变强度较高	工作温度 650℃ 以上高温部件
镍基合金堆焊材料 镍-铬-硼型 镍-铬-钼-钨型 镍-铬-钼型 镍-铜型	耐蚀性良好 耐气蚀性能较好 抗氧化性能良好 耐蚀抗氧化性良好	各种汽车、机车、航空飞行器部件
铜基合金	防过热黏着性良好 耐磨料磨损性高	轴承、轴瓦
马氏体钢	抗冲击韧性高	热锻模、冲模、轧辊
半奥氏体钢	韧性高,抗裂性好	各种磨损机件的堆焊
奥氏体钢及 13%Mn-1%Mo 钢	抗冲击能力高,韧性好	矿山机械磨损件,大型容器内壁堆焊

第二节　其他焊接方法

一、激光焊

　　激光焊是以聚焦的激光束作为能源轰击焊件所产生的热量进行焊接的方式。激光焊按激光器输出能量的形式分为脉冲激光焊和连续激光焊;按聚焦后光斑上的功率密度,又分为熔合激光焊和锁孔激光焊。激光焊具有很多优点,但其设备价格昂贵,电光转换和整体运行效率很低,却对焊件加工、装配、定位要求很高。

　　激光焊可以焊接各种金属材料和非金属材料,如碳钢、硅钢、铝、钛等金属及其合金、钨、钼等难熔金属及异种金属以及陶瓷、玻璃、塑料等。特别适于焊接微型、精密、排列非常密集、对热敏感性强的工件,适于焊接厚度小于 0.5mm 的薄板、直径小于 0.6mm 的金属丝。

1. 脉冲激光焊

脉冲激光焊主要用于微型、精密元件和微电子元器件的焊接。低功率脉冲激光焊常用于 $\phi 1.5mm$ 以下的金属丝与丝或薄膜之间的点焊。脉冲激光点焊的接头形式如图 7-4 所示。脉冲激光焊加热斑点尺寸仅为几微米，故适用于焊接金属薄片（0.1mm 厚）、薄膜（几微米至几十微米）和金属细丝（0.02mm 以上）。脉冲激光焊的焊接参数有脉冲能量、脉冲宽度和功率密度。

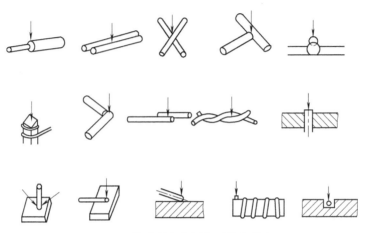

图 7-4　脉冲激光点焊典型接头形式

2. 连续 CO_2 激光焊

CO_2 激光器因结构简单、输出功率范围大以及能量转换效率高而被广泛应用于连续激光焊。连续激光焊主要用于厚板深熔焊。连续激光焊的接头形式如图 7-5 所示。连续激光焊焊接参数包括激光功率、焊接速度、光斑直径、焦点距离和保护气体的种类及流量。连续激光焊可以进行从薄板精密焊到 50mm 厚板深穿入焊的各种焊接。

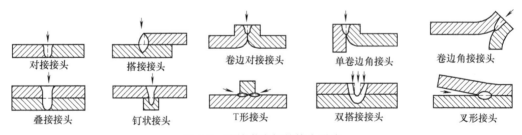

| 对接接头 | 搭接接头 | 卷边对接接头 | 单卷边角接头 | 卷边角接头 |
| 叠接接头 | 钉状接头 | T形接头 | 双搭接接头 | 叉形接头 |

图 7-5　连续激光焊的接头形式

二、电子束焊

电子束焊是利用加速和聚集的电子束轰击置于真空或非真空中的焊件所产生的热能进行焊接的方法。电子束焊按焊接环境的真空度可分为高真空电子束焊、低真空电子束焊和非真空电子束焊三种。

电子束焊加热功率密度大，焊缝深宽比大，熔池周围气氛纯度高，焊接参数调节范围广，适应性强，在大批量生产条件下，焊接成本低于气电焊。但电子束焊设备复杂，价格贵，使用维护要求高；焊件装配要求高，尺寸受真空室大小限制；需防护 X 射线。电子束焊可用来焊接绝大多数金属及合金以及要求变形小、质量高的工件，现已广泛应用于精密仪器、仪表、电子工业。

电子束焊的焊接参数如电子束电流、加速电压、焊接速度和聚焦电流主要按板厚来选择，其焊接接头可采用对接、角接、T形接、搭接和端接等形式，如图 7-6（Ⅰ）～（Ⅴ）所示。这些接头原则上都可以用电子束焊接一次穿透完成。如电子束的功率不足以穿透接头的全厚度，也可采取正反两面焊的方法来完成。在多层结构中，可以利用电子束深的穿透能力一次行程完成两条中心线重合的分层焊缝。

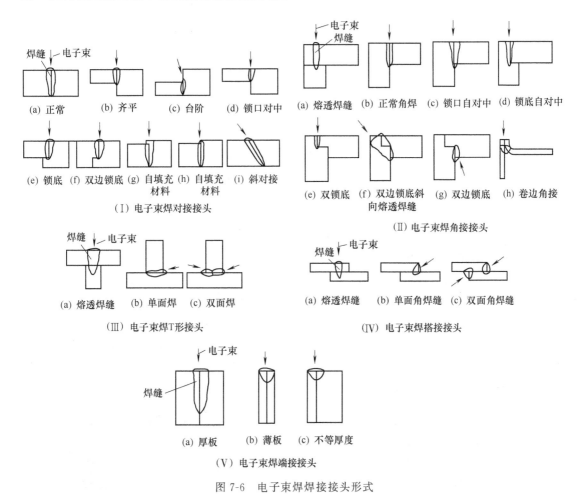

图 7-6 电子束焊焊接接头形式

三、螺柱焊

螺柱焊是螺柱以端与板件（或管件）表面接触，通电引弧，待接触面熔化后，对螺柱施加一定的压力完成焊接的方法。螺柱焊可分为电弧螺柱焊和电容放电螺柱焊两种。

螺柱焊具有效率高、质量可靠、生产成本低和易于实现自动化等特点，可以焊接碳钢、低合金钢、不锈钢、铝合金和铜合金等材料。目前广泛应用于造船、车辆、容器、锅炉、冶金设备、电力设备制造和建筑等行业。

1. 电弧螺柱焊工艺

电弧螺柱焊是在螺柱和焊件之间引燃功率较大的电弧（500A 以上），在很短的时间内将螺柱端面和焊件表面加热到熔化状态，并立即将螺柱挤压到预定的部位。为保护熔化金属不受大气的污染，可在螺柱端面加焊剂或陶瓷圈。为使螺柱容易引弧，通常采用空载电压较高的直流电源。电弧螺柱焊的操作程序比较简单,如图 7-7 所示。

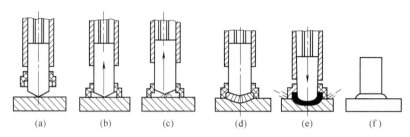

图 7-7　电弧螺柱焊的操作程序

[图中箭头表示螺柱运动方向,操作顺序 (a) → (f)]

　　为达到可靠的引弧并保证接头的质量,螺柱的端面加工成特殊的形状,以便在螺栓端部表面涂敷焊剂,如圆形螺柱的端部通常加工成锥形,方形截面的紧固件加工成楔形。螺柱的长度由夹持段长度、保护圈高度和熔化量(3~5mm)组成,最短长度为 20mm。

　　电弧螺柱焊接头的质量主要取决于焊接热输入。螺柱焊时,如螺柱的材料不变,焊接电流和焊接时间主要按螺柱截面来选定。

　　2. 电容放电螺柱焊工艺

　　电容放电螺柱焊按引弧方法的不同可分为预接触法、预留间隙法和拉弧法三种。

　　预接触法电容放电螺柱焊时,先将螺柱凸台与焊件表面接触,按下启动开关,电容器的贮能通过凸台迅速释放使凸台熔化,产生电弧,熔化螺柱整个端面和焊件表面,此时将螺柱快速下压,螺柱端面与焊件表面相互熔合。预接触法电容放电螺柱焊的焊接过程如图 7-8 所示。

　　预留间隙法是先将螺柱提起离焊件表面一定距离,按下启动开关后,螺柱与焊件间在加上放电电压的同时,螺柱由焊枪加压机构向焊件靠近,当螺柱的凸台接触焊件表面时,电容随即放电,熔化凸台,建立电弧,完成焊接过程。预留间隙法电容放电螺柱焊的焊接过程如图 7-9 所示。

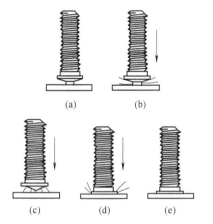

图 7-8　预接触法电容放电螺柱焊过程

[图中箭头表示螺栓运动方向,操作顺序 (a)→(e)]

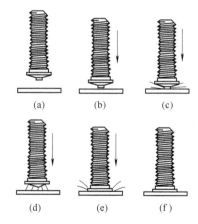

图 7-9　预留间隙法电容放电螺柱焊过程

[图中箭头表示螺栓运动方向,操作顺序 (a)→(f)]

　　拉弧法电容放电螺柱焊的焊接过程与电弧螺柱焊相似,但焊接时间要短得多,约为 6~15ms。电容放电螺柱焊的焊接能量取决于充电电压、放电电流与放电时间。放电电流与充电电压成正比关系。电容放电螺柱焊的充电电压值根据螺柱的材料、螺柱直径和放电方法来选择。电容放电螺柱焊的焊接电流峰值范围为 $600\sim20000A$，适用的焊接时间范围为 $3\sim15ms$。

四、摩擦焊

摩擦焊是利用焊件表面相互摩擦所产生的热量，使端部加热达到热塑性状态，然后迅速加压顶锻完成焊接的一种压焊方法。其焊接过程包括初始摩擦阶段、不稳定摩擦阶段、停车阶段、纯顶锻阶段、顶锻维持阶段。按照机械能输入焊件的方式，摩擦焊可分为连续驱动摩擦焊和惯性摩擦焊两种。

摩擦焊具有接头质量稳定可靠、焊接生产率高、生产成本低、无需填充材料、能量消耗低、可焊接各种异种钢和异种金属，焊接过程易于实现机械化和自动化等优点，可以焊接各种异种钢和异种金属。目前，摩擦焊已广泛应用于石油钻探、切削刀具、汽车、拖拉机、电站锅炉、电动机、变压器、电工器材和轻工机械等制造行业。

旋转式摩擦焊时，焊件端面的形状至少应是一个圆形的横截面，所设计摩擦焊接头，应使焊件具有足够的刚度，以防止加压时顶弯，并对焊件的长度和直径公差、焊件端面的垂直度、平面度和粗糙度提出相应的要求。各种接头的形式如图 7-10 所示。为增大焊件的接合面积，可以采用图 7-10（b）所示的锥形斜面。当接头要求外形美观、无法清除飞边时，可以设计成带飞边凹槽的特殊形式的接头。

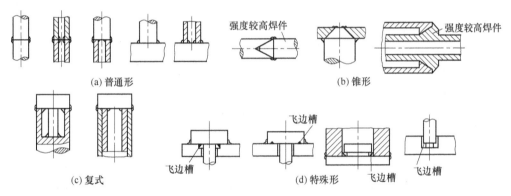

图 7-10 摩擦焊的各种接头形式

摩擦焊焊接参数主要有转速、摩擦压力、摩擦时间、停车时间、顶锻延时、顶锻压力和顶锻变形量等，这些参数将对接头的质量都产生重要的影响。

五、热喷涂

热喷涂是将熔融状态的喷涂材料，通过高速气流使其雾化喷射在工件表面上，形成喷涂层的一种金属表面加工方法。工件表面的喷涂层使工件具有耐磨、耐蚀、耐热、抗氧化等优良性能。热喷涂工艺的适用范围广，大多数的热喷涂工艺设备简单、操作灵活、成本低，具有良好的经济效益。

热喷涂工艺包括工件表面的制备如表面清洗、表面预加工、表面粗化、喷涂结合底层、工件的预热，喷后处理如封孔处理、喷涂层机械加工等。根据热喷涂的热源及喷涂材料的种类和形式，热喷涂可分为火焰喷涂、电弧喷涂、等离子弧喷涂、脉冲放电线材爆炸喷涂（简称线爆喷涂）等。

各种热喷涂方法及其技术特性见表 7-8。

表 7-8　各种热喷涂方法及其技术特性

分类	火焰式				爆炸喷涂	电弧喷涂	线爆喷涂	等离子弧喷涂
	线材喷涂	棒材喷涂	粉末喷涂	粉末喷熔				
工作气体	氧气和燃料气体(如乙炔、氢气)				氧气和乙炔气	—	—	氩、氮、氢等
热源	燃烧火焰				爆炸燃烧焰	电弧	电容放电能量	等离子焰流
喷涂颗粒加速力源	压缩空气		燃烧火焰		热压力波	压缩空气	放电爆炸波	焰流
喷涂粒子飞行速度/(m/s)	50～100		30～90		700～800	50～100	400～600	300～350
喷涂材料形状	线材	棒材	粉末		粉末	线材		粉末
喷涂材料种类	Al、Zn、Cu、Mo、Ni、镍铬合金、碳素钢、不锈钢、黄铜和青铜等	三氧化二铝、三氧化二铬、氧化锆、硅酸锆和锆酸镁等陶瓷棒材	镍基、钴基和铁基自熔合金,铜基合金,镍包铝,三氧化二铝等	自熔合金或在自熔合金中加部分陶瓷材料	三氧化二铝、三氧化二铬等陶瓷材料,镍铬-碳化铬、钴-碳化钨等复合材料	Al、Zn、碳素钢、不锈钢、铝青铜等	Mo、Ti、Ta、W、碳素钢、不锈钢、超硬质合金等	Ni、Mo、Ta、W、Al自熔合金,三氧化二铝、氧化锆等陶瓷材料,镍铝、钴-碳化钨等复合材料,塑料
喷涂量/(kg/h)	2.5～3.0(金属)	0.5～1.0	1.5～2.5(陶瓷)3.5～10.0(金属)	3.5～10.0	—	9～35	—	3.5～10.0(金属)6.0～7.5(陶瓷)
母材受热温度/℃	250以下				约1050	250以下		
结合强度/MPa	＞9.8	—	＞6.9	—	16.7	＞9.8	＞19.6	＞14.7
气孔率/%	5～20		5～20	0	＜3	5～15	0.1～1.0	3～15

章 节 小 结

1. 电渣焊的特点及焊接工艺。

电渣焊是利用电流通过液体熔渣时所产生的电阻热进行焊接的方法。电渣焊的焊接效率可比埋弧焊提高2～5倍,焊接时坡口准备简单,焊缝及近缝区不易形成淬硬组织、冷裂纹、气孔、夹渣等缺陷。电渣焊可以焊接各种碳素结构钢、低合金高强度钢、耐热钢和中合金钢,已广泛应用于锅炉、压力容器、重型机械、冶金设备和船舶等的制造中,用电渣焊可进行大面积堆焊和补焊。

2. 堆焊的特点及焊接工艺。

堆焊是为增大或恢复焊件尺寸,或使焊件表面获得具有特殊性能的熔敷金属而进行的焊接。堆焊具有延长产品使用寿命、降低生产费用、提高生产效率和合理利用材料等优点。

3. 激光焊的特点及焊接工艺。

激光焊是以聚焦的激光束作为能源轰击焊件所产生的热量进行焊接的方式。激光焊具有能量密度高，可获得较高的焊接速度，焊接变形和应力小，焊接熔深大，可长距离焊接或焊接一般焊接方法难以接近的部件。脉冲激光焊主要用于微型、精密元件和微电子元器件的焊接；CO_2 激光器因结构简单、输出功率范围大以及能量转换效率高而被广泛应用于连续激光焊。

4. 电子束焊的特点及焊接工艺。

电子束焊是利用加速和聚集的电子束轰击置于真空或非真空中的焊件所产生的热能进行焊接的方法。电子束焊可以用来焊接绝大多数金属及合金以及要求变形小、质量高的工件等。

5. 螺柱焊的特点及焊接工艺。

螺柱焊是螺柱以端与板件（或管件）表面接触，通电引弧，待接触面熔化后，对螺柱施加一定的压力完成焊接的方法。螺柱焊具有效率高、质量可靠、生产成本低和易于实现自动化等特点。

6. 摩擦焊的特点及焊接工艺。

摩擦焊是利用焊件表面相互摩擦所产生的热量，使端部加热达到热塑性状态，然后迅速加压顶锻完成焊接的一种压焊方法。

7. 热喷涂的特点及焊接工艺。

热喷涂是将熔融状态的喷涂材料，通过高速气流使其雾化喷射在工件表面上，形成喷涂层的一种金属表面加工方法。热喷涂工艺的适用范围广，喷涂工艺灵活，工件变形损伤小，易于控制，大多数的热喷涂工艺设备简单、操作灵活、成本低，具有良好的经济效益。

思 考 题

1. 试述电渣焊的原理及种类。
2. 电渣焊的热源是什么？为什么利用电渣焊一次就可以焊接较厚的焊件？
3. 电渣焊的特点是什么？主要适用于什么场合？
4. 什么是堆焊？堆焊的主要用途是什么？
5. 埋弧堆焊有哪些特点？
6. 激光焊的特点是什么？
7. 简述激光焊的种类及应用。
8. 什么是电子束焊？简述其种类和特点。
9. 电子束焊的接头形式如何选择？
10. 螺柱焊的特点是什么？
11. 什么是摩擦焊？主要用于什么场合？
12. 热喷涂的方法有哪些？各自特点是什么？

第二篇 常用金属材料的焊接工艺

第八章 金属焊接性及其试验方法

【学习指南】 本章重点学习金属焊接性及其试验方法的有关知识。要求理解金属性的基本概念，理解金属材料焊接性的分析方法，掌握1～2种常用焊接性试验方法及评定标准。

第一节 金属焊接性的基本概念

金属材料是一种常用的工程材料，在焊接条件下，金属的性能会发生一些变化，如某些金属材料，由于在焊缝等部位形成焊接裂纹、气孔、夹渣等一系列的宏观缺陷，破坏了金属材料的连续性和完整性，直接影响到焊接接头的强度和气密性，而焊接后可能使金属材料的某些使用性能如低温韧性、高温强度、耐腐蚀性能下降。因此，必须要了解金属材料自身的性能，特别是金属材料在焊接加工后的性能变化，即金属的焊接性问题，只有这样才能确定合理的焊接技术，使金属材料通过焊接工艺制成合格的金属结构。

一、基本概念

焊接性是指材料在限定的施工条件下焊接成按规定设计要求的构件，并满足预定服役要求的能力，焊接性受材料、焊接方法、构件类型及使用要求四个因素的影响。金属材料的焊接性是说明材料对焊接加工的适应性，即指材料在一定的焊接工艺条件下（包括焊接方法、焊接材料、焊接参数和构件类型等）能否获得优质的焊接接头，该焊接接头能否在使用时可靠运行的一种固有特性。它包括工艺焊接性和使用焊接性两个方面。

（一）工艺焊接性

工艺焊接性是指在一定焊接工艺条件下，能否获得优质致密、无缺陷焊接接头的能力，从而进一步分析评价金属材料在一定工艺条件下（主要指用某种焊接方法）焊接时产生焊接缺陷的倾向性和严重性。

焊接性是一个相对的概念。对于一定的金属，在简单的焊接工艺条件下焊接，能获得完好的接头，且能满足使用要求，则焊接性优良；而对于必须采用复杂的焊接工艺条件方能实现优质焊接时，则焊接性较差。

金属的焊接性与金属材料本身的性能以及焊接工艺有关，如母材的化学成分、热处理状态及轧制缺陷、焊接材料的选择、接头形式及焊接顺序、焊接参数、预热、后热、焊后热处理、环境条件等因素的变化，都会对焊接质量产生影响。

因此金属的工艺焊接性也必然与焊接过程有关。故把工艺焊接性又分为"热焊接性"和"冶金焊接性"。

1. 热焊接性

热焊接性是指在焊接热过程中，对焊接热影响区组织性能及产生缺陷的影响程度。它是用来评定被焊金属对热的敏感性（晶粒长大和组织性能变化等），热焊接性主要与被焊材质及焊接工艺有关。

2. 冶金焊接性

冶金焊接性是指冶金反应对焊接性能和产生缺陷的影响程度。它包括合金元素的氧化、还原、氮化、蒸发、氢、氧、氮的溶解，对气孔、夹杂物、裂纹等缺陷的敏感性，它们是影响焊缝金属化学成分和性能的重要方面。

（二）使用焊接性

使用焊接性是指焊接接头或整体焊接结构满足技术条件所规定的各种使用性能的程度，其中包括常规的力学性能、低温韧性、抗脆断性能、高温蠕变性、疲劳性能、持久强度、抗腐蚀性、耐磨性能等。

使用焊接性主要用来分析评价金属材料在给定的焊接工艺条件下，焊成的接头或整个焊接结构是否满足使用性能的要求，如强度、塑性、韧性、疲劳、蠕变、耐蚀及耐磨等性能。若按等性能原则设计焊接接头，则以母材的性能为依据，分别考察焊缝金属和焊接热影响区在焊接热作用下可能引起哪些不利于性能的变化。已经建立焊接连续冷却组织转变图（即CCT图）的金属材料，可以利用该图来预测或判断焊缝和热影响区的组织和性能的变化。

对于不同的金属材料作焊接性分析时，要有重点和针对性。对于那些尚没有把握或难以判断其焊接性的金属材料，针对相关问题，要通过焊接性试验方法来研究解决。

二、影响因素

（一）材料因素

材料因素是指钢的化学成分、冶炼轧制状态、热处理状态、组织状态和力学性能等，其中化学成分（包括杂质的分布）是主要的影响因素。对于焊接性影响较大的元素有碳、硫、磷、氢、氧、氮，以及合金元素锰、硅、铬、镍、钼、钛、钒、铌、铜、硼等。

母材本身的理化性能对其焊接性起着决定性的作用。一般来说，母材的性质会影响焊缝、热影响区等部位的质量，理化性能、晶体结构接近的金属材料比较容易实现焊接。另外焊接材料对母材的焊接性也有很大的影响，通过调整焊接材料的成分和熔合比，可以在一定程度上改善母材的焊接性。

（二）设计因素

设计因素是指焊接结构的安全性，它不但受到材料的影响，而且在很大程度上还受到构件类型及结构形式的影响。

焊接接头的结构设计直接影响到它的刚度、拘束应力的大小和方向，而这些又影响到焊接接头的各种裂纹倾向，在某些部位，焊缝过度集中和多向应力状态不利于结构的安全。因此，尽量减少焊接接头的刚度，减少交叉焊缝，减少各种造成应力集中的因素是改善焊接性的重要措施之一。

（三）工艺因素

工艺因素包括制造焊件时有关的加工方法和实施要求，如焊前准备、材料选择、焊接方法选定、焊接参数、操作规程等都会影响焊接性。

（四）服役环境因素

服役环境因素是指焊接结构的工作温度、负荷条件（动载、静载、冲击、高速等）和工作环境（化工区、沿海及腐蚀介质等）。

一般来讲，评价焊接性的准则主要包括两方面内容：一是评定焊接接头产生焊接缺陷的倾向，为制定合理的焊接工艺提供依据；二是评定焊接接头能否满足结构使用性能的要求。

第二节　常用焊接性试验方法

焊接性试验方法分类如图 8-1 所示。

判断焊接性的方法分为间接试验和直接试验两类。间接试验是以热模拟组织和性能、焊接连续冷却组织转变图（SHCCT）和断口分析以及焊接热影响区（HAZ）的最高硬度等来判断焊接性，各种碳当量公式和裂纹判据经验公式以及焊缝和接头的各种性能试验等都属于间接试验法。直接试验法主要是指各种抗裂性试验和实际焊接结构的试验。

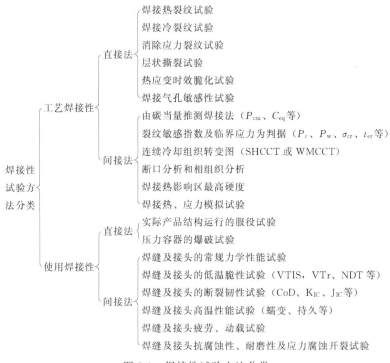

图 8-1　焊接性试验方法分类

一、焊接性试验

（一）焊接性试验的研究目的

1. 制定最佳焊接工艺

为了制定该金属材料的最佳焊接工艺，特别是对尚未掌握其焊接性能的新型金属材料，进行这种试验研究尤为重要。

2. 正确选材

在焊接结构设计时，为了正确选材，常要通过试验研究判断待选金属材料是否适用于制造该结构。同时，也可以研制或开发用于焊接结构的新金属材料或焊接材料。

因此，焊接性试验是在分析的基础上，按需要和可能有针对性地做试验。对新金属材料一般先做工艺焊接性方面的试验，后做使用焊接性方面的试验。评价焊接性的某一方法只能说明焊接性的某一方面的问题，有时需要进行系列试验，才能全面地说明某种材料的焊接性（包括结构类型、接头形式、焊接方法、焊接材料、线能量及工艺措施等）。对于某些具体结构来讲，根据要求选用其中少数几种即可。

（二）金属焊接性的研究方法

金属焊接性的判断主要是通过各种焊接性试验来进行的，广义的焊接性试验包括对母材和焊接接头的一系列全面试验、分析。

1. 对母材进行的试验方法

对母材进行的试验包括化学成分分析；力学性能试验（包括拉伸、弯曲、冲击等力学性能试验），根据产品特点有时还要做低温冲击、时效冲击、疲劳及蠕变试验等；金相组织和硬度试验；断裂韧性试验；原材料缺陷检验。

2. 对焊接接头进行的试验方法

对焊接接头进行的试验包括焊缝金属化学成分分析，焊接接头的力学性能试验（内容与母材力学性能试验相似）；金相组织和硬度试验、断裂韧度试验、裂纹试验、无损检测、使用性能试验。

对于任何一种金属材料的焊接性研究，上述试验不一定全部都做，往往只是根据需要选择一部分。对于通常的金属化学成分、力学性能等试验、分析方法，其具体试验程序可参照有关国标进行。

由于裂纹是焊接接头中最常见而又重要的焊接缺陷，所以焊接裂纹试验是最重要的焊接性试验，一般常将裂纹试验称作焊接性试验。

二、常用的试验方法

（一）间接估算法

1. 碳当量估算法

所谓"碳当量"就是把钢中合金元素（包括碳）的含量按其作用换算成碳的相当含量，可作为评定钢材焊接性的一种参考指标。

（1）计算公式　由于世界各国和各研究单位所采用的试验方法和钢材的合金体系不同，所以都各自建立了碳当量公式，其中以国际焊接学会（IIW）所推荐的 CE（IIW）和日本JIS标准所规定的 C_{eq}（JIS）应用较为广泛：

$$CE(\text{IIW}) = C + \frac{Mn}{6} + \frac{Cr + Mo + V}{5} + \frac{Cu + Ni}{15}(\%) \tag{8-1}$$

$$C_{eq}(\text{JIS}) = C + \frac{Mn}{6} + \frac{Si}{24} + \frac{Ni}{40} + \frac{Cr}{5} + \frac{Mo}{4} + \frac{V}{14}(\%) \tag{8-2}$$

式中，化学元素表示该元素在钢中的质量百分比。在计算碳当量时，元素含量均取其成分范围的上限。

（2）公式说明　以上两个公式根据不同情况应用场合有所区别。

① 公式（8-1）主要适用于中高强度的非调质低合金高强钢（$\sigma_b = 500 \sim 900\text{MPa}$）；公式（8-2）主要适用于低碳调质低合金高强钢（$\sigma_b = 500 \sim 1000\text{MPa}$），但它们都适用于含碳量偏高的钢种（C≥0.18%）。公式（8-1）、公式（8-2）化学成分的范围如下：C≤0.2%，Si≤0.55%，Mn≤1.5%，Cu≤0.5%，Ni≤2.5%，Cr≤1.25%，Mo≤0.7%，V≤0.1%，B≤0.006%。

对于焊接冷裂纹可用公式 CE（IIW）或 C_{eq}（JIS）作为判据，所得的数值越高，被焊钢材的淬硬倾向越大，热影响区越容易产生冷裂纹。因此，一般可用碳当量预测某钢种的焊接性，以便确定是否需要采取预热和其他工艺措施。如采用公式计算的 $C_{eq} < 0.4\%$ 时，钢材

的淬硬性不大，焊接性良好；当 $C_{eq}=0.4\%\sim0.6\%$ 时，钢材易于淬硬，焊接时需要预热才能防止裂纹；当 $C_{eq}>0.6\%$ 时，钢材的淬硬倾向大，焊接性差。利用 C_{eq} 可以估计金属材料焊接性，以便确定是否应采用预热等措施。

例如板厚小于 20mm，$CE(IIW)<0.4\%$ 时，钢材的淬硬倾向不大，焊接性良好，不需预热。当 $CE(IIW)=0.4\%\sim0.6\%$ 时，特别是大于 0.5% 时，钢材淬硬倾向大，焊接时需要预热才能防止裂纹。

又如板厚小于 25mm、手工焊、线能量 $=17kJ/cm$ 时，根据 $C_{eq}(JIS)$ 的界限确定的预热温度大致如下：

钢材的 $\sigma_b=500MPa$，$C_{eq}(JIS)\approx0.46\%$，不预热。

钢材的 $\sigma_b=600MPa$，$C_{eq}(JIS)\approx0.52\%$，预热 75℃。

钢材的 $\sigma_b=700MPa$，$C_{eq}(JIS)\approx0.52\%$，预热 100℃。

钢材的 $\sigma_b=800MPa$，$C_{eq}(JIS)\approx0.62\%$，预热 150℃。

② 但对于低碳微量多合金元素的低合金高强钢，$CE(IIW)$ 及 $C_{eq}(JIS)$ 并不适用。日本伊藤等人采用斜 Y 形铁件试验，对 200 多个钢种进行了大量试验，提出了 P_{cm} 公式。该式适用于 $C=0.07\%\sim0.22\%$，$\sigma_b=400\sim1000MPa$ 的低合金高强钢。

$$P_{cm}=C+\frac{Si}{30}+\frac{Mn+Cu+Cr}{20}+\frac{Ni}{60}+\frac{Mo}{15}+\frac{V}{10}+5B \qquad (8\text{-}3)$$

式中，P_{cm} 为化学成分的冷裂敏感指数，它的适用范围如下。

C：$0.07\%\sim0.22\%$；Si：$0\sim0.60\%$；Mn：$0.40\%\sim1.4\%$；Cu：$0\sim0.50\%$；Ni：$0\sim1.20\%$；Mo：$0\sim0.70\%$；V：$0\sim0.12\%$；Nb：$0\sim0.04\%$；Ti：$0\sim0.05\%$；B：$0\sim0.005\%$。

根据 P_{cm}、焊接钢材的板厚（h）和焊条熔敷金属中的扩散氢含量，可确定防止冷裂所需的预热温度。

$$P_c=P_{cm}+\frac{[H]}{60}+\frac{h}{600} \qquad (8\text{-}4)$$

式中，[H] 为甘油法测定的扩散氢含量，mL/100g；h 为板厚，mm。

$$T_0(预热温度)=1440P_c-392℃$$

2. 焊接热影响区（HAZ）最高硬度法

焊接热影响区最高硬度可以间接判断被焊钢材的淬硬倾向和冷裂敏感性。常用的低合金高强度钢 HAZ 允许的最大硬度（H_{max}）参见附表 22。

焊接热影响区最高硬度试验的试件的形状如图 8-2 所示，试件的尺寸见表 8-1。试件的标准厚度为 20mm。若板厚超过 20mm，则需机械切削加工成 20mm 厚，并保留一个轧制表面，若板厚小于 20mm，不必加工。

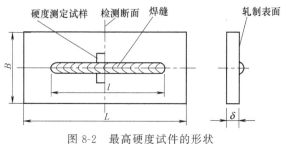

图 8-2　最高硬度试件的形状

表 8-1　热影响区最高硬度试件尺寸　　　　　　　　　mm

试件号	试件长　L	试件宽　B	焊缝长　l
1 号试件	200	75	125±10
2 号试件	200	150	125±10

试件焊前应清除表面油、锈、氧化皮等物，焊前要把试件两端支撑架空，下面应有足够的空间。

1 号试件在室温下，2 号试件在预热温度下进行焊接。焊接参数原则上如下：$I=$ 170A±10A，焊接速度 150mm/min±10mm/min，焊条直径 4mm。

如图 8-2 所示，沿试件轧制表面的中心线水平位置焊出长 125mm±10mm 的焊道，然后自然冷却，至少经 12h 后，用机械加工方法垂直切割焊道中部，然后在此断面上取测量硬度的试样。

硬度测量试样的检测面经研磨后进行腐蚀，如图 8-3 所示的位置，在 0 点两侧各取 7 个以上的点作为硬度的测定点（测点至少 15 个以上），各点的间距为 0.5mm，在室温下用载荷 98N 作维氏硬度测定，取其中最高硬度值作为热影响区最大硬度。

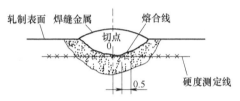

图 8-3　硬度的测量位置

（二）焊接裂纹敏感性试验方法

焊接裂纹是工艺焊接性中的主要问题，被焊材料焊接性的好坏主要取决于该材料焊接裂纹敏感性的大小。

在焊接生产中，由于被焊材料和结构类型的不同，可能出现各种类型的裂纹。

常用焊接裂纹敏感性的试验方法参见表 8-2。

1. 斜 Y 形坡口焊接裂纹试验

本试验方法所产生的裂纹多出现于焊根尖角处的热影响区，当焊缝金属的抗裂性能不好时，裂纹可能扩展到焊缝金属，甚至贯穿至焊缝表面。裂纹可能在焊后立即出现，也可能在焊后数分钟，乃至数小时后才开始出现。

本试验方法按 GB 4675.1—1984 进行，主要适合于钢材焊接接头热影响区的冷裂纹试验，也可作为母材和焊条组合的裂纹试验。广泛用于评价碳素钢和低合金高强度钢打底焊缝及其热影响区冷裂倾向。

（1）试件的制备　试件形状和尺寸如图 8-4 所示。试件的厚度一般限制，常用厚度为 9～38mm。为避免试件间隙波动以及气割表面硬化层等问题，坡口加工采用机械切削加工。

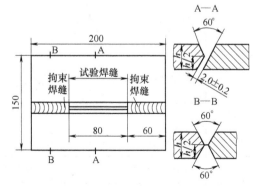

图 8-4　试件的形状和尺寸

表 8-2 常用焊接裂纹敏感性的试验方法

裂纹类型	试 验 名 称	主 要 目 的
焊接热裂纹	T 形热裂纹试验	主要用于鉴定填角焊缝的热裂纹倾向,也可以判断焊条及焊接参数对热裂纹的敏感性
	压板对接(Fisco)焊接裂纹试验	主要用于判断热裂纹的敏感性(包括奥氏体不锈钢和铝合金的焊缝金属),也可以用于某些钢材与焊条匹配性的试验
	可变拘束裂纹试验	主要用于研究被焊金属的各种热裂纹,估计热裂纹的敏感性;估计各种焊接材料的热裂纹敏感性;测定热裂纹产生的温度范围;研究热裂纹产生的机理及对焊接工艺的适应性
	鱼骨状裂纹试验	主要用于测定铝合金、镁合金和钛合金的薄板(1～3mm)焊缝及热影响区的热裂纹敏感性
	十字搭接裂纹试验	主要用于厚度在 1～3mm 的结构钢、不锈钢、高温合金、铝合金、镁合金和钛合金等薄板的热裂纹敏感性评价,也可测定焊条和焊丝的裂纹倾向
焊接冷裂纹	斜 Y(直 Y)形坡口对接裂纹试验	主要用于评价碳钢和低合金高强度钢焊接热影响区的冷裂纹敏感性,这种方法简单易行,在生产中应用很广,通称为"小铁研"抗裂试验。其中直 Y 形坡口焊接裂纹试验主要应用于专检焊条金属的裂纹敏感性
	刚性固定对接裂纹试验	主要应用于测定焊缝的冷裂纹和热裂纹倾向,也可以应用于测定焊接热影响区的冷裂纹倾向
	窗形拘束裂纹试验	主要应用于判断碳钢和低合金钢多层焊时焊缝的横向裂纹敏感性(包括热裂纹和冷裂纹),也可以作为选择焊接材料和施工工艺的试验方法。判断方法一般以裂纹有无为依据。有时为精确起见,亦可采用断面裂纹率进行计算
	十字接头抗裂性试验	主要用于检验母材热影响区的冷裂纹倾向,同时也可以用来检验焊接材料的焊接工艺是否合适。此试验方法冷却较快,刚性较大,属于试验条件较苛刻的方法
	拉伸拘束裂纹(TRC)试验	定量分析高强度钢产生冷裂纹的各种因素,测出临界应力和裂纹的潜伏期。大吨位的 TRC 试验机可以对多层焊的冷裂敏感性进行测试
	刚性拘束裂纹(RRC)试验	大型定量冷裂纹的试验方法
	插销试验	主要用于研究钢材焊接热影响区冷裂纹敏感性
消除应力裂纹	铁研式自拘束试验	铁研式自拘束试验属于自拘束试验方法之一,比较简单,在生产上使用广泛
	插销试验	用加载的方法使焊接热影响区的粗晶部位在应力松弛的过程中(500～700℃)开裂,以此判断消除应力裂缝的倾向
层状撕裂	Z 向拉伸试验	利用钢板厚度方向的断面收缩率来判断钢材的层状撕裂敏感性
	Z 向窗口试验	模拟实际层状撕裂的试验方法

（2）试验方法　焊接拘束焊缝时，焊接试验部位用比 2mm 略大的塞片插入间隙中，以保证试件间隙为 2mm，焊完拘束焊缝后拆除塞片。要严格保证试板两面定位焊缝的质量。

拘束焊缝焊接一般采用低氢型焊条，直径为 4～5mm，首先从背面焊接第一层，然后再焊正面一侧的第一层，注意不要产生角变形和未焊透的情况。以下各层正面和背面交替焊接，直至焊完。

在焊接试验焊缝之前，要把在焊接拘束焊缝时所附着的飞溅物清除干净，并去除坡口周围的水分、油污及铁锈等，最后用丙酮洗净。

试验一般在室温下进行，也可在各种预热温度下进行。

试验所用的焊条原则上与试验钢材相匹配，焊前要严格烘干焊条，推荐采用下列焊接参数：

焊条直径 4mm，焊接电流 170A±10A，电弧电压 24V±2V，焊接速度 150mm/min±10mm/min。

采用焊条电弧焊或采用焊条自动送进装置焊接时，分别按图 8-5 和图 8-6 进行。

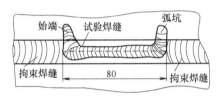

图 8-5　手工焊时的试验焊缝

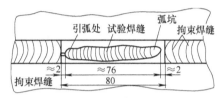

图 8-6　自动焊时的试验焊缝

焊完的试件经 48h 以后，才能开始进行裂纹的检测和解剖。表面裂纹用肉眼或磁粉法、着色法检测。断面裂纹检测先用机械方法制取断面试样，对横断面进行研磨腐蚀（普通钢材采用 5％硝酸酒精溶液腐蚀，推荐采用 3％苦味酸酒精溶液加 3％浓硫酸腐蚀），然后采用放大20～30倍的显微镜来检测裂纹。

（3）计算方法　裂纹的长度和高度按图 8-7 进行检测，裂纹长度为曲线形状时，见图8-7（a），按直线长度检测，裂纹重叠时不必分别计算。

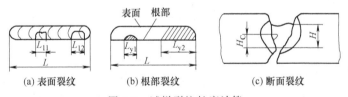

图 8-7　试样裂纹长度计算

采用焊条自动送进装置进行焊接时，裂纹率的计算要包括引弧和收尾处所产生的裂纹，但收弧处的热裂纹除外。

① 表面裂纹率按下式计算

$$C_f = \frac{\sum l_f}{L} 100\% \tag{8-5}$$

式中　C_f——表面裂纹率，%；

$\sum l_f$——表面裂纹长度之和，mm；

L——试验焊缝的长度，mm。

② 根部裂纹率。采用适当的方法着色后拉断或弯断，然后按图 8-7（b）检测根部裂纹，

并按下式计算根部裂纹率

$$C_r = \frac{\sum l_r}{L} 100\% \qquad (8\text{-}6)$$

式中　C_r——根部裂纹率，%；

　　　$\sum l_r$——根部裂纹长度之和，mm；

　　　L——试验焊缝长度，mm。

③ 断面裂纹率。在试验焊缝上截取五个横断面，截取位置是：以试验焊缝宽度开始均匀处与焊缝弧坑中心之间的距离四等分确定。对试件的五个横断面进行断面裂纹检查，按图8-7（c）的要求测出裂纹的高度，用下式对这五个横断面分别计算出其裂纹率，然后求出其平均值。

$$C_s = \frac{H_c}{H} 100\% \qquad (8\text{-}7)$$

式中　C_s——断面裂纹率，%；

　　　H——试样焊缝的最小厚度，mm；

　　　H_c——断面裂纹的高度，mm。

此试验测得的各种裂纹率可用于钢材冷裂敏感性的相对比较，并可测得防止冷裂纹的临界预热温度。

由于斜 Y 形坡口对接裂纹试验的接头拘束度很大，根部尖角又有应力集中，所以试验条件比较苛刻，一般认为裂纹率不超过 20%，用于生产可以认为是安全的，但不应有根部裂纹。

除斜 Y 形坡口试件外，还可做直 Y 形坡口对接裂纹试验，这种坡口形式的改变，导致了裂纹容易在焊缝根部尖角处启裂，随即向焊缝中扩展，严重时可贯穿至焊缝表面。因此，这种方法适用于考核焊条金属对根部裂纹的敏感性。

2. 插销试验

插销试验是一种简便而又节省材料的试验方法。主要用于定量测定钢材焊接热影响区的冷裂纹敏感性，目前在国内外得到了广泛的应用。国际焊接学会（IIW）、法国和日本等国均有各自的标准，我国也已制定了国家标准即 GB/T 9446—1988《焊接用插销冷裂纹试验方法》。

（1）试件制备　插销试验的基本原理是把被焊钢材做成直径为 8mm（或 6mm）的圆柱形试棒，插入与试棒直径相同的底板孔中，其上端与底板的上表面平齐，试棒的上端有环形或螺形缺口，然后在底板上按规定的焊接线能量熔敷一焊道，尽量使焊缝中心线通过插销的端面中心，该焊道的熔深应保证缺口位于热影响区的粗晶部位，如图 8-8 所示。

插销试棒要从被焊的钢材或产品（轧材、锻件、铸件、焊缝、焊接构件）中制取，但必须注明插销的取向和相对厚度方向的位置，插销试棒的形状和尺寸如图 8-9 所示。

在不预热的条件下，待焊后冷至 100～150℃ 时加载，如有预热，应高出初始温度 50～70℃ 时加载，规定的载荷应在 1min 内，并在试验冷却到 100℃ 或高出初始温度 50～70℃ 以前加载完毕，如有后热，应在后热以前加载。在无预热条件下试验时，试棒载荷保持 16h 后不断裂即可卸载。如有预热或预热后加热时，载荷至少要保持 24h。经几次调整后，即可得

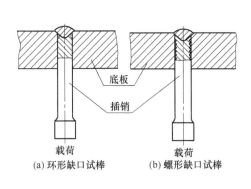

图 8-8　插销试棒缺口处于
焊接热影响区粗晶部位

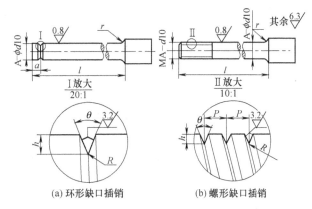

图 8-9　插销试棒的形状

出试验条件下的临界应力 σ_{Cr}。改变含氢量、焊接线能量和预热温度，σ_{Cr} 也随之变化。

（2）试验程序　插销试棒应进行尺寸检查，特别是缺口尖端的圆角 R 是否合格。将插销试棒插入底板相应的孔中 $\left(\text{插销在底板孔中的配合尺寸为 } \phi\dfrac{\text{H10}}{\text{d10}}\right)$。

按所选用的焊接方法，严格控制所规定的焊接参数，在底板上进行堆焊（垂直底板纵向，并通过插销顶端的中心），焊道长度约 100～150mm。

不预热试验时，试件的初始温度应为室温。预热试验时，试件（插销及整个底板）的初始温度为预热温度。

应测定 800～500℃ 的冷却时间（$t_{8/5}$），并记录 500～100℃ 的冷却时间或（$T_{\max}-100℃$）的冷却时间。采用热电偶测定热循环（焊在焊道下底板的盲孔中），测定点的最高温度不得低于 1100℃。

按前述的要求进行加载，插销可能在载荷持续时间内发生断裂，此时应记下承受载荷时间，如未发生断裂（载荷保持 16h 或 24h），用金相或氧化方法检测缺口根部是否存在裂纹，具体步骤按 GB/T 9446—1988 进行。试验的临界应力 σ_{Cr}，既可用启裂准则，也可用断裂准则。

插销试验也可用于埋弧自动焊的冷裂纹测定，插销试棒的形状和尺寸与手工焊时基本相同，只是缺口位置因焊接线能量的增加，也应适当增加 a 值，底板的形状和尺寸如图 8-10 所示，底板的厚度应与产品结构相一致。

在插销试验中，通过改变焊接参数和底板厚度，可以模拟实际焊接接头的热循环参数，插销试件本身的化学成分则反映了实际焊接接头母材的裂纹倾向，使用的焊接材料及烘干情

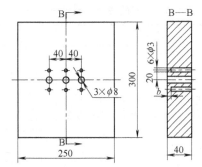

图 8-10　埋弧焊插销试验底板形状及尺寸

况则反映了实际焊接接头中氢的作用。因此，通过此试验，可以定量模拟实际焊接接头中三大因素对试验钢材冷裂倾向的综合影响。

　　3. T形接头焊接裂纹试验

　　该试验方法主要用于评价填角焊缝的热裂纹倾向，也可以测定焊条及焊接参数对热裂纹的敏感性，按照 GB 4675.3—1984 进行。

　　试件的尺寸和形状如图 8-11 所示。

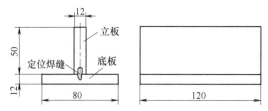

图 8-11　T形接头焊接裂纹试验试件尺寸及形状

　　焊条直径为 4mm 时，焊接电流为规定值的上限，立板的底端应进行机加工。

　　试验步骤如图 8-12 所示，S_1 为拘束焊缝，S_2 为试验焊缝，二者都应采用船形位置进行焊接。焊前试件的底板与立板要紧密接触，两端点固定位。

　　焊完拘束焊缝 S_1 后，立即焊一道比 S_1 焊缝小的试验焊缝 S_2，S_2 与 S_1 的焊接方向相反，长度为 120mm，待试件冷却后，检查试验焊缝 S_2 有无裂纹，并测量裂纹的长度，按下面公式计算裂纹率：

图 8-12　试验焊缝的焊接位置

$$C=\frac{\sum L}{120}\times100\% \tag{8-8}$$

式中　C——表面裂纹率，%；

　　　$\sum L$——表面裂纹长度之和，mm。

　　各种焊接裂纹试验的方法很多，它们的适用范围、难易程度、再现性以及试验精度有很大的差别。因此在进行焊接性试验研究时，要根据具体缺口灵活应用试验方法，所选用的焊接裂纹试验方法要能较好地模拟实际焊接接头的裂纹倾向、具有较好的再现性和较好的试验精度。在选择合适的裂纹实验方法时，还应尽量考虑减少试验的费用。

　　（三）使用焊接性的试验方法

　　正确地评价金属的使用焊接性的几种常用试验方法见表 8-3。

表 8-3　金属的使用焊接性试验方法

试验内容		试验目的	参考标准
焊接接头力学性能试验	取样方法	主要是测定焊接接头在不同载荷作用下的强度、塑性、韧性、致密性等	GB 2649—1989《焊接接头力学性能试验取样法》
	焊接接头与焊缝金属的拉伸试验		GB/T 2652—2008《焊缝及熔敷金属拉伸试验方法》
	焊接接头冲击试验		GB/T 2650—2008《焊接接头冲击试验方法》
	焊接接头的弯曲试验		GB 2653—1989《焊接接头弯曲及压扁试验方法》
	焊接接头及堆焊金属硬度试验		GB/T 2654—2008《焊接接头及堆焊金属硬度试验法》

续表

试 验 内 容			试 验 目 的	参 考 标 准
焊接接头抗脆断性能试验			通过不同温度下（常温到低温）进行的系列冲击试验所得的数据，确定脆性转变温度	工程中常用 V 形缺口系列试验评定脆性转变温度
焊接接头与焊缝金属疲劳试验			研究焊接接头的疲劳强度及其影响因素，可为产品设计和制造工艺提供技术依据，有助于提高产品使用寿命	GB 2656—1981《焊接接头与焊缝金属疲劳试验》
焊接接头的抗腐蚀试验	焊接接头抗晶间腐蚀试验	弯曲法	测定焊接接头在介质中工作时产生晶间腐蚀的倾向	GB/T 4334.5—2000《不锈钢硫酸－硫酸铜腐蚀试验法》
		失重法		GB/T 4334.2—2000《不锈钢硫酸铁腐蚀试验法》、GB/T 4334.3—2000《不锈钢 65％硝酸腐蚀试验方法》、GB/T 4334.4—2000《不锈钢硝酸-氢氟酸腐蚀试验方法》
	应力腐蚀裂纹试验		测定金属在应力（拉应力或内应力）和腐蚀介质联合作用下引起断裂的倾向	GB 4334.8—1984《不锈钢 42％氯化镁应力腐蚀试验方法》
焊接接头高温性能试验	短时高温拉伸强度试验		测定试样在不同温度下的抗拉强度、屈服点、伸长率及断面收缩率	GB/T 2652—2008《焊缝及熔敷金属拉伸试验法》、GB/T 4338—2006《金属高温拉伸试验方法》
	高温持久强度试验		测定试样在高温长期载荷作用下抵抗破断的能力以及高温时的持久塑性——伸长率及断面收缩率	GB 6395—1986《金属高温持久强度试验方法》
	焊接接头的蠕变断裂试验		测定试样在一定温度下和在规定的持续时间内，产生的蠕变变形量或蠕变速度等于某规定值时的最大应力	GB/T 2039—1997《金属拉伸蠕变试验方法》

　　严格来说，任何焊接性试验和实际结构的焊接情况不可能完全一致，所取得的试验数据只能供制定实际焊接工艺时参考。制定实际焊接工艺时不仅要综合分析焊接裂纹的试验结果，还应当执行各种有关标准、规范，参考类似焊接的生产经验。

实践训练　金属焊接性试验

一、试验目的

① 进一步理解金属焊接性的概念。

② 掌握 1～2 种常用的焊接性试验方法及判断标准。

二、试验项目

根据常见的焊接性试验要求及相关国标，建议在以下试验中选取 1～2 种进行试验操作训练。

① 斜 Y 形坡口焊接裂纹试验方法（GB 4675.1—1984）。

② 搭接接头（CTS）焊接裂纹试验方法（GB 4675.2—1984）。

③ T 形接头焊接裂纹试验方法（GB 4675.3—1984）。

④ 压板对接（FISCO）焊接裂纹试验方法（GB 4675.4—1984）。

⑤ 焊接热影响区最高硬度试验方法（GB 4675.5—1984）。

⑥ 焊接用插销冷裂纹试验方法（GB 9446—1988）。

⑦ 对接接头刚度拘束焊接裂纹试验方法（GB 13817—1992）。

三、试验步骤

以压板对接（FISCO）焊接裂纹试验方法为例。

试件的制备及试验步骤均按照 GB 4675.4—1984 进行。

试验装置由 C 形拘束框架、齿形底座以及紧固螺纹等组成。

具体步骤如下。

① 将试件安装在试验装置里，在试件坡口的两端按试验要求装入相应尺寸的塞片，以保证坡口间隙。坡口间隙可在 0～6mm 范围内变化。

② 将水平方向的螺栓紧固，紧到顶住试件即可。垂直方向的螺栓用测力扳手，以1200kgf·cm（1kgf＝9.80665N）的扭矩紧固好。

③ 顺次焊接 4 条长约 40mm 的试验焊缝，焊缝间隙约 10mm。焊接弧坑原则上不填满。

④ 焊接结束后约 10min 将试件从试验装置中取出。

⑤ 试件冷却后，将试件焊缝轴向弯断，观察断面有无裂纹并测量裂纹长度。

⑥ 及时做好实验记录（包括试验日期、时间、环境温度、湿度等）。

四、注意事项

① 认真按照国标做好试件的制备工作，及时清理试件表面。

② 检查试验装置，按规定程序进行操作。

③ 要保证试验焊缝的质量，准确判断、测量相关数据，准确记录试验数据。

④ 坡口间隙不宜太大。焊接结束后，必须从规定试件里拿出试验焊件。

章 节 小 结

1. 焊接性的定义及其影响因素。

焊接性是指材料在限定的施工条件下焊接成按规定设计要求的构件，并满足预定服役要求的能力。焊接性受材料、焊接方法、构件类型及使用要求四个因素的影响。

2. 焊接性试验方法的分类及应用范围。

判断焊接性的方法分为间接试验和直接试验两类。间接试验是以热模拟组织和性能、焊接连续冷却组织转变图（SHCCT）和断口分析以及焊接热影响区（HAZ）的最高硬度等来判断焊接性；直接试验法主要是指各种抗裂性试验和实际焊接结构的试验。

3. 工艺焊接性的评定方法。

工艺焊接性的评定方法有直接法和间接法。每一种都包括很多具体的方法。

4. 间接估算法判断焊接性的特点。

间接估算法包括碳当量估算法、焊接热影响区（HAZ）最高硬度法。所谓"碳当量"就是把钢中合金元素（包括碳）的含量按其作用换算成碳的相当含量，可作为评定钢材焊接性的一种参考指标。焊接热影响区最高硬度可以间接判断被焊钢材的淬硬倾向和冷裂敏感性。

5. 常用焊接裂纹敏感性的试验方法及特点。

6. 使用焊接性的评定方法。

思 考 题

1. 什么是金属焊接性？包括哪几个方面的内容？

2. 金属焊接性影响因素有哪些？

3. 常用的焊接性试验方法有哪些？各有什么特点？

4. 简述金属焊接性的碳当量估算法。

5. 试述斜 Y 形焊接裂纹试验的步骤。

6. 试述插销实验的试验程序。

7. 试述压板对接（FISCO）焊接裂纹试验的步骤。

8. 焊接接头常用的力学性能试验方法有哪些？

9. 焊接接头常用的高温性能试验方法有哪些？

第九章　碳钢的焊接

【学习指南】 本章重点学习碳钢焊接的有关知识。要求了解碳钢的性能、分类和牌号，正确理解碳钢的焊接特点及低碳钢、中碳钢、高碳钢焊接性的差异，从而进一步理解碳钢的焊接工艺，结合焊接实例学会正确应用操作规程。

第一节　碳钢的焊接工艺

一、碳钢的焊接性

碳钢是铁和碳的合金，其中还含有一定量的有益元素锰和硅以及少量杂质元素硫和磷，每一钢种都限制其含量，如含碳量不大于 1.3%，含锰量不大于 1.2%，含硅量在 0.5% 以下。对于某些重要碳钢还需限制铬、镍、铜、氮等元素的含量。

碳钢由于分类方法不同而有多种名称。碳钢可以根据其化学成分、性能、冶金方法、用途等进行分类。按含碳量的多少，碳钢可分为低碳钢（含碳量≤0.25%）、中碳钢（含碳量为 0.25%～0.60%）、高碳钢（含碳量＞0.60%）；按钢材脱氧程度的不同，可分为沸腾钢、半镇静钢、镇静钢；按碳钢的质量（钢中有害杂质硫、磷的含量），可分为普通碳素钢（含硫量≤0.050%，含磷量≤0.045%）、优质碳素钢（含硫量≤0.035%，含磷量≤0.035%）、高级优质碳素钢（含硫量≤0.030%，含磷量≤0.035%）；按用途的不同，可分为碳素结构钢、碳素工具钢。具体碳钢牌号表示方法参见国家标准 GB/T 700—2006《碳素结构钢》钢号表示方法，常用碳钢的化学成分和力学性能可查阅有关书籍或手册。

碳钢中主要合金元素是碳、锰、硅，其他合金元素均控制在残余量的限度以内。碳钢的性能和焊接性主要取决于含碳量，含碳量增加，钢的硬度和强度提高，焊接性变差，具体关系见表 9-1。

表 9-1　碳钢的焊接性与含碳量的关系

名称	含碳量/%	典型硬度	典型用途	焊接性
低碳钢	≤0.15	60HRB	特殊板材和型材、薄板、钢带、焊丝	优
	0.15～0.25	90HRB	结构用型材、板材和棒材	良
中碳钢	0.25～0.60	25HRC	机器零件和工具	中（通常要求预热和后热，推荐采用低氢焊接工艺）
高碳钢	≥0.60	40HRC	弹簧、模具、钢轨	劣（要求采用低氢焊接工艺，预热和后热）

碳钢中的锰和硅对焊接性也有影响，它们的含量增加，焊接性变差，但不及碳作用强烈。碳、锰和硅对焊接性的影响可以用下面的经验公式计算

$$C_{eq} = C + \frac{Mn}{6} + \frac{Si}{24} \ (\%) \tag{9-1}$$

碳钢中，含硅量较少（小于 0.5%），对于 C_{eq} 值影响甚微，因此，计算碳钢的碳当量时，可将上式简化如下：

$$C_{eq}=C+\frac{Mn}{6}\ (\%) \tag{9-2}$$

根据一般经验，碳当量 $C_{eq}<0.40$ 时，淬硬倾向小，焊接性良好，焊接时一般不需要预热、控制层间温度或后热；$C_{eq}=0.4\%\sim0.6\%$ 时，淬硬倾向较大，焊接性较差，一般需要预热；$C_{eq}>0.6\%$ 时，淬硬倾向严重，焊接性很差，焊接前必须采用较高的预热温度，控制层间温度和后热，并采用低氢焊接工艺。

二、焊接工艺

（一）低碳钢的焊接工艺

低碳钢的含碳量低，焊接用结构钢含碳量一般均在 0.22% 以下，锰和硅的含量少，通常不会因焊接在热影响区产生硬化组织，钢材的塑性较好，焊接接头产生裂纹的倾向小。因此低碳钢有良好的焊接性，一般不需采取特殊的工艺措施，就可得到优质的焊接接头。低碳钢几乎可以采用各种焊接方法焊接，适合于制造各类大型结构件和受压容器。

1. 低碳钢焊接材料的选用

（1）焊条 焊接低碳钢时，大多使用 E43×× 系列的焊条，在力学性能上正好与低碳钢相匹配。这一系列焊条有多种型号，可根据具体母材牌号、受载情况等加以选用，见表 9-2。

表 9-2 常用的几种典型低碳钢焊接焊条选用表

钢 号	焊条型号及牌号	
	一般焊接结构	重要焊接结构
Q215、Q235、08、10、15、20	E4313、E4303、E4301、E4320 J421、J422、J423、J424	E4316、E4315、E5016、E5015 J426、J427、J506、J507
25、20g、22g、20R	E4316、E4315 J426、J427	E5016、E5015 J506、J507

（2）埋弧焊焊丝与焊剂 低碳钢埋弧焊一般选用实芯焊丝 H08A 或 H08E，它们与高锰高硅低氟熔炼焊剂 HJ430、HJ431、HJ433、HJ434 配合使用。

低碳钢埋弧焊常用焊丝与焊剂见表 9-3。

表 9-3 低碳钢埋弧焊常用焊丝与焊剂

钢 号	焊 丝	焊 剂
Q235	H08A	
Q255	H08A	HJ430、HJ431
Q275	H08MnA	
15、20	H08A、H08MnA	
25、30	H08MnA、H10Mn2	
20g、22g	H08MnA、H08MnSi、H10Mn2	HJ430、HJ431、HJ330
20R	H08MnA	

（3）二氧化碳气体保护焊焊丝 焊接碳钢用气体保护焊焊丝已制定新的国家标准 GB/T 8110—1995《气体保护电弧焊用碳钢、低合金钢焊丝》，标准内容等效采用美国 AWS 气体保护焊焊丝标准。碳钢气体保护焊焊丝型号为 ER49-1、ER50-2～ER50-7。焊丝商品牌号为 MG49-1、MG50-3～MG50-6 等。

（4）富氩混合气体保护焊焊丝 焊丝及保护气体成分对熔敷金属化学成分及力学性能有直接影响，在富氩混合气体保护焊中，由于该气体的氧化性较弱，焊接过程中锰、硅元素烧损少，若仍使用 H08Mn2Si 焊丝，则熔敷金属力学性能比 CO_2 保护焊的强度提高，塑性下降。因此，当采用富氩混合气体保护焊焊接低碳钢时，不宜选用含锰、硅较高的 H08Mn2Si，而应选用含锰、硅较低的焊丝，以达到焊接接头与母材等强的目的。

通常焊接低碳钢时，要根据母材的力学性能、产品结构特点和保护气体成分，选择不同成分的焊丝。

（5）氩弧焊焊丝 氩弧焊用焊丝要尽量选用专用焊丝，以减少主要化学成分的变化，保证焊缝一定的力学性能和熔池液态金属的流动性，从而获得良好的焊缝成形，避免产生气孔、裂纹等缺陷。

焊接低碳钢，推荐使用 H08Mn2Si 和 H05MnSiAlTiZr 氩弧焊焊丝。

（6）电渣焊焊丝与焊剂 电渣焊熔池温度比埋弧焊低，焊接过程中焊剂更新量少，焊剂的硅、锰还原作用弱。低碳钢焊接时，如果仍按埋弧焊选用 H08A、H08E 焊丝与高锰、高硅、低氟焊剂配合，则焊缝得不到足够数量的锰和硅，特别是母材和焊丝中原有的锰还会烧损。为此，低碳钢电渣焊时，往往选用中锰、高硅、中氟熔炼焊剂 HJ360 与 H08Mn2 或 H10MnSi 配合。也可以用高锰、高硅低氧焊剂（如 HJ431）与 H10MnSi 配合使用。

2. 关于低碳钢的焊接工艺

① 焊前清除焊件的表面铁锈、油污和水分等杂质，焊条、焊剂必须烘干。

② 角焊缝、对接多层焊的第一层焊缝及单道焊缝要避免深而窄的坡口形式，以防止出现未焊透和夹渣等缺陷。

③ 焊件的刚度增大，焊缝的裂纹倾向也增大，因此焊接刚度大的结构件时，宜选用低氢碱性焊条，采取焊前预热或焊后消除应力热处理措施，预热及回火温度见表 9-4。

表 9-4 常用低碳钢刚性结构的焊前预热及回火温度

钢号	材料厚度/mm	预热温度/℃	回火温度/℃
Q235、Q235F、08、10、15、20	≈50		
	50～90	＞100	600～650
25、20g、22g	≈40	＞50	600～650
	＞60	＞100	600～650

④ 在严寒冬天或类似的气温条件下焊接低碳钢结构时，由于焊接的冷却速度快，产生裂纹的倾向增大，特别是焊接厚度大的刚性结构时更是如此。为避免裂纹的产生，除采用低氢型焊接材料和采取焊前预热、焊接时保持层间温度外，还应在定位焊时加大电流，减慢焊接速度，适当增大定位焊缝的截面和长度，必要时可采取预热措施。低碳钢在低温环境下焊接时，预热温度见表 9-5。

焊接方法的应用见表 9-6，常见低碳钢焊条电弧焊的缺陷、产生的主要原因及防止措施见表 9-7，电渣焊的常见缺陷的形成原因及防止措施见表 9-8。

表 9-5 常用低温环境下低碳钢焊接的预热温度

环境温度	焊件厚度/mm		预热温度/℃
	梁柱、桁架	管道、容器	
−30℃以下	<30	<16	
−20℃以下		17～30	100～150
−10℃以下	35～50	31～40	
0℃以下	51～70	41～50	

表 9-6 各种焊接方法在低碳钢焊接中的应用

焊接方法		焊接材料	焊接参数	适用范围	注意事项
焊条电弧焊		一般情况下,低碳钢的焊接可选用酸性焊条,但对于大厚度工件或大刚度构件以及在低温条件施焊等情况下采用碱性焊条。在选择焊条时,要按照焊缝金属与母材等强度的原则进行	焊接参数可根据具体的钢号、板厚、焊接位置,通过试验得到。一般可根据板厚选用合适直径的焊条和层数,然后根据焊条直径选择所用焊接电流	适用于板厚在2～50mm的对接接头、T字接头、十字接头、搭接接头、堆焊等	必须进行焊前清理、焊前预热(工件较厚或刚性大时)及焊后热处理
埋弧焊		为保证良好的焊缝综合性能,需要求焊缝金属中含碳量较低,可选择高锰、高硅焊剂配合低锰焊丝或含锰焊丝以及无锰高硅或低锰中硅焊剂配合高锰焊丝	主要包括焊接电流、电弧电压和焊丝速度以及焊丝直径、焊丝干伸长度、装配间隙与坡口大小等。以上所有因素必须相互匹配,特别是焊接电流和电弧电压的相互匹配,才能获得良好的焊接接头	可焊接板厚在3～150mm之间的低碳钢,接头形式可以是对接接头、T字接头、十字接头,尤其适用于焊缝比较规则的构件	必须做好焊前准备和焊前预热(工件较厚或刚性大时)、焊后热处理
CO_2气体保护焊		焊接材料的选择主要是指焊丝的选择。可根据不同的焊接要求,选择不同的实芯焊丝和药芯焊丝	主要有焊丝直径、焊丝干伸长度、焊接电流、电弧电压、焊接速度等	比较适用于薄板的焊接	焊前清理参照焊条电弧焊酸性焊条焊接时的清理要求
电渣焊		主要包括电极材料和焊剂。为减少气孔和裂纹倾向,提高焊缝力学性能,一般是通过电极向焊缝过渡合金元素	主要焊接参数有焊接电流(送丝速度)、电弧电压、熔池深度、装配间隙等	特别适用于焊接50～300mm板厚	一般需要焊后热处理。各类焊剂在焊接前均应经过250℃烘焙2h
气焊		气体火焰一般采用中性焰或乙炔较多的弱碳化焰。焊接低碳钢时,一般不需要气焊熔剂	焊接参数主要有焊丝直径、火焰能率、焊嘴的倾斜角度、焊接速度等	适用于碳钢的薄件、小件的焊接	焊前清理基本同焊条电弧焊
电阻焊	点焊	主要是电极材料的选择	选择焊接参数时,必须先确定电极的端面形状和尺寸。同时考虑焊接电流和通电时间的选择	适用于焊接搭接,板厚在3mm以下,接头气密性要求较低的构件	必须对工件进行焊前清理
	缝焊	常用的电极是圆柱面滚盘	主要有焊接电流、滚盘压力、焊接时间、休止时间、焊接速度、滚盘直径和焊点间距等	广泛应用于石油、化工、航空、航天等工业中薄板焊接	对于厚度大于30mm的厚板,采用电箔对接焊缝

续表

焊接方法		焊接材料	焊接参数	适用范围	注意事项
电阻焊	对焊		根据电阻对焊或闪光对焊,选择相应的焊接参数	广泛应用于圆柱、方棒、管子等工件的接长或对接。简单部件的组焊以及异种金属的对焊	电阻对焊和闪光对焊对工件的尺寸要求基本一致,工件表面必须清理
钎焊		根据硬、软钎焊的不同,选择合适的钎料和钎剂	焊接参数包括钎焊温度、保温时间、加热温度等	可用各种方法进行钎焊	钎剂残渣大多数对钎焊接头有腐蚀作用,必须彻底清除

表 9-7　低碳钢焊条电弧焊常见缺陷、产生的主要原因及防止措施

缺陷	主要原因	防止措施
咬边	过大的焊接电流,电弧过长,焊条倾斜角度不当,摆动时运条不当	减小焊接电流,电弧不要拉得过长,摆动时坡口边缘运条速度稍慢些,中间运条速度稍快些,焊条倾斜角度适当
未熔合	过小的焊接电流,过高的焊接速度,热量不够,母材坡口表面污物未清洗干净	增大焊接电流,减慢焊接速度,焊条角度及运条速度要适当,清理干净表面污物
焊瘤	熔池温度过高	适当减小焊接电流,缩短电弧弧长,摆动时坡口边缘运条速度稍慢些,中间运条速度稍快些
凹坑	焊条收尾时未填满弧坑	焊条在收尾处稍多停留一会,采用断续灭弧焊
未焊透	焊接电流过小或焊接速度较快,坡口角度较小、间隙过小或钝边过大;焊条角度及运条速度不当	选择合适的坡口尺寸,选用较大的焊接电流或慢的焊接速度,焊条角度及运条速度应适当
夹渣	母材坡口表面及附近污物未清理干净,操作不良	将电弧适当拉长些,将母材上的脏物与前道焊缝的熔渣清理干净,适当放慢速度以使熔渣浮出,将其吹走
气孔	母材坡口表面及附近污物未清洗干净,焊条未按规定烘干,操作不良	焊件坡口应清理干净,焊条按规定烘干;适当加大焊接电流、降低焊接速度,以使气体浮出,不采用偏心的焊条
裂纹	焊条质量不合格,焊缝中偶然渗入超过一定数量的铜,大刚度的部位焊时,收弧过于突然,焊接应力过大	选用合格的焊条,找出钢的来源并消除,改善收弧操作技术,将弧坑填满后收弧,减小焊接应力

注:碱性焊条不宜采用灭弧焊,以免产生气孔。

表 9-8　电渣焊焊接接头中缺陷形成原因及防止措施

部位	缺陷名称	原因	防止措施
焊缝	气孔	①渣池深度不够;②水分、油污或锈;③焊剂被污染或潮湿	①增加焊剂添加量;②烘干或清理工件;③烘干或更换焊剂
	裂纹	①焊接速度太快;②形状系数不良;③焊丝或导电嘴中心间距太大	①减慢送丝速度;②减小电流,提高电压,降低摆动速度;③减小焊丝或导电嘴之间距离
	非金属夹杂物	①板材表面粗糙;②钢板中的非金属夹杂物含量超标	①磨光板材表面;②采用质量较好的板材

续表

部位	缺陷名称	原　因	防止措施
熔合区	未熔合	①电压低；②焊接速度太快；③渣池太深；④焊丝或导电嘴未对中；⑤停留时间不够；⑥摆动速度太快；⑦焊丝与滑块的距离太大；⑧焊丝之间中心距离太大	①提高电压；②减慢送丝速度；③减少焊剂添加量使熔渣外流；④重新对中焊丝或导电嘴；⑤增加停留时间；⑥减慢摆动速度；⑦加大摆动宽度或再加一根焊丝；⑧减小焊丝之间的间距
	咬边	①焊接速度太慢；②电压过高；③停留时间过长；④滑块冷却不足	①提高送丝速度；②降低电弧电压；③缩短停留时间；④提高对滑块的冷却水流量或采用大型滑块
热影响区	裂纹	①拘束度高；②材料对裂纹敏感；③板中夹杂太多	①改进夹具；②查明裂纹原因；③采用质量较好的板材

（二）中碳钢的焊接工艺

中碳钢含碳量为 $0.25\%\sim0.60\%$，与低碳钢相比较，含碳量较高，钢材的强度和硬度高，塑性和韧性低，焊接性差。中碳钢的化学成分及力学性能见表9-9。

表 9-9　中碳钢的化学成分及力学性能

钢号	化学成分(质量分数)/%							力学性能		
	C	Si	Mn	S	P	Cr	Ni	σ_b/MPa	σ_s/MPa	δ_5/%
30	$0.27\sim0.35$					0.025	0.025	500	300	21
35	$0.32\sim0.40$							540	320	20
40	$0.37\sim0.45$	$0.17\sim0.37$		$\leqslant0.04$	$\leqslant0.04$			580	340	19
45	$0.42\sim0.50$		$0.50\sim0.80$					610	360	16
50	$0.47\sim0.55$							640	380	14
ZG270-500	$0.32\sim0.40$							500	280	16
ZG310-570	$0.42\sim0.52$	$0.20\sim0.45$		$\leqslant0.05$	$\leqslant0.05$	—	—	580	320	12
ZG340-640	$0.52\sim0.62$							640	380	14

1. 焊接材料的选用

中碳钢含碳量较高，焊接时容易产生裂纹，要尽量选用塑性、韧性好、含氢量低、抗裂性能好的低氢焊条或高韧性超低氢焊条。

在个别情况下，也可采用钛铁矿型或钛钙型焊条，但一定要有严格的工艺措施配合，如认真控制预热温度和尽量减少母材熔深（减少焊缝含碳量），才可得到合格的焊接接头。一般用于不重要结构件的焊接。

当不要求焊缝与母材等强度时，可选择强度等级稍低的低氢焊条。如母材为490N/mm² 级，焊条可用 J426 或 J427 代替 J506 和 J507。这种焊条所焊焊缝的塑性、韧性及抗裂性比 J506、J507 更好，可以有效地防止焊接接头产生裂纹。实际上在焊接中碳钢时，由于受母材熔入、焊缝冷却速度的影响，使焊缝金属实际抗拉强度比焊条牌号的名义强度高得多。因此，选用抗拉强度低一级的焊条，仍可使焊缝金属与母材实际等强。

在特殊情况下，当工件不允许预热时，可选用铬镍奥氏体不锈钢焊条，如奥102、奥107、奥302、奥307、奥402、奥407。这种焊条熔敷金属塑性良好，在不预热情况下，可以减少焊接接头应力，有效防止热影响区产生冷裂纹。

厚板多层焊时，可选用 J350（微碳纯铁焊条）进行底层或过渡层的焊接，其余各层仍选用与母材等强的焊条焊接。采用两种焊条联合使用的工艺方法可以防止焊缝开裂，又可得到满意的焊缝强度。中碳钢的焊条选择见表 9-10，中碳钢 CO_2 气体保护焊焊丝选用见表 9-11。

表 9-10　中碳钢焊接用焊条选择

钢　号	焊条牌号		
	要求等强的构件	不要求等强的构件	特殊情况
35、ZG270-500	J506、J507、J556、J557	J422、J423、J426、J427	A102、A302、A307、A402、A407
45、ZG310-570	J556、J557、J606、J607	J422、J423、J426、J427、J506、J507	
55、ZG340-640	J606、J607		

表 9-11　中碳钢 CO_2 气体保护焊焊丝选用

钢　号	焊丝牌号	说　　明
30 35	H08Mn2SiA H04Mn2SiTiA H04MnSiAlTiA	焊丝含碳量较低，并含有较强脱氧能力和固氮能力合金元素，对减少焊缝金属中的情况有益

2. 关于中碳钢的焊接工艺

（1）焊前预热，控制层间温度　大多数情况下，中碳钢焊前需要预热，焊接时控制层间温度，以降低焊缝及热影响区冷却速度，从而控制马氏体的形成。预热温度取决于碳当量、母材厚度、结构刚性、焊条类型和工艺方法。一般来说，随着碳当量增高，接头厚度增大或电弧中氢量增高，预热温度增高。预热及层间、焊后回火温度见表 9-12。而含碳量高、厚度大或刚性大，则预热温度为 250～400℃。

表 9-12　中碳钢焊接的预热及层间、焊后回火温度

钢号	板厚/mm	操作工艺		焊条类型	说　　明
		预热及层间温度/℃	消除应力回火温度/℃		
30	约25	>50	600～650	非低氢型焊条	①局部预热的坡口两侧的加热范围为150～200mm ②焊接过程中可以锤击焊缝金属，以减小残余应力
				低氢型焊条	
35	25～50	>100		非低氢型焊条	
	50～100	>150		低氢型焊条	
45	≤100	>200			

（2）焊后热处理　焊后最好立即做消除应力热处理，特别是大厚度工件、大刚性结构件或使用条件有冲击和动载荷的情况下更是如此。消除应力回火温度一般为 600～650℃。

如果不可能立即消除应力，也应当后热，以便使扩散氢逸出。后热温度与预热温度相同或稍高于预热温度，保温 2～3h。

（3）采用低氢焊接工艺　应当尽量选用低氢型焊接材料。低氢型焊条有一定的脱硫能力，熔敷金属塑性和韧性良好，扩散氢含量少，无论对热裂纹或氢致冷裂纹来说，抗裂性均

较高。焊前认真清理待焊部位工件表面，去除铁锈、油污、水分等杂质。

焊条在使用前应进行烘干，低氢型焊条烘干温度为 350～450℃，保温 1～2h，烘干的焊条应放在 100～150℃保温箱（筒）内随用随取。酸性焊条烘干温度为 100～200℃，保温 1～2h。

采用窄焊道、短弧操作方法以及采用 CO_2 气体保护焊或氩与 CO_2 及氩与 O_2 的混合气体保护焊，均可提高焊缝金属的韧性及抗裂性能，降低焊缝中的扩散氢含量。同时要注意保证气体的纯度和保护效果。

（4）多层焊焊接　多层焊的前几层焊缝应采用小电流、慢焊速，以减小母材的熔深；中间层可用较高的线能量来完成；最后一道或几道盖面焊缝要在不使任何母材熔化的情况下，全部熔敷在前一层已熔敷的焊缝金属上。这种作法可使原先熔敷焊道的热影响区，特别是处在母材中的热影响区受到回火作用，降低该区硬度和脆性，防止焊后热处理前产生裂纹。

中碳钢的焊接缺陷主要是裂纹，其产生原因及防止措施见表 9-13。

表 9-13　中碳钢焊条电弧焊的主要焊接缺陷及防止措施

常见缺陷	产 生 原 因	防 止 措 施
热裂纹	焊缝含碳量偏高，含硫量偏高，含锰量偏低	减小母材在焊缝中的比例(采用小电流、开 U 形坡口)，采用碱性低氢型焊条，适当预热
冷裂纹	冷却速度太快，焊缝含氢量偏高，较大的应力	减慢近缝区冷却速度，采用碱性低氢型焊条，焊条一定要烘干
热应力裂纹	焊接区刚性过大，多层焊时第一、二道焊缝断面过薄	避免焊接区与焊件整体产生过大的温度差(可先在坡口表面堆焊隔离层防止近缝区冷裂，然后采用"冷焊法")，第一、二道焊接时尽量减慢焊接速度，采用低氢型焊条

（三）高碳钢的焊接工艺

高碳钢含碳量大于 0.6%，包括碳素结构钢、碳素钢铸件及碳素工具钢等，它们的含碳量比中碳钢高，焊后更容易产生硬脆的高碳马氏体，淬硬倾向和裂纹敏感倾向更大，焊接性更差。由于焊接性不良，这类钢不用于制造焊接结构，而用于高硬度或耐磨部件或零件，它们的焊接大多数为焊补修理。为了获得高硬度或耐磨性，高碳钢零件一般都经过热处理，如焊前经过退火以减少裂纹倾向，焊后再进行热处理以达到高硬度和耐磨要求。

1. 焊接材料的选择

高碳钢焊接材料选用时，焊接材料通常不用高碳级。一般根据钢材的含碳量、几何形状和使用条件等，选用合适的填充金属，要求做到焊缝金属的性能与母材金属的性能完全相同较为困难。这些钢材的抗拉强度大多在 675MPa 以上，所选用的焊接材料视产品设计要求而定。要求强度高时，一般用 J707 或 J607 焊条；要求不高时可用 J506 或 J507 等焊条；或者分别选用与上述强度等级相当的低合金钢焊条或填充金属。所有焊接材料都应当是低氢型的。也可以用铬镍奥氏体钢焊条焊接，其牌号与焊接中碳钢用的不锈钢焊条相同，这时焊前不必预热。

选用焊条时，除应满足焊接接头与母材等强外，还要考虑高碳钢焊接性差这一重要因素。随着钢中含碳量的增加，焊后产生裂纹的可能性增大。所以选用时要同时考虑产品结构、所焊钢材的实际化学成分、热处理状态、力学性能及使用条件等。焊接高碳钢的焊条选用见表 9-14。

表 9-14　高碳钢焊接用焊条

焊条牌号	力学性能			烘干温度及时间	熔敷金属扩散氢含量 /(mL/100g)
	σ_b/MPa ≥	$\sigma_{0.2}$/MPa ≥	δ_5/% ≥		
J507(碳钢焊条)		410		350℃/1h	≤8
J507R(低合金钢焊条)		390	22		≤4
J507H(超低氢碳钢焊条)	490			400℃/1h	≤1.5
J507GR(高韧性低合金钢焊条)		410	24		≤2.0
J507RH(高韧性超低氢低合金钢焊条)			22	350~430℃/1h	≤1.5
J557(低合金钢焊条)	540	440	17	350℃/1h	≤6
J607(低合金高强度钢焊条)	590	530	15		≤4
J607RH(高韧性超低氢焊条)	608	490	17	350~430℃/1h	≤1.5
J707(低合金高强度钢焊条)	690	590	15	350℃/1h	≤4
J707RH(超低氢高韧性焊条)			20	400℃/1h	≤1
J757(低合金高强度钢焊条)	740	640	13	350℃/1h	≤4
J807(高强度低合金钢焊条)	780	690	14	400℃/1h	
J857(低合金高强度钢焊条)	830	740	12	350~400℃/1h	≤2
J107(低合金高强度钢焊条)	980				

2. 关于高碳钢的焊接工艺

高碳钢焊接时，要先退火后焊接。采用结构钢焊条焊接时，焊前必须预热，其温度一般在 250~350℃以上。焊接过程中还需要保持不低于预热温度的层间温度。焊后焊件保温，并立即送入 650℃的炉中进行消除应力热处理。

（1）热处理及预热　高碳钢通常是通过热处理达到高硬度和耐磨损性能要求的，这种钢应在退火状态下焊接，然后经热处理，断裂件在焊修之前应先进行退火。为减缓接头的冷却速度，避免焊缝及热影响区产生淬硬组织，一般采用 250~350℃以上的温度预热，并保持层间温度，钢材强度越高，所要求的预热温度和层间温度也越高，焊后应进行 250~350℃/2h 去氢处理。如果焊件较大，刚性较强，则焊后注意保温，并立即送入炉中进行 650℃高温回火处理，以消除焊接应力。

（2）焊接工艺要点　焊前注意烘干焊条，并放在保温箱或保温筒内，以防焊条吸潮。焊前注意工件表面的清理，不得有水分、油、锈等污物。尽量用小电流和慢焊速，使熔深减小，以减少母材的熔化。同时，锤击焊缝，以减少焊接应力。

采用预堆法，先在坡口上堆焊，然后再进行焊接。也可采用过渡层焊接法，用强度级别低、含碳很低的焊接材料堆焊过渡层，可减少第一、二层焊缝金属含碳量，并提高其塑性，极其有效地防止焊缝开裂。堆焊层的焊接除选用焊条电弧焊外，还可用 CO_2 气体保护焊、富氩混合气体保护焊及钨极氩弧焊，焊丝选用 H08Mn2SiA 或其他焊丝。

第二节　碳钢的焊接实例

实例一：5 万千瓦高压加热器壳体纵缝的焊接

（一）概述

5万千瓦高压加热器壳体是由厚度为12mm的20g钢板制造的，焊接材料为ϕ4mm，H08MnA焊丝及HJ431焊剂。其纵缝采用不开坡口双面埋弧自动焊工艺。产品结构简图如图9-1所示。20g钢板的化学成分、力学性能及焊丝的化学成分见表9-15。

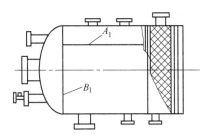

图9-1 高压加热器产品结构简图

A_1—纵焊缝；B_1—环焊缝

表 9-15 20g 钢板的化学成分（质量分数）、力学性能及焊丝的化学成分

材料	化学成分 /%					力学性能			
	C	Si	Mn	P	S	σ_b/MPa	σ_s/MPa	δ/%	a_{KU}（室温）/(J/cm^2)
20g 钢板	0.20	0.23	0.42	0.029	0.024	445 448	248 258	29 27	121.5 110.7 113.7
焊丝	0.06	0.07	1.06	0.021	0.009	—	—	—	—

对焊接接头力学性能的要求如下：$\sigma_b \geqslant 402$MPa，$\sigma_s \geqslant 245$MPa，A_{KV}（20℃）$\geqslant 58.8$J。

（二）焊接工艺

1. 坡口形式

对12mm钢板对接双面埋弧焊可不开坡口，两板之间留1～2mm间隙即可焊透且形成无缺陷、成形良好的焊接接头。接头形式如图9-2所示。

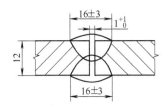

图9-2 纵缝埋弧焊接头形式

2. 焊前准备

① 焊前清理焊缝两侧各20mm及焊丝上的油锈、氧化皮等污物。

② 焊剂应经250℃烘干2h。

3. 焊接规范参数

焊丝直径：ϕ4mm 焊接速度：25～28m/h

焊接电流：650～700A（直流反接） 送丝速度：83～95m/h

电弧电压：32～36V 焊丝伸出长度：30～35mm

（三）接头性能

检验结果见表9-16。

表 9-16　20g 钢板对接埋弧自动焊接头力学性能数据

接头抗拉强度 σ_b /MPa	弯曲角/(°) $d=3a$	冲击韧度(室温)a_{KU} /(J/cm²)	硬度 (HB)
436.1	面弯：180,180	焊缝：108,110,94 热影响区：98,102,96	焊缝：129,120 热影响区：139,137
439.0	背弯：180,180	母材：114,121,113	母材：128,129

实例二：水轮机支持盖大环缝的焊接

（一）产品结构

75000kW 水轮机支持盖有几条 ϕ8100 大环缝，焊缝位置及坡口形式如图 9-3 所示。

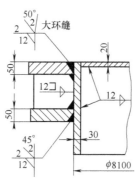

图 9-3　水轮机支持盖大环缝的焊接位置及坡口形式

（二）焊接工艺

母材为 Q235 钢。因坡口偏差大，埋弧焊易焊偏，因此采用 CO_2 气体保护自动焊。焊丝为 H08Mn2SiA，直径 1.6mm。焊接参数见表 9-17。

表 9-17　焊接参数

焊接层次	焊接电流/A	电弧电压/V	气体流量/(L/min)	摆动频率/(r/min)	摆幅/mm
1、2	250～300	28～30	20	50	4～6
4、6、9、12	200～250	26～28	20	—	—
其余	300～350	30～32	25	50	8～12

焊道分布如图 9-4 所示。焊接 1、2 道时采用 ϕ20mm 喷嘴，焊其余焊道时，改用 ϕ25mm 喷嘴。为防止侧板处层状撕裂，焊接 4、6、9、12 焊道时，焊丝不摆动，倾向侧板，焊枪角度如图 9-5 所示。每层焊道厚度控制在 5mm 以内。焊缝质量好，生产效率高，熔敷率达到每台班 25kg。

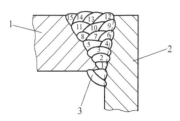

图 9-4　焊道分布示意图

1—盖板；2—侧板；3—手工封底焊道

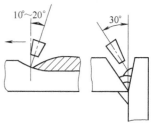

图 9-5　焊 4、6、9、12 焊道时的焊枪角度

实践训练　碳钢的焊接

一、实验目的

① 通过对碳钢材料的焊接，进一步了解碳钢的焊接特点。

② 理解碳钢的焊接方法和操作规程。

③ 掌握"小铁研"抗裂试验方法，会分析碳钢的焊接性，比较不同焊接方法对碳钢的影响。

二、实验设备及其他

选择焊条电弧焊和埋弧焊对低碳钢进行焊接。

设备：交流焊机或逆变交流焊机一台，埋弧焊机一台，烘箱两台。

试件：Q235 钢，板厚 20～30mm。

电焊条：E4313，$\phi 4.0$mm。

焊丝：H08A，$\phi 4.0$mm。

焊剂：HJ431 或 HJ430。

三、实验内容

① 室温下采用焊条电弧焊方法焊接 Q235 钢。

② 室温下采用埋弧焊方法焊接 Q235 钢。

③ 不同试件的冷裂纹分析。

四、注意事项

① 试件的形状及尺寸、试验焊缝的焊接工艺等均严格按照 GB 4675.1—1984《斜 Y 形坡口焊接裂纹试验方法》中的规定选取。

② 试件要严格进行焊前清理，焊条烘干后再用。

③ 注意焊条电弧焊的焊接参数与埋弧焊的焊接参数的不同要求，尤其注意试验焊缝位置的区别。

④ 按规定时间放置后，才进行裂纹倾向分析。如有，则进行表面裂纹率、根部裂纹率、断面裂纹率的有关计算。

⑤ 认真检查焊机是否运行正常，焊接时注意安全保护。

章 节 小 结

1. 碳钢的性能和分类。

碳钢可以根据其化学成分、性能、冶金方法、用途等进行分类。碳钢的性能和焊接性主要取决于含碳量，含碳量增加，钢的硬度和强度提高，焊接性变差，碳钢中的锰和硅对焊接性也有影响，它们的含量增加，焊接性变差，但不及碳作用强烈。

2. 低碳钢的焊接性及焊接工艺。

低碳钢的含碳量低，不会因焊接在热影响区产生硬化组织，钢材的塑性较好，焊接接头产生裂纹的倾向小。因此低碳钢有良好的焊接性，一般不需采取特殊的工艺措施，就可得到优质的焊接接头。

3. 中碳钢的焊接性及焊接工艺。

中碳钢的含碳量比低碳钢的高，强度和硬度高，塑性和韧性低，焊接性差。大多数情况下，中碳钢焊前需要预热，焊接时控制层间温度，以降低焊缝及热影响区冷却速度，焊后最好立即做消除应力热处理，采用低氢焊接工艺。

4. 高碳钢的焊接性及焊接工艺。

高碳钢的含碳量越高，焊后越容易产生硬脆的高碳马氏体，淬硬倾向和裂纹敏感倾向就越大，焊接性也越差。高碳钢主要用于高硬度或耐磨部件或零件的焊补修理，为了获得高硬度或耐磨性，一般都要经过热处理，如焊前经过退火以减少裂纹倾向，焊后再进行热处理。

思 考 题

1. 碳钢的分类方法有哪些？各适用于什么场合？

2. 如何正确选择碳钢用的焊接材料？

3. 低碳钢的焊接性如何？

4. 用不同的焊接方法焊接低碳钢时，应注意什么？

5. 低碳钢常用的焊接方法有哪些？在什么情况下焊接低碳钢时需要预热、焊后热处理？

6. 中碳钢的焊接性如何？

7. 中碳钢的焊接工艺要点是什么？中碳钢焊接时应采取哪些措施？

8. 如何采取措施克服高碳钢焊接性差的问题？

第十章　低合金钢的焊接

【学习指南】 本章重点学习低合金钢焊接的有关知识。要求理解热轧正火钢、低碳调质钢、中碳调质钢的焊接性及焊接工艺，了解这三类钢焊接实例的特点，通过具体的实验操作，进一步掌握低合金钢的焊接方法和操作规程。

第一节　低合金钢的焊接工艺

一、低合金钢的分类

低合金钢是在碳素钢（非合金钢）中添加总的质量分数不超过 5% 的各种合金化元素，以提高钢的强度、塑性、韧性、耐蚀性、耐热性或其他特殊性能的钢材。这些钢种已广泛地用于船舶、桥梁、锅炉、压力容器、管道、常规和核能动力设备、各种车辆、重型机械、海洋设备、建筑和高层建筑中，目前已成为大型焊接结构中最主要的结构材料。

1. 强度用钢

强度用钢主要是指用来制作焊接结构的低合金高强度结构钢，简称高强度钢。低合金高强度结构钢的化学成分和力学性能在国家最新标准 GB/T 1591—1994 有明确规定，新标准对钢的牌号、质量等级作了新的规定，新旧标准钢牌号的对照见表 10-1。

表 10-1　新旧低合金高强度结构钢牌号对照

GB/T 1591—1994	GB/T 1591—1988
Q295	09MnV,09MnNb,09Mn2,12Mn
Q345	12MnV,14MnNb,16Mn,18Nb,16MnRE
Q390	15MnTi,16MnNb,10MnPNbRE,15MnV
Q420	15MnVN,14MnVTiRE
Q460	

低合金高强度钢的含碳量（质量分数）一般控制在 0.20% 以下，通过添加适量的合金元素 Mn、Mo 等以及微合金化元素 V、Nb、Ti、Al 等，提高钢的强度和韧性。与含碳量相同的碳钢（非合金钢）相比，具有较高的强度、塑性、韧性、较好的耐蚀性、较低的韧脆转变温度和良好的焊接性能。

通常根据钢材的屈服强度及供货时的热处理状态，将低合金高强度钢分为在热轧、正火状态供货并使用、屈服强度 σ_s 为 295～490MPa 的热轧及正火钢，在调质状态下供货和使用、σ_s 为 490～980MPa 的低碳调质钢以及含碳量较高（含碳量为 0.25%～0.50%）、σ_s 为 880～1176MPa 的中碳调质钢。

2. 特殊用钢

特殊用钢又称专业用钢，是专用于某些特殊工作条件下的钢种的总称，按照不同的用途，分类很多，常用于焊接结构制造的有珠光体耐热钢、低温用钢、低合金耐蚀钢等。

珠光体耐热钢主要用于制造工作温度在 500～600℃ 范围内的设备，具有较好的高温强度和抗氧化能力。珠光体耐热钢的合金系统以 Cr、Mo 为基础，适当加入 V、W、Nb、B 等元素。根据化学成分和使用要求，可以进行包括调质处理的各种热处理，焊后一般进行高温回火。

低温用钢主要用于制造在 $-20\sim-196\,^{\circ}\mathrm{C}$ 低温下工作的设备，其韧脆转变温度低，具有好的低温韧性。目前应用最多的是低碳的含镍钢，材料选用的主要依据是产品在工作温度下要求的韧度指标。随着各种液化气体（液氧、液氮等）的开发和应用，对低温用钢的需求量日益扩大。

低合金耐蚀钢主要用于制造在大气、海水、石油、化工产品等腐蚀介质中工作的各种设备，除要求钢材具有合格的力学性能外，还应对相应的介质有耐蚀能力。耐蚀钢的合金系统随工作介质与腐蚀形式的不同而变化。应用低合金耐蚀钢，可以有效地减少因海水、大气等介质的腐蚀而消耗的钢材，具有重大的经济意义。

二、焊接工艺

（一）热轧及正火钢的焊接工艺

热轧及正火钢属于非热处理强化钢，其冶炼工艺简单，价格较低，综合力学性能良好，具有优良的焊接性，应用广泛。但是受其强化方式的限制，这类钢只有通过热处理强化，才能在保证综合力学性能的基础上进一步提高强度。

热轧及正火钢包括热轧钢及正火钢。正火钢中的含钼钢需在正火＋回火条件下才能保证良好的塑性和韧性。因此，正火钢又可分为正火状态下使用和正火＋回火状态下使用的两类。

1. 热轧及正火钢的成分和性能

（1）热轧钢 屈服强度 σ_s 为 $295\sim390\mathrm{MPa}$ 的低合金钢，多属于热轧钢。热轧钢的合金系统基本上为 C-Mn 或 C-Mn-Si 系，主要靠 Mn、Si 的固溶强化作用获得高强度。在低碳条件下，锰含量 $\leqslant1.6\%$，硅含量 $\leqslant0.6\%$ 时，可以保持较高的塑性和韧性，超出后则明显恶化。因此，合金元素的用量与钢的强度水平都受到限制。热轧钢的综合力学性能和加工工艺性能都较好，而且原材料资源丰富，冶炼工艺简单，因而在国内外都得到普遍应用。

热轧钢的组织为铁素体＋珠光体。当板厚较大时，可以要求在正火条件下供货，经正火处理可使钢的化学成分均匀化，塑性、韧性提高，但强度略有下降。

（2）正火状态下使用的钢 属于这类钢的钢种有 Q420 等。Q420 的化学成分与 Q390 相比，锰和铬含量的上限值略有提高。为了保证碳化物充分析出，需要进行正火处理。由于碳化物质点的沉淀强化与细化晶粒作用，在提高强度的同时还能改善韧性。此外，碳化物的析出降低了固溶在基体中的碳，使淬透性下降，焊接性也有所改善。

（3）正火＋回火状态使用的钢 这类钢中一般加入了 Mo，含量为 0.5%，Mo 可以提高强度，细化组织，并提高钢的中温耐热性能。但含 Mo 钢在正火后往往得到上贝氏体＋少量铁素体，韧性和塑性指标不高，必须在正火后进行回火才能获得良好的塑性和韧性。大多数含 Mo 的低合金钢在 Mn-Mo 系的基础上填加 Ni 或 Nb，Ni 可提高厚板的低温韧性，如 13MnNiMoNb 钢。而在 Mn-Mo 系中加入少量的 Nb，可以进一步提高钢的强度，如 18MnMoNb 钢的 $\sigma_s\geqslant490\mathrm{MPa}$。

2. 热轧及正火钢的焊接性

热轧及正火钢属于非热处理强化钢，碳及合金元素的含量都比较低，总体来看焊接性较好。但随着合金元素的增加和强度的提高，焊接性也会变差，使热影响区母材性能下降，产生焊接裂纹。热轧及正火钢焊接缺陷及防止措施见表 10-2。

表 10-2　热轧及正火钢的焊接缺陷及防止措施

缺陷	产　生　原　因	防　止　措　施
焊缝中的结晶裂纹	母材成分不适当,碳与硫同时居上限或存在严重偏析	应在提高焊缝含锰量的同时降低碳、硫的含量。如选用脱硫能力较强的低氢型焊条,埋弧焊时用超低碳焊丝配合高锰高硅焊剂,并从工艺上降低熔合比
冷裂纹	由于加入了一定的合金元素,淬硬倾向较低碳钢增大。冷却速度较高时,更易发生	采用控制焊接线能量、降低含氢量、预热和及时后热等措施
热裂纹	一般热裂纹倾向较小。有时产生,与热轧及正火钢中的碳、硫、磷等含量偏高有关	减少母材在焊缝中的熔合比,增大焊缝形状系数(即焊缝宽度与厚度之比)
层状撕裂	与钢的冶炼质量、板厚、接头形式和钢板厚度方向承受的拉伸应力有关	合理选择层状撕裂敏感性小的钢材;改善接头形式以减轻钢板 Z 向所承受的应力应变;在满足产品的使用要求的前提下,选用强度级别较低的焊接材料或预堆焊低强焊缝;采用预热及降氢等措施
粗晶区脆化	对热轧钢焊接时,因焊接线能量过大或过小,会出现晶粒长大或魏氏组织或组织中马氏体比例的增大而降低韧性 对正火钢采用过大的焊接线能量焊接时,会导致粗晶区韧性降低和时效敏感性的增大	对于含碳量比较少的热轧钢,可以选用比较小的焊接线能量,而对含碳量偏高的热轧钢,焊接线能量要选得适中。对于含有碳、氮化物形成元素的钢,宜选用较小的线能量,在钢材冶炼时加入微量的 Ti(约0.029%),也可以改善粗晶区韧性,降低时效敏感性
热应变脆化	是由于氮、碳原子聚集在位错周围,对位错造成钉轧作用引起的。一般易于在 $200 \sim 400℃$ 最高加热温度范围的亚临界热影响区产生	在钢中加入氮化物形成元素,形成氮化物,降低热应变脆化倾向或采取退火处理,大幅度恢复韧性,降低热应变脆化

3. 热轧及正火钢的焊接工艺

热轧及正火钢的焊接性较好,表现在对焊接方法的适应性强,工艺措施简单,焊接缺陷敏感性低且较易防止,产品质量稳定。

(1) 焊接方法的选择　热轧及正火钢可以用各种焊接方法焊接,不同的焊接方法对产品质量无显著影响。通常根据产品的结构特点、批量、生产条件及经济效益等综合效果选择焊接方法。生产中常用的焊接方法有焊条电弧焊、埋弧焊、CO_2 气体保护电弧焊和电渣焊等。

热轧及正火钢可以用各种切割方法下料,如气割、电弧气刨、等离子弧切割等。强度级别较高的钢,虽然在热切割边缘会形成淬硬层,但在后续的焊接时可熔入焊缝而不会影响焊接质量。因此,切割前一般不需预热,割后可直接焊接而不必加工。

热轧及正火钢焊接时,对焊接质量影响最大的是焊接材料和焊接参数。

(2) 焊接材料的选用　选择焊接材料最重要的原则就是确保焊缝金属的性能,使其满足产品的技术要求,从而保证产品在服役中正常运行。

热轧及正火钢主要用于制造受力构件,要求焊接接头具有足够的强度、适当的屈强比、足够的韧性和低的时效敏感性,即具有与产品技术条件相适应的力学性能。因此,选择焊接材料时,必须保证焊缝金属的强度、塑性、韧性等力学性能指标不低于母材,同时还要满足产品的一些特殊要求如中温强度、耐大气腐蚀等,并不要求焊缝金属的合金系统或化学成分与母材相同。

　　一般来说，焊缝金属的强度是较易保证的，关键在于保证强度的同时获得良好的塑性和韧性。因此，在选择焊条时的主要依据是保证焊缝与母材的强度级别相匹配。在焊后要求进行热处理时，还应考虑热处理后焊缝金属强度可能下降的因素，在这种情况下应选用强度略高的焊接材料。特别是焊后要求进行正火处理的条件下，更需考虑热处理对焊缝强度的影响。热轧及正火钢常用焊接材料见表 10-3。

表 10-3　热轧及正火钢焊接材料选用举例

钢号	焊条型号	焊条牌号	埋弧焊		电渣焊		CO_2 气体保护焊
			焊丝	焊剂	焊丝	焊剂	
Q295	E43××型	J42×	H08，H10MnA	HJ430 SJ301			H10MnSi H08Mn2Si
Q345	E50××型	J50×	不开坡口对接： H08A 中板开坡口对接： H08MnA H10Mn2	HJ431 SJ101 SJ102	H08MnMoA	HJ431 HJ360	H08Mn2Si
			厚板深坡口对接： H10Mn2	HJ350			
Q390	E50××型 E50××-G 型	J50× J55×	不开坡口对接： H08MnA 中板开坡口对接： H10Mn2 H10MnSi	HJ431 SJ101 SJ102	H08Mn2MoVA	HJ431 HJ360	H08Mn2SiA
			厚板深坡口对接： H08MnMoA	HJ250 HJ350			
Q420	E55××型 E60××型	J55× J60×	H08MnMoA H04MnVTiA	HJ431 HJ350	H10Mn2MoVA	HJ431 HJ350	
18MnMoNb	E60××型 E70××型	J60× J707Nb	H08Mn2MoA H08Mn2MoVA	HJ431 HJ350	H08MnMoA H10Mn2MoVA	HJ431 HJ360	
X60	E4311 型	J425XG	H08Mn2MoVA	HJ431 SJ101 SJ102			

　　（3）预热温度的确定　焊前预热可以控制焊接冷却速度，减少或避免热影响区淬硬马氏体的产生，降低热影响区硬度，降低焊接应力，并有助于氢从焊接接头中逸出。但预热常常恶化劳动条件，使生产工艺复杂化，尤其是不合理的、过高的预热还会损害焊接接头的性能。因此，焊前是否需要预热及合理的预热温度，都需要认真考虑或通过试验确定。

　　预热温度受母材成分、焊件厚度与结构、焊条类型、拘束度以及环境温度等因素的影响。几种常用热轧及正火钢的预热温度和焊后热处理规范见表 10-4。

　　（4）焊接热输入的确定　热输入是指熔焊时，由焊接能源输入给单位长度焊缝上的热能。

　　选择焊接热输入及其相关参数的基本原则是，在保证质量的前提下尽可能提高生产率，降低生产成本。焊接热输入对焊接质量影响程度与被焊金属的焊接性有关，主要取决于金属在焊接参数变化时对接头的性能及裂纹率影响的程度。

表 10-4 几种热轧及正火钢的预热温度和焊后热处理规范

牌 号		预热温度	焊后热处理规范	
GB/T1591-1994	旧牌号	/℃	电弧焊	电渣焊
Q295	09Mn2 09MnNb 09MnV	不预热 (一般供应的板厚 $\delta \leqslant 16mm$)	不预热	
Q345	16Mn 14MnNb	100～150 ($\delta \geqslant 30mm$)	600～650℃退火	900～930℃正火 600～650℃回火
Q390	15MnV 15MnTi 16MnNb	100～150 ($\delta \geqslant 28mm$)	550 或 650℃退火	950～980℃正火 550 或 650℃回火
Q420	15MnVN 14MnVTiRE	100～150 ($\delta \geqslant 25mm$)		950℃正火 650℃回火
14MnMoV 18MnMoNb		$\geqslant 200$	600～650℃退火	950～980℃正火 600～650℃回火

注：不预热是指母材温度必须高于 10℃，如果低于 10℃则必须预热到 21～38℃。

随着钢的强度等级提高，对焊接热输入的限制就更加严格。对于具体产品，焊接热输入实际的可调整范围是相当窄的。有些钢种焊接时，要考虑防止过热与冷裂纹两方面的问题，这样在选择焊接热输入的同时必须配合预热或后热措施。只有各方面的措施配合得当，才能防止冷裂纹和过热脆化，使接头韧性得以保证。

（5）焊后热处理 热轧及正火钢常用的热处理制度有消除应力退火、正火或正火＋回火等。通常要求热轧及正火钢进行焊后热处理的情况较多，如母材屈服点≥490MPa，为了防止延迟裂纹，焊后要立即进行消除应力退火或消氢处理；厚壁压力容器为了防止由于焊接时在厚度方向存在温差，而形成三向应力场所导致的脆性破坏，焊后要进行消除应力退火；电渣焊接头为了细化晶粒，提高接头韧性，焊后一般要求进行正火或正火＋回火处理；对可能发生应力腐蚀开裂或要求尺寸稳定的产品，焊后要进行消除应力退火。同时焊后要进行机械加工的构件，在加工前还应进行消除应力退火。

在确定退火温度时，应注意退火温度不应超过焊前的回火温度，以保证母材的性能不发生变化。对有回火脆性的钢，应避开回火脆性的温度区间。

（二）低碳调质钢的焊接工艺

低碳调质钢，属于热处理强化钢。这类钢强度高，具有优良的塑性和韧性，可直接在调质状态下焊接，焊后不需再进行调质处理。但是，低碳调质钢生产工艺复杂，成本高，进行热加工（成形、焊接等）时对焊接参数限制比较严格。然而，随着焊接技术的发展，在焊接结构制造中，低碳调质钢越来越受到重视，具有广阔发展前景。

1. 低碳调质钢的焊接性

低碳调质钢的 σ_s 一般为 490～980MPa。由于是热处理强化钢，故加入合金元素的目的和合金系统与热轧及正火钢有较大差别，主要是为了提高钢的淬透性、抗回火性和马氏体的回火稳定性。为了保证钢的良好综合力学性能和好的焊接性，要求含碳量≤0.21%，实际一般含碳量≤0.18%。

低碳调质钢主要用于焊接结构制造，在成分设计中充分考虑了焊接性的要求，它的含碳量很低，而且对硫、磷等杂质控制严格，因而有良好的焊接性。但这类钢属于热处理强化钢，对加热反应灵敏，因此在焊接中需要采取的防止焊接缺陷及热影响区性能变化的措施，都比热轧及正火钢复杂些，具体见表 10-5。

表 10-5   低碳调质钢的焊接缺陷及防止措施

缺陷	产 生 原 因	防 止 措 施
冷裂纹	由于冷却速度较高，不能实现"自回火"，在焊接应力的作用下就很可能产生冷裂纹	高温时冷却速度较高，而在 M_s 点附近的低温冷却速度要低些
消除应力裂纹	由于成分引起的，如 Cr、Mo、V、Nb、Ti、B 等提高消除应力裂纹敏感性的元素，其中作用最大的是 V，其次是 Mo，而当二者共存时情况最严重	焊接时可通过降低退火温度、进行适当预热或后热等措施，防止消除应力裂纹
热影响区的脆化与软化	由铁素体、高碳马氏体和高碳贝氏体组成的混合组织使过热区严重脆化。软化现象主要出现在焊前调质的钢中，由于焊前回火温度过低引起的	防止脆化，关键在于避免或尽可能减少先共析铁素体的析出，选择合适的冷却速度和焊接热输入。选择合适的焊接回火温度以减小软化区，保证热影响区的强度

2. 低碳调质钢的焊接工艺

低碳调质钢是按照在调质状态下供货、使用和进行焊接而设计的，综合力学性能和焊接性都比较好。一般情况下，焊后不需进行热处理，板厚超出规定时，也只需进行消除应力退火。

低碳调质钢多用于制造重要结构，对焊接质量要求高。同时，这类钢的焊接性对成分变化与［H］都很敏感。如同一牌号钢而炉号不同时，合金成分不同，所需的预热温度不同；当［H］上升时，预热温度亦需相应提高。为了保证焊接质量，防止焊接裂纹或热影响区性能下降，从焊前准备到焊后热处理的各个环节都需进行严格控制。

（1）接头与坡口形式设计   对于 $\sigma_s \geqslant 600$ MPa 的低碳调质钢，焊缝布置与接头的应力集中程度都对接头质量有明显的影响。合理的接头设计应使应力集中系数尽可能小，且具有好的可焊到性，并便于焊后检验。为此，应避免将焊缝布置在断面突然变化的部位，并要考虑施焊方便。一般来说，对接焊缝比角焊缝更为合理，同时更便于进行射线或超声波探伤。坡口形式以 U 形或 V 形为佳，单边 V 形或 J 形坡口也可采用，但必须在工艺规程中注明要求两个坡口面必须完全焊透。为了降低焊接应力，可采用双 V 形或双 U 形坡口。

强度较高的低碳调质钢在焊缝成形不良时，在焊趾处将产生严重的应力集中。因此，无论用何种形式的接头或坡口，都必须要求焊缝与母材交界处平滑过渡。

低碳调质钢的坡口可以用气割切制，但切割边缘的硬化层，要通过加热或机械加工消除。板厚＜100mm 时，切割前不需预热；板厚≥100mm，应进行 100～150℃ 预热。强度等级较高的钢，最好用机械切割或等离子弧切割。

（2）焊接方法   为了使调质状态的钢焊后的软化降到最低程度，应采用比较集中的焊接热源。$\sigma_s < 980$ MPa 的钢，可用焊条电弧焊、埋弧焊、钨极或熔化极气体保护焊等方法焊接。其中 $\sigma_s \geqslant 686$ MPa 的钢最好用熔化极气体保护焊。σ_s 超过 980 MPa 的钢，则必须采用钨极氩弧焊或电子束焊等方法。如果由于结构形式的原因必须采用大焊接热输入的焊接方法（如多丝埋弧焊或电渣焊），焊后必须进行调质处理。

（3）焊接材料的选用   焊接材料的选用一般按等强原则。低碳调质钢在调质状态下进行焊接时，选用的焊接材料应保证焊态的焊缝金属与调质状态的母材具有相同的力学性能。在接头拘束度很大时，为了防止冷裂纹，可选用强度略低的填充金属。

焊条电弧焊可选 GB-E85 系列的焊条；埋弧焊，则用 Mn-Mo 系、Mn-Cr-Ni-Mo 系或 Mn-Mo-V 系焊丝。焊接材料选用举例见表 10-6。

表 10-6　低碳调质钢焊接材料选用举例

牌号	焊　法			
	焊条电弧焊	埋弧焊	气体保护焊	电渣焊
14MnMoVN	J707 J857	H08Mn2MoA、 H08Mn2NiMoVA 配合 HJ350； H08Mn2NiMoA 配合 HJ250	H08Mn2Si H08Mn2Mo	
14MnMoNbB	J857	H08Mn2MoA H08Mn2NiCrMoA HJ350		H10Mn2MoA H08Mn2Ni2CrMoA 配合 HJ360、 HJ431
WCF-62	新 607CF CHE62CF(L)		H08MnSiMo Mn-Ni-Mo 系	
HQ70A HQ70B	E7015		H08Mn2NiMo Mn2-Ni2-Cr-Mo 保护气体：CO_2 或 Ar+20%CO_2	

焊接低碳调质钢时，氢的危害更加突出，必须严加控制。随着母材强度的提高，焊条药皮中允许的含水量降低。如焊接 $\sigma_b \geqslant 850MPa$ 的钢所用的焊条，药皮中允许的含水量 $\leqslant 0.2\%$；而焊接 $\sigma_b \geqslant 980MPa$ 的钢，规定含水量 $\leqslant 0.1\%$。因此，一般低氢型焊条在焊前必须按规定进行烘焙，烘干后放置在保温筒内。耐吸潮低氢型焊条在烘焙后，可在相对湿度 80% 的环境中放置 24h 以内，药皮含水量不会超过规定标准。

(4) 焊接热输入的确定　热处理强化钢可以通过不同的热处理制度在较大范围内调整力学性能，但在焊接时，焊接参数的变化也同样会使接头性能发生较大变化。因此，低碳调质钢焊接时，焊接热输入选用合理与否，对接头性能有明显的影响。为了防止热影响区脆化和产生冷裂纹，所选焊接热输入应保证冷却速度在最佳范围内。但在实际生产中（如母材较厚），即使采用了可用的最大焊接热输入（这个值往往受焊接方法的限制），冷却速度仍可能超过最佳冷却速度范围的上限，这时就要通过预热来调整 M_s 点附近的冷却速度。实际生产中，首先通过试验确定所焊钢材保证韧性的最大焊接热输入，然后根据用此焊接热输入焊接时的冷裂倾向确定是否需要预热。

(5) 预热温度　预热的目的主要是防止冷裂，对改善组织没有明显作用。为了防止高温时冷却速度过低而产生脆性组织，预热温度不宜过高，一般不超过 200℃。预热温度过高，将使韧性下降。一些低碳调质钢的预热温度见表 10-7。

实践证明，低碳调质钢焊后没有必要进行消除应力处理。如果在 510～690℃ 范围进行退火处理，反而使缺口韧性恶化。此外，低碳调质钢中的有些钢种对消除应力裂纹比较敏感，因此，只有钢材在焊后或冷变形加工后韧性达不到要求、结构要求保持尺寸稳定、钢材对应力腐蚀敏感、工作介质又有导致应力腐蚀开裂的可能等情况下才进行消除应力退火处理。为了保证退火后的强度和韧性，消除应力处理的温度应低于母材焊前回火温度 30℃ 左右。

表 10-7　低碳调质钢预热温度举例

牌　号	预 热 温 度	备　注
14MnMoVN	$\delta \leqslant 22mm, 100 \sim 150℃$; $\delta > 22mm, 150 \sim 200℃$	$\delta < 13mm$ 可不预热, 最高预热温度 $\leqslant 250℃$
14MnMoNbB	$\delta \leqslant 20mm, 150 \sim 200℃$; $\delta > 20mm, 200 \sim 250℃$	最高预热温度 $\leqslant 300℃$
WCF62	可不预热	母材 CE 偏高时, 预热 50℃
HQ80C	140℃	当拘束度较小时可适当降低

注: 层间温度与预热温度相同。

（三）中碳调质钢的焊接工艺

中碳调质钢也是热处理强化钢, 虽然其较高的含碳量可以有效提高调质处理后的强度, 但塑性、韧性相应下降, 焊接性能变差, 所以这类钢需要在退火状态下焊接, 焊后还要进行调质处理。为保证钢的淬透性和防止回火脆性, 这类钢含有较多的合金元素。

中碳调质钢在调质状态下具有良好的综合性能, 常用于制造大型齿轮、重型工程机械的零部件、飞机起落架及火箭发动机外壳等。

1. 中碳调质钢的焊接性

中碳调质钢都是在淬火＋回火调质状态下使用, 淬火后得到马氏体组织, 经过不同温度的回火后, 得到回火索氏体或回火马氏体。与低碳调质钢的区别是由于含碳量提高, 马氏体的形态由板条状转变为片状, 属于硬脆组织。

这类钢的纯度对焊接性有极明显的影响。硫会增加焊缝金属的结晶裂纹敏感性, 磷使金属的塑性、韧性降低, 导致焊缝和热影响区金属的冷裂纹敏感性增大。具体焊接缺陷及防止措施见表 10-8。

表 10-8　中碳调质钢的焊接缺陷及防止措施

缺　陷	产 生 原 因	防 止 措 施
热影响区的脆化和软化	含碳量高、合金元素多, 钢的淬硬倾向大, 导致严重脆化。软化的程度与钢的强度和焊接热输入有关	采取预热、深冷和适当加大焊接热输入以防止脆化。采用集中的焊接热源, 焊后进行调质处理防止软化
冷裂纹	由于出现硬脆的马氏体组织引起的	尽量降低焊接接头的含氢量, 并采用焊前预热和焊后及时热处理
热裂纹	由于碳和合金元素含量高, 偏析倾向大引起的	采用低碳焊丝, 严格控制母材及焊丝中的硫、磷含量。对于重要产品的钢材和焊丝, 要求采用真空熔炼或电渣精练, 在焊接时注意填满弧坑
应力腐蚀开裂	常发生在水或高温空气等弱腐蚀介质中	采用热量集中的焊接方法和小的焊接线能量, 注意避免焊件表面的焊接缺陷和划伤

2. 中碳调质钢的焊接工艺

由于中碳调质钢的焊接性较差, 对冷裂纹很敏感, 热影响区的性能也难以保证。因此, 只有在退火（正火）状态下进行焊接, 焊后整体结构进行淬火＋回火处理, 才能比较全面地保证焊接接头的性能与母材相匹配。中碳调质钢主要用于要求高强度而对塑性要求不太高的场合, 在焊接结构制造中应用范围远不如热轧及正火钢或低碳调质钢那样广泛。

（1）中碳调质钢在退火状态下的焊接工艺要点　为了保证焊缝与母材在相同的热处理条件下获得相同的性能, 焊接材料应保证熔敷金属的成分与母材基本相同。同时, 为了防止焊缝产生裂纹，还应对杂质和促进金属脆化元素（如 S、P、C、Si 等）更加严格限制。对淬硬倾向特别大的材料，为了防止裂纹或脆断，必要时采用低强度填充金属，如可用 H08CrMoA 焊接 32SiMnMoV 钢，常用焊接材料见表 10-9。

表 10-9　中碳调质钢焊接材料举例

牌号	焊条电弧焊	气体保护焊		埋弧焊		备注
		CO₂ 焊焊丝	氩弧焊焊丝	焊丝	焊剂	
30CrMnSi-Ni2A	HT-3(H18CrMoA 焊芯) HT-4(HGH41 焊芯) HT-4(HGH30 焊芯)		H18CrMoA	H18CrMoA	HJ350-1 HJ260	HJ350-1 为 80%～82% 的 HJ350 与 18%～20% 粘接焊剂 1 号的混合物
30CrMnSiA	E8515-G E10015-G HT-1(H08A 焊芯) HT-1(H08CrMoA 焊芯) HT-3(H08A 焊芯) HT-3(H08CrMoA 焊芯) HT-4(HGH41 焊芯) HT-4(HGH30 焊芯)	H08Mn2SiMoA H08Mn2SiA	H18CrMoA	H20CrMoA H18CrMoA	HJ431 HJ431 HJ260	HT 型焊条为航空用牌号，HT-4（HGH41）和 HT-4（HGH30）为用于调质状态下焊接的镍基合金焊条
40CrMnSi-MoVA	J107-Cr HT-3(H18CrMoA 焊芯) HT-2(H18CrMoA 焊芯)					
35CrMoA	J107-Cr		H20CrMoA	H20CrMoA	HJ260	
35CrMoVA	E5515-B2-VNb E8815-G J107-Cr		H20CrMoA			
34CrNi3MoA	E8515-G E11MoVNb-15		H20Cr3MoNiA			

在焊接方法选用上，由于不强调焊接热输入对接头性能的影响，因而基本上不受限制。采用较大的焊接热输入并适当提高预热温度，可以有效地防止冷裂。一般预热温度及层间温度可控制在 250～300℃ 之间。

为了防止延迟裂纹，焊后要及时进行热处理。若及时进行调质处理有困难时，可进行中间退火或在高于预热的温度下保温一段时间，以排除扩散氢并软化热影响区组织。中间退火还有消除应力的作用。对结构复杂、焊缝较多的产品，为了防止由于焊接时间过长而在中间发生裂纹，可在焊完一定数量的焊缝后，进行一次中间退火。

Cr-Mn-Si 钢具有回火脆性，这类钢焊后回火温度应避开回火脆性的温度范围（250～400℃），一般采用淬火＋高温回火，并在回火时注意快冷，以避免第二类回火脆性。在强度要求较高时，可进行淬火＋低温回火处理。

（2）中碳调质钢在调质状态下的焊接工艺要点　在调质状态下焊接，要全面保证焊接质量比较困难，而同时解决冷裂纹、热影响区脆化及软化三方面的问题，所采用的工艺措施相互间有较大矛盾。因此，只有在保证不产生裂纹的前提下尽量保证接头的性能。

一般采用热量集中、能量密度高的焊接热源，在保证焊透的条件下尽量用小焊接热输入，以减小热影响区的软化，如选用氩弧焊或等离子弧焊、电子束焊效果较好。预热温度、层间温度及焊后回火温度均应低于焊前回火温度 50℃ 以上。同时为了防止冷裂纹，可以用奥氏体不锈钢焊条或镍基焊条。

第二节 低合金钢焊接实例

实例一：14MnNbq 正火钢箱形梁的焊接

14MnNbq 是国产的屈服强度 345MPa 级 Nb 微合金化低合金桥梁用正火钢，钢板厚度 16~50mm。正火状态下，该钢材具有优良的低温冲击韧度。$\delta=50mm$ 厚板抗层状撕裂性能良好。焊接性研究表明，该钢材采用小热输入焊接时，焊接热影响区会产生淬硬组织，具有一定的冷裂敏感性，而采用较大热输入焊接时，热影响区的粗晶区有过热脆化倾向。14MnNbq 的焊接质量，弦杆箱形梁是桥梁上的一个重要受力部件，箱形梁由对接、角接及棱角接头焊成，如图 10-1 所示。根据箱形梁的具体结构形式，为了全面满足各种焊接接头力学性能要求，分别采用不同的焊接材料与焊接工艺进行焊接。具体工艺如下。

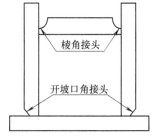

图 10-1 箱形梁结构示意图

1. 手工定位焊焊接工艺

焊接材料：E5015、$\phi4.0mm$、350~400℃、保温烘干 1h 后存放于保温筒中，2h 内使用。

施焊环境：温度>5℃，湿度<80%。

预热温度：16~24mm，不预热；32~40mm，预热≥60℃；44~50mm，预热≥80℃。

焊接参数：焊接电流 160~200A；电弧电压 23~26V。

2. 对接接头埋弧焊焊接工艺

坡口形式：$\delta\leq24mm$，采用 X 形坡口，76°；$\delta\geq32mm$，采用双 U 形坡口，根部 R8。

焊接材料：焊丝 H08Mn2E，焊剂 SJ101，使用前进行 350℃ 保温 2h 烘干。

预热及道间温度：不预热，焊道间温度不超过 200℃。

焊接参数：$\phi1.6$ 焊丝，320~360A、32~36V、21.5~25m/h；$\phi5.0$ 焊丝，660~700A、32V、21.5m/h。

焊丝伸出长度：$\phi1.6$ 焊丝，20~25mm；$\phi5.0$ 焊丝，35~40mm。

第 1 道焊接时，背面用焊剂衬垫；翻身焊时，背面清根，翻身焊焊接方向与第 1 道焊接方向相反。

3. 开坡口角接头埋弧焊焊接工艺

坡口形式：竖板开 45°V 形坡口。

施焊位置：船型位置焊接（水平板与水平面夹角 67.5°）。

焊接材料：焊丝 H08MnE，焊剂 SJ101，使用前进行 350℃ 保温 2h 烘干。

预热及道间温度：打底焊预热温度≥50℃，焊道间温度不超过 200℃。

焊接参数：打底焊道采用 $\phi1.6$ 焊丝、240~260A、22~24V、21.5m/h；其他焊道采用 $\phi5.0$ 焊丝、680~700A、30~32V、18m/h。

焊丝伸出长度：$\phi1.6$ 焊丝，20~25mm；$\phi5.0$ 焊丝，35~40mm。

4. 棱角接头埋弧焊焊接工艺

坡口形式：水平板开半 U 形坡口，根部 R10。

施焊位置：平焊（焊丝与竖板之间的夹角保持在 25°左右）。

焊接材料：焊丝 H08Mn2E，焊剂 SJ101，使用前进行 350℃保温 2h 烘干。

预热及道间温度：打底焊预热温度≥50℃，焊道间温度不超过 200℃。

焊接参数：打底焊道采用 φ1.6 焊丝、240～260A、22～24V、21.5m/h；其他焊道采用 φ5.0 焊丝、680～700A、30～32V、18m/h。

焊丝伸出长度：φ1.6 焊丝，20～25mm；φ5.0 焊丝，35～40mm。

实例二：40t 汽车起重机 HQ80C 钢活动支腿的焊接

汽车起重机的活动支腿是汽车起重机的重要受力部件，承受汽车起重机的自重和起重量，受力复杂。某厂采用 HQ80C 钢和 HS-80A（H08MnNi2MoA）焊丝、富氩混合气体保护焊，成功地焊接制造了 40t 汽车起重机的活动支腿。图 10-2 为 40t 汽车起重机的活动支腿结构，具体焊接工艺见表 10-10。

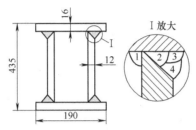

图 10-2　40t 汽车起重机的活动支腿结构

表 10-10　40t 汽车起重机的 HQ80C 钢活动支腿焊接工艺

焊前处理	组装前经抛丸处理,去除钢板面的氧化皮、油污及其他杂物			
接头形式	棱角接头			
焊缝形式	熔透焊缝			
焊接位置	平焊			
焊道数	四道			
焊接顺序	先焊 4 条内角缝,从外部清根至露出内角缝焊肉,再焊外角各焊缝			
焊丝摆动	施焊时焊丝不作横向摆动,焊道宽 8～12mm,焊缝高 4～6mm			
预热及道间温度	100～125℃,预热火焰头距板面不小于 50mm			
焊丝	HS-80A(H08MnNi2MoA),φ1.2mm			
保护气体	Ar+CO₂20%(体积分数),严格控制 CO₂ 气体中的水分			
气体流量	10～15L/min			
焊接电流	打底内角焊缝	120～150A	填充和盖面焊缝	270～300A
电弧电压		18～22V		22～29V
热输入		约 1.0kJ/mm		约 1.5kJ/mm
焊后修磨	每一道焊缝清理干净后,方可施焊下一焊道。焊后必须用砂轮修磨焊缝,去除焊接飞溅及不允许存在的外观缺陷			
其他	严禁在非焊接区打火引弧			

实例三：30CrMo 及 35CrMo 钢的焊接

30CrMo 及 35CrMo 钢是最常用的中碳调质钢，在热处理状态下，具有高强度和较好的焊接性。因此，当构件的刚度不太大，采用熔化极气体保护焊时，无须采用预热及消除应力热处理,即可得到满意的焊接接头。35CrMo 钢组合齿轮结构如图 10-3 所示。35CrMo 钢组合齿轮的精加工焊接工艺见表 10-11。

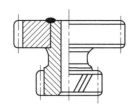

图 10-3　35CrMo 钢组合齿轮结构

表 10-11　35CrMo 钢组合齿轮的精加工焊接工艺

焊接方法	实芯焊丝熔化极气体保护焊	焊接方法	实芯焊丝熔化极气体保护焊
接头形式	对接	保护气体	CO_2
焊接位置	平焊	焊丝	H08Mn2SiA,ϕ0.8mm
预热	无	焊接电流	95～100A
焊后热处理	无	电弧电压	21～22V
夹具	特制以实现自动焊	焊接速度	7～8mm/s

实践训练　低合金钢的焊接

一、实验目的

① 通过对低合金钢材料的焊接,进一步了解低合金钢的焊接特点。

② 理解低合金钢的焊接方法和操作规程。

③ 掌握"小铁研"抗裂试验方法,会分析低合金钢的焊接性,提出裂纹产生的原因及防止措施。

二、实验设备及其他

设备:交流焊机、逆变交流焊机各一台,烘箱两台。

试件:板厚 20～30mm 试板四副,其中 16Mn 钢一副,15MnV 三副。

电焊条:E5015,ϕ4.0mm;E5515,ϕ4.0mm。

三、实验步骤

① 16Mn 钢在常温下的焊接。

② 15MnV 钢在常温下的焊接。

③ 15MnV 钢在 150℃的焊接。

④ 试件冷裂纹分析。

四、注意事项

① 试件的形状及层次、试验焊缝的要求、焊接工艺等均严格按照 GB 4675.1—1984《斜 Y 形坡口焊接裂纹试验方法》中的规定选取。

② 试件严格进行焊前清理,焊条使用前要烘干。

③ 试验前,先焊拘束焊缝,采用双面焊,防止角变形及未焊透。

④ 检查有无裂纹。若有,根据有关公式计算表面裂纹率、断面裂纹率和根部裂纹率。

⑤ 认真检查焊机是否运行正常,焊接时注意安全保护。

章 节 小 结

1. 低合金钢的分类及其特点。

低合金钢是在碳素钢（非合金钢）中添加总的质量分数不超过 5% 的各种合金化元素，以提高钢的强度、塑性、韧性、耐蚀性、耐热性或其他特殊性能的钢材。低合金钢可分为强度用钢、特殊用钢。强度用钢根据其屈服强度及供货时的热处理状态，将低合金高强度钢分为热轧及正火钢、低碳调质钢、中碳调质钢。特殊用钢是专用于某些特殊工作条件下的钢种的总称，按不同用途分类很多，常用于焊接结构制造的有珠光体耐热钢、低温用钢、低合金耐蚀钢等。

2. 热轧及正火钢的焊接性及焊接工艺。

热轧及正火钢总体来看焊接性较好。但随着合金元素的增加和强度的提高，焊接性也会变差，使热影响区母材性能下降，产生焊接裂纹。热轧及正火钢对焊接方法的适应性强，工艺措施简单，焊接缺陷敏感性低且较易防止，产品质量稳定。

3. 低碳调质钢的焊接性及焊接工艺。

低碳调质钢具有优良的塑性和韧性，可直接在调质状态下焊接，焊后不需再进行调质处理。低碳调质钢生产工艺复杂，成本高，进行热加工（成形、焊接等）时对焊接参数限制比较严格。

4. 中碳调质钢的焊接性及焊接工艺。

中碳调质钢的纯度对焊接性有极明显的影响。硫会增加焊缝金属的结晶裂纹敏感性，磷使金属的塑性、韧性降低，导致焊缝和热影响区金属的冷裂纹敏感性增大。

思 考 题

1. 低合金结构钢是如何分类的？其焊接性如何？

2. 与低碳钢相比，低合金钢在焊接时，主要出现的问题是什么？是什么原因造成的？

3. 某厂用德国进口的 BHW-38 钢（相当于我国的 20MnCrNiMoV 钢）制造锅炉筒体时，在焊后进行消除应力的回火处理过程中，焊接处产生了消除应力裂纹，试分析其原因。

4. 低合金钢粗晶过热组织易产生淬硬组织导致脆化，如何调整焊接参数加以防止？

5. 为什么低碳调质钢在调质后进行焊接可以保证焊接质量，而中碳调质钢一般要求焊后进行调质处理？

6. 某厂生产 16MnR 钢的薄板结构（约 6mm），按规定应采用 E5015、E5016 焊条，但当时只有 E4303 焊条，试考虑能否应用。

7. 低碳调质钢选择焊接热输入的原则是什么？什么情况下采取预热措施？

8. 简述中碳调质钢的焊接性及焊接工艺要点。

第十一章 不锈钢的焊接

【学习指南】 本章重点学习不锈钢焊接的有关知识。要求了解不锈钢耐蚀性及发生晶间腐蚀现象的机理及防止措施，了解几种常见不锈钢如奥氏体不锈钢、马氏体不锈钢及铁素体不锈钢的焊接工艺，通过不锈钢的焊接实例，进一步理解不锈钢的焊接特点。可选做不锈钢接头的耐腐蚀性实验。

第一节 不锈钢的焊接工艺

不锈钢是指主加元素铬含量使钢处于钝化状态而能抵抗大气腐蚀、具有良好的化学稳定性的钢。为此，不锈钢含铬量高于 12%。此时钢的表面能迅速形成致密的 Cr_2O_3 氧化膜，使钢的电极电位和在氧化性介质中的耐蚀性发生突变性提高。除了 Cr 外，不锈钢中还需加入能使钢钝化的 Ni、Mo、Mn 等其他元素，以改善不锈钢的组织和性能，使其具有良好的耐腐蚀性、耐热性能、加工工艺性以及较理想的力学性能。

不锈钢分类方法有几种，按主要化学组成分为铬不锈钢、铬镍不锈钢和铬锰氮不锈钢；按金相组织不同，可分为五类即铁素体（F）不锈钢、马氏体（M）不锈钢、奥氏体（A）不锈钢、奥铁双相（A-F）不锈钢和沉淀硬化（PH）不锈钢。这几类不锈钢的成分关系如图 11-1 所示。

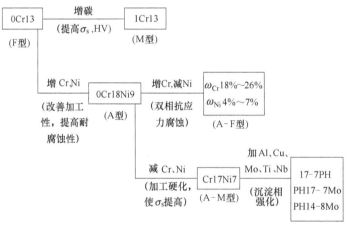

图 11-1 不锈钢的类别

不锈钢的重要特性之一是耐蚀性，然而不锈钢的不锈性和耐蚀性是相对的、有条件的，受到诸多因素的影响，包括介质种类、浓度、纯净度、流动状态、使用环境中的温度、压力等，目前还没有对任何腐蚀环境都具有耐蚀性的不锈钢。因此不锈钢的选用要根据具体的使用条件合理选择，才能获得良好的使用效果。

一、不锈钢的性能

1. 不锈钢的物理性能

对不锈钢的焊接性影响较大的物理性能有线膨胀系数（α）、热导率（λ）、电阻率（ρ）等。一般而言，合金元素越多，导热性越差，线膨胀系数和电阻率越大。由于奥氏体不锈钢的热导率低而热膨胀系数大，焊接变形就会比较严重，因此在焊接过程中需要适当加以控制，一般采用较低的焊接热输入量。

不锈钢的物理性能对其焊接时的熔合比影响也很大。热导率小的材料，在同样的焊接条件下比热导率大的材料的熔合比要大。

2. 不锈钢的力学性能

马氏体不锈钢在退火状态下，硬度最低，所以一般在淬火＋回火状态下使用，这时的马氏体不锈钢具有高的强度和好的耐蚀性。铁素体不锈钢在常温下冲击韧度低，当在高温长时间加热时，力学性能将进一步恶化，可能导致 475℃脆化、σ 脆性或晶粒粗大等。奥氏体不锈钢在常温下屈强比低（40%～50%），而伸长率、断面收缩率和冲击吸收功很高，并具有高的冷加工硬化性。某些奥氏体不锈钢经高温加热后，会产生 σ 相和晶界析出碳化铬引起的脆化现象。在低温下，铁素体和马氏体不锈钢的冲击吸收功很低，而奥氏体不锈钢则有良好的低温韧性。对含有百分之几铁素体的奥氏体不锈钢，更要注意低温下塑性和韧性降低的问题。

3. 不锈钢的耐腐蚀性能

金属受环境介质的化学及电化学作用而引起的破坏现象称为金属的腐蚀。

不锈钢的主要腐蚀形式有均匀腐蚀（表面腐蚀）和局部腐蚀，局部腐蚀包括晶间腐蚀、点腐蚀、缝隙腐蚀和应力腐蚀等。在不锈钢腐蚀破坏事故中，局部腐蚀是相当严重的，由局部腐蚀引起的事故高达 90%。不锈钢腐蚀的类型及特点见表 11-1。

表 11-1　不锈钢腐蚀的类型及特点

腐蚀类型	腐蚀特点及产生原因	防止措施
均匀腐蚀	指接触介质的金属表面全部产生腐蚀的现象	添加或提高含铬量，以使其对氧化酸、大气均有较好的耐蚀性能；添加镍或钼、铜之类的元素，具有较高的耐还原性酸腐蚀的性能
晶间腐蚀	由碳化铬析出、σ 相析出、晶界吸附、稳定化元素高温溶解引起的	采用超低碳或加 Ti、Nb 等，固溶处理（1010～1120℃），调整相比例，采用稳定化处理使晶内铬扩散均匀化以消除局部贫铬现象
点蚀	是指在金属材料表面产生的尺寸约小于 1.0mm 的穿孔性或蚀坑性的腐蚀。点蚀的形成主要是由于材料表面钝化膜的局部破坏所引起的	降低碳含量，增加铬和钼以及镍含量等都能提高抗点蚀能力
缝隙腐蚀	是金属构件缝隙处发生的斑点状或溃疡形蚀坑。常发生在垫圈、铆接、螺钉连接缝、搭接的焊接接头、阀座、堆积的金属片间等处。主要是由缝隙内介质与外部介质的电化学不均匀性引起的	适当增加铬、钼含量可以改善抗缝隙腐蚀的能力。实际上只有采用钛、高钼镍基合金和铜合金等才能有效地防止缝隙腐蚀的发生，改善运行条件和结构形式也是防止缝隙腐蚀的重要措施
应力腐蚀断裂（SCC）	是指在静拉伸应力与电化学介质共同作用下，因阳极溶解过程引起的断裂。应力腐蚀的最大特点之一是腐蚀介质与材料的组合上有选择性，如结构中缝隙以及流动性不良等引起介质浓缩、加工过程中的残余应力（其中最主要的是焊接残余应力，其次是其他冷加工和热加工的残余内应力）、晶界上的合金元素偏析。在特定组合以外的条件下不产生应力腐蚀	消除残余应力是防止应力腐蚀最有效措施之一，另外提高奥氏体形成元素如 Ni 和 C，能提高奥氏体不锈钢应力腐蚀能力

二、焊接工艺

对于不同类型的不锈钢由于其组织与性能存在较大的差异，焊接性也各不相同。要根据不锈钢母材的焊接性以及对焊接接头力学性能、耐腐蚀性能的综合要求来确定焊接方法。各种焊接方法焊接不锈钢的适用性见表 11-2。

表 11-2　各种焊接方法焊接不锈钢的适用性

焊接方法	母材			板厚/mm	说　明
	马氏体型	铁素体型	奥氏体型		
焊条电弧焊	适用	较适用	适用	＞1.5	薄板焊条电弧焊不易焊透,焊缝余高大
手工钨极氩弧焊	较适用	适用	适用	0.5～3.0	厚度大于 3mm 时,可采用多层焊工艺,但焊接效率低
自动钨极氩弧焊	较适用	适用	适用	0.5～3.0	厚度大于 4mm 时,采用多层焊;小于 0.5mm 时,操作要求严格
脉冲钨极氩弧焊	应用较少	较适用	适用	0.5～3.0	热输入低,焊接参数调节范围广
				＜0.5	卷边接头
熔化极氩弧焊	较适用	较适用	适用	3.0～8.0	开坡口,单面焊双面成形
				＞8.0	开坡口,多层多焊道
脉冲熔化极氩弧焊	较适用	适用	适用	＞2.0	热输入低,焊接参数调节范围广
等离子焊	较适用	较适用	适用	3.0～8.0	采用"小孔法"焊接工艺,开 I 形坡口,单面焊双面成形
				≤3.0	采用"熔透法"焊接工艺
微束等离子焊	应用较少	较适用	适用	＜0.5	卷边接头
埋弧焊	应用较少	应用较少	适用	＞6.0	效率高,劳动条件好,但焊缝冷却速度缓慢
电子束焊	应用较少	应用较少	适用		焊接效率高
激光焊	应用较少	应用较少	适用		
电阻焊	应用较少	应用较少	适用	＜3.0	薄板焊接,焊接效率较高
钎焊	较适用	应用较少	适用		薄板连接

（一）奥氏体不锈钢的焊接工艺

1. 奥氏体不锈钢的焊接性

奥氏体不锈钢以 Cr18Ni9 铁基合金为基础,在此基础上,随着不同的用途,发展成不同的系列,其中以高 Cr-Ni 型不锈钢最为普遍。另外还有目前广泛开发应用的超级奥氏体不锈钢,这类钢的化学成分介于普通奥氏体不锈钢与镍基合金之间,含有较高的 Mo、N、Cu 等合金化元素,以提高奥氏体组织的稳定性、耐腐蚀性,特别是提高抗 Cl^- 应力腐蚀破坏的性能,该类钢的组织为典型的纯奥氏体,目前国内还未形成此类钢的标准,但已在造纸机器、化工设备制造中有实际应用。奥氏体不锈钢的焊接方法及其适用性见表 11-3。

2. 有关焊接工艺

对奥氏体钢结构,多数情况下都有耐热和耐蚀性的要求。因此,为了保证焊接接头的质

表 11-3　奥氏体不锈钢的焊接方法及其适用性

焊接方法	奥氏体钢	适用板厚/mm	焊接特点	焊接材料的选择
焊条电弧焊	适用	>1.5	热影响区小,易于保证焊接质量,适应各种焊接位置与不同板厚工艺要求。但合金过渡系数低,焊接时会使锰、硼或铝等元素烧损,易夹渣,更换焊条而焊接中断时,易引起焊接参数的波动,从而影响焊接质量 为了减小焊接变形,奥氏体不锈钢手工电弧焊的坡口倾角和底部角度可相应小些 奥氏体不锈钢焊接一般不需预热和后热,应控制低的层间温度以防止热影响区晶粒长大及碳化物析出。与腐蚀介质接触的焊层应考虑最后施焊	通常采用钛钙型和低氢型焊条。钛钙型焊条尽可能采用直流反接进行焊接,电弧稳定、飞溅少,成形好,脱渣容易,焊缝表面质量好,耐腐蚀性高,生产中应用最广。低氢型焊条的工艺性能比钛钙型差,只应用于厚板深坡口或低温结构等抗裂性要求高的场合 为了保证脱渣良好,也采用氧化钙型药皮焊条
钨极氩弧焊	适用	0.5~3	钨极氩弧焊可分为手工或自动两种,其优点是可应用于全位置焊接,尤其适于薄板的焊接 一般用氩气保护,保护效果好,焊缝成形美观,合金过渡系数高,焊缝成分易控制,是最适合焊接奥氏体钢的焊接方法。厚度大的钢板可采用多道焊,但不经济。还可以用于管道、管板等的焊接	焊丝一般长 1000mm,直径 1~5mm。也可以不加填充金属。Ar 气的纯度不应低于 99.6%。钨极可以使用钍钨极或铈钨极
熔化极氩弧焊	适用	>3	有多种过渡形式,可以焊接薄板,也可以焊接厚板,适应性强,生产效率高。焊接厚板时多采用较高电压和电流值的射流过渡,熔池流动性好,但只适于平焊和横焊。焊接薄板时多采用电压和电流均较低的短路过渡焊法,熔池温度较低,容易控制成形,适用于任意位置的焊接 为防止背面焊道表面氧化和获得良好成形,底层焊道的背面应附加氩气保护 设备复杂且昂贵,对焊接条件敏感	根据熔滴不同的过渡形式,保护气体的种类也有所不同。射流过渡时采用直流反接,并选用合适的焊丝配以 98%氩与 2%氧,效果好。采用短路过渡形式时可用 97.5%氩与 2.5%CO₂ 的混合气体
埋弧焊	较适用	>6	焊接工艺稳定,焊件成分和组织均匀,表面光洁,无飞溅,接头的耐腐蚀性很高。但焊接线能量大,熔池大、HAZ 宽、冷却速度慢,促进元素的偏析和组织易过热,因而对热裂敏感性较大	埋弧焊主要用于焊缝金属允许含 δ 铁素体的奥氏体钢,其焊丝中含 Cr 量略高,配合 Mn 含量低的焊剂,以抑制热裂倾向。HJ260 工艺性能较好,并且可以过渡 Si,但抗氧化性差,不宜与含 Ti 的焊丝配合使用。HJ172 的工艺性能较差,但氧化性低,常用于焊含 Ti、Nb 的钢。常用的还有 SJ601、SJ641
等离子弧焊	适用	2~8	采用熔透技术,适宜焊接薄板。该方法带小孔效应,热量集中,可不开坡口单面焊一次成形,尤其适合于不锈钢管的纵缝焊接。焊接时加入百分之几到十几的氢能增强等离子弧的热收缩效应,增加熔池热能并可防止熔池的氧化	利用穿孔技术,不加填充金属。若加填充金属,可以选用钨极氩弧焊用焊丝
气焊	适用	<2	只在没有合适的弧焊设备时选用	不加填充金属

量,需要解决的问题比焊接低碳钢或低合金钢时复杂得多。在编制工艺规程时,必须考虑备料、装配、焊接各个环节对接头质量可能带来的影响。此外,奥氏体钢本身的物理性能特点,也是编制焊接工艺时必须考虑的重要因素。

（1）焊前准备　下料方法的选择。奥氏体钢中 Cr 含量比较高，用一般的氧-乙炔火焰切割有困难，可用机械切割、等离子弧切割或碳弧气刨等方法进行下料或坡口加工。

焊前清理。为了保证焊接质量，焊前应将坡口及其两侧 20～30mm 范围内的焊件表面清理干净。如有油污，可用丙酮或酒精等有机溶剂擦拭，但不要用钢丝刷或砂布进行清理。对表面质量要求特别高的焊件，应在适当范围内涂上白垩粉调制的糊浆，以防止飞溅金属损伤不锈钢表面。

表面保护。在搬运、坡口制备、装配及点焊过程中，应注意避免损伤钢材表面，以免使产品的耐蚀性能降低，如不允许用利器划伤钢材表面及随意到处打弧等。

（2）焊接材料　奥氏体不锈钢的焊接，通常采用同材质焊接材料，常用焊接方法所需的焊接材料选用实例见表 11-4。为了满足焊缝金属的某些性能如耐蚀性，可以采用超合金化的焊接材料，如用 00Cr18Ni12Mo2 类型的焊接材料焊接 00Cr19Ni10 钢板；采用钼含量达 9％的镍基焊接材料焊接 Mo6 型超级奥氏体不锈钢，以确保焊缝金属的耐蚀性能。

表 11-4　奥氏体不锈钢常用焊接材料选用实例

母材牌号	工作条件及要求	焊条型号	焊条牌号	埋弧焊焊丝	氩弧焊焊丝
1Cr19Ni9	300℃以下,耐蚀	E308-16 E308-15	A102 A107	H0Cr19Ni9Ti	H0Cr19Ni9
0Cr18Ni9	抗裂纹,抗腐蚀性要求较高	—	A122	H0Cr19Ni9Si2	H0Cr19Ni9Ti
0Cr18Ni11Ti 0Cr18Ni11Nb	300℃以下,耐蚀	E347-16 E347-15	A132 A137	H0Cr18Ni9TiAl H00Cr22Ni10	
00Cr18Ni11	耐蚀性要求高	E308L-16	A002	H00Cr22Ni10	H00Cr22Ni10
00Cr17Ni13Mo2Ti	要求耐无机酸、有机酸、碱及盐的腐蚀	E316-16 E316-15	A202 A207	H0Cr19Ni11Mo3 H00Cr17Ni13Mo2	H0Cr19Ni11Mo3 H0Cr18Ni12MoNb
	要求优良的抗晶间腐蚀能力	E318-16	A212		
00Cr17Ni13Mo3Ti	耐非氧化性酸及有机酸腐蚀	E308L-16 E317-16	A002 A242	H00Cr17Ni13Mo2	H0Cr19Ni11Mo3Ti
0Cr17Ni13Mo2Ti 0Cr18Ni9Ti 1Cr18Ni9Ti	要求一般耐热及耐腐蚀性	E318V-16 E318V-15	A232 A237	H0Cr19Ni11Mo3 H00Cr17Ni13Mo2	
00Cr17Ni13Mo3	耐腐蚀性要求极高	E316L-16	A022		H00Cr19Ni11Mo3

（3）焊接工艺　奥氏体不锈钢具有优良的焊接性，几乎所有的熔焊方法都可用于奥氏体不锈钢的焊接，许多特种焊接方法如电阻点焊、缝焊、闪光焊、激光与电子束焊、钎焊都可用于奥氏体不锈钢的焊接。但对于组织性能不同的奥氏体不锈钢，应根据具体的焊接性与接头使用性能的要求，合理选择最佳的焊接方法。其中焊条电弧焊、钨极氩弧焊、熔化极惰性气体保护焊、埋弧焊是较为经济的焊接方法。

奥氏体不锈钢一般不需要焊前预热及后热，如没有应力腐蚀或结构尺寸稳定性等特别要求时，也不需要焊后热处理，但为了防止焊接热烈纹的发生和热影响区的晶粒长大以及碳化物析出，保证焊接接头的塑韧性与耐蚀性，应控制较低的层间温度。

奥氏体不锈钢焊条电弧焊、钨极氩弧焊、熔化极气体保护焊对接焊和角焊的坡口形式与尺寸见表 11-5。埋弧焊时，坡口角度可适当减小。

表 11-5 对接焊和角焊的坡口形式与尺寸

坡口形式	板厚 δ/mm	间隙 a/mm	钝边 p/mm	坡口角 α/(°)
	2	1.0~1.2		
	3	1.4~1.8		
	3.5	1.5	1.0	
	4~4.5	2	1.0	60^{+10}_{-5}
	5~6	2	1.5	
	7~10	2.5	1.5	
	5~14	2	1.5	60 ± 5
	16~35	3	2	
	1~4	≤0.5		
	5~12	≤1.0		
	>12	≤1.5		
	4~6	1.5	1.5±0.3	
	7~12	2	1.5±0.3	60 ± 10
	13~18	2	2±0.3	
	>18	2	2.5±0.3	

普通奥氏体不锈钢焊条电弧焊、钨极氩弧焊、熔化极气体保护焊对接焊的典型焊接参数分别见附表 23~25。对于纯奥氏体与超级奥氏体不锈钢，由于热裂纹敏感性较大，因此应严格控制焊接热输入，防止焊缝晶粒严重长大与焊接热裂纹的发生。

对于不同的焊接方法，奥氏体不锈钢基本的焊接技术见表 11-6。奥氏体不锈钢焊接时，常见的焊接缺陷及防止措施见表 11-7。

表 11-6 奥氏体不锈钢基本焊接技术

焊接方法	手工电弧焊	埋弧焊	钨极氩弧焊	熔化极氩弧焊
焊接电源	直流反接	直流反接	直流正接	直流反接
焊接工艺特点	焊接时推荐窄焊道技术。焊接过程中尽量不摆动，焊道的宽度不超过焊条直径的 4 倍。短弧焊、收弧要慢、填满弧坑；与腐蚀介质接触的面最后焊，多层焊，每层厚度应小于 3mm，层间要清渣检查，并控制层间温度；不要在坡口以外的地方起弧，地线要接好，以免损伤金属表面；焊后可采用如水冷、风冷等措施强制冷却；焊后变形只能用冷加工矫正	要求控制母材的稀释率低于 40%，以便获得含 4%~10%铁素体的致密焊缝。焊道根部的稀释率对熔深和焊道形状最为敏感，焊接时应充分注意。焊接时熔池较大，且高温停留时间长，为防止烧穿，常采用焊剂垫或用手弧焊封底。用钨极氩弧焊打底时，可使单面焊的根部成形良好	焊前清理要求严格；对于焊接质量要求较高的管子焊接时，要在焊缝背面吹氩气加以保护、并促进背面成形；特殊情况可能需要采用衬垫	一般采用喷射过渡，熔敷速度高，电弧稳定，适合于焊接厚度大于 6.5mm 的奥氏体不锈钢，但不宜焊接厚度 <3.0mm 的薄板。焊薄板可用脉冲过渡或短路过渡形式。短路过渡使用的电流较低，一般在 50~220A 之间，焊丝直径为 ϕ0.8mm

表 11-7   奥氏体不锈钢常见的焊接缺陷及防止措施

缺陷	产 生 原 因	防 止 措 施
接头碳化物析出敏化	焊接加热后,过饱和的碳从晶内析出向晶界偏聚,并与铬结合形成 Cr_2C_6,即敏化	防止敏化的关键是要避免或消除碳化物的析出。如选用超低碳或添加 Ti、Nb 等稳定元素的不锈钢焊接材料;采用小线能量,减小危险温度范围停留时间;接触腐蚀介质面的焊缝最后焊接;焊后进行固溶处理
热裂纹	焊缝金属凝固期间存在较大拉应力、有害杂质的偏析、一些合金元素因溶解有限形成有害的易熔夹层等引起	控制焊缝金属的组织和化学成分、正确选用焊接材料、采用合适的焊接参数、严格限制有害杂质
焊接接头脆化	由于焊接过程引起奥氏体不锈钢形成铸态组织、析出碳化物、晶粒粗大带来少量的 δ 铁素体等引起	采用较小的焊接线能量和较快的冷却速度、尽量采用小的熔合比、焊条电弧焊时应尽量选择能使焊缝细化的低氢碱性焊条
焊接接头的应力腐蚀开裂	造成焊接接头应力腐蚀开裂的原因很多,与焊接有关的主要是焊接残余应力和接头组织	合理调整焊缝成分,这是提高接头抗应力腐蚀的重要措施之一;减少或消除焊接残余应力;改变焊件的表面状态;采用合理的焊接工艺如选用热源集中的焊接方法、小线能量以及快速冷却处理等措施

（二）马氏体不锈钢的焊接工艺

目前普遍采用的马氏体不锈钢可分为 Cr13 型马氏体不锈钢、低碳马氏体不锈钢和超级马氏体不锈钢。

除了超低碳复相马氏体不锈钢,常见的马氏体不锈钢均有脆硬倾向,含碳量越高,脆硬倾向越大。因此,焊接马氏体不锈钢时,常见的问题是热影响区的脆化和冷裂纹。

（1）焊接方法   常用的焊接工艺方法如焊条电弧焊、钨极氩弧焊、熔化极气体保护焊、等离子焊、埋弧焊、电渣焊、电阻焊、闪光焊,甚至电子束与激光焊接都可用于马氏体不锈钢的焊接。常用的马氏体不锈钢电弧焊方法及其适用性见表 11-8。

表 11-8   马氏体不锈钢电弧焊方法及其适用性

焊接方法	适用性	一般适用板厚/mm	说 明
焊条电弧焊	适用	>1.5	薄板焊条电弧焊易焊透,焊缝余高大
手工钨极氩弧焊	较适用	0.5～3	大于 3mm 可以用多层焊,但效率不高
自动钨极氩弧焊			大于 4mm 可以用多层焊,小于 0.5mm,操作要求严格
熔化极氩弧焊		3～8	开坡口,可以单面焊双面成形
		>8	开坡口,多层焊
脉冲熔化极氩弧焊		>2	线能量低,焊接参数调节范围广

焊条电弧焊是最常用的焊接工艺方法,焊条需经过 300～350℃ 高温烘干,以减少扩散氢的含量,降低焊接冷裂纹的敏感性。

钨极氩弧焊主要用于薄壁构件（如薄壁管道）及其他重要部件的封底焊。它的特点是焊接质量高,焊缝成形美观。对于重要部件的焊接接头,为了防止焊缝背面的氧化,封底焊时通常采取氩气背面保护的措施。

$Ar+CO_2$ 或 $Ar+O_2$ 的富氩混合气体保护焊也可用于马氏体钢的焊接,具有焊接效率高,焊缝质量较高的特点,焊缝金属也具有较高的抗氢致裂纹性能。

（2）焊接材料　马氏体不锈钢的焊条选用、焊前预热及焊后热处理见表11-9。两种类型马氏体不锈钢的常用焊接材料及对应的焊接方法比较见表11-10。

表 11-9　马氏体不锈钢的焊条选用、焊前预热及焊后热处理

牌号	工作条件及要求	焊条型号及牌号	热规范/℃	
			预热、层温	焊后热处理
1Cr13 2Cr13	耐大气腐蚀	E410-16（G202）　E410-15（G207）	250～300	700～730 回火
	耐热及有机酸腐蚀	E1-12-1-15（G217）		
	要求焊缝有良好的塑性	E308-16（A102）　E308-15（A107） E316-16（A202）　E316-15（A207） E310-16（A402）　E310-15（A407）	不进行（厚大件可预热至200）	不进行
1Cr17Ni2	耐腐蚀、耐高温	E430-16（G302）　E430-15（G307）	200	750～800 回火
	焊缝的塑性、韧性好	E309-16（A302）　E309-15（A307）		
		E310-16（A402）　E310-15（A407）		
1Cr12	在一定温度下能承受高压力，在淡水、蒸汽中耐腐蚀	E410-16（G202）　E410-15（G207）	250～350	700～730 回火

表 11-10　两类马氏体不锈钢的常用焊接材料及对应的焊接方法比较

母材类型		焊接材料	焊接方法
Cr13 型	常用	G202（E410-16）、G207（E410-15）、G217（E410-15）焊条；H1Cr13、H2Cr13 焊丝；E410T 药芯焊丝	焊条电弧焊 TIG 焊 MIG 焊
	其他	E410Nb（Cr13-Nb）焊条；A207（E309-15）、A307（E316-15）等焊条；H0Cr19Ni12Mo2、H1Cr24Ni13 等焊丝	
低碳及超级马氏体钢	常用	E0-13-5Mo（E410NiMo）焊条；ER410NiMo 实芯焊丝；E410NiMoT、E410NiTiT 药芯焊丝	焊条电弧焊 TIG 焊 MIG 焊 埋弧焊（SAW）
	其他	A207（E309-15）、A307（E316-15）焊条；G367M（Cr17-Ni6-Mn-Mo）焊条；H0Cr19Ni12Mo2、H0Cr24Ni13 焊丝等	

（3）预热及焊后热处理　对于 Cr13 型马氏体不锈钢，当采用同材质焊条进行焊条电弧焊时，为了降低冷裂纹敏感性，保证焊接接头的力学性能，特别是接头的塑韧性，应选择低氢或超低氢并经高温烘干的焊条以及合理的焊接工艺。

预热与后热：预热温度一般在 100～350℃，预热温度主要随含碳量的增加而提高。为了进一步防止氢致裂纹，对于含碳量较高或拘束度大的焊接接头，在焊后热处理前，还应采取必要的后热措施，以防止焊接氢致裂纹的发生。

焊后热处理：焊后热处理可以显著降低焊缝与热影响区的硬度，改善其塑韧性，同时消除或降低焊接残余应力。根据不同的需要，焊后热处理有回火和完全退火。回火温度的选择主要根据对接头力学性能和耐蚀性的要求确定，对于耐蚀性能要求较高的焊接件，要采用温度较低的回火温度。

对于低碳及超级马氏体不锈钢，焊接裂纹敏感性小，在通常的焊接条件下不需采取预热或后热。当在大拘束度或焊缝金属中的氢含量难以严格控制的条件下，为了防止焊接裂纹的发生，应采取预热甚至后热措施，一般预热温度在 100～150℃。对于耐蚀性能有特别要求的焊接接头，如用于油气输送的 00Cr13Ni4Mo 管道，为了保证焊接接头的抗应力腐蚀性能，

需经过 670℃＋610℃的二次回火热处理，以保证焊接接头的硬度不超过 22HRC。

（三）铁素体不锈钢的焊接工艺

铁素体不锈钢按照 C 和 N 的总含量，可分为普通铁素体不锈钢和超纯铁素体不锈钢两大类。铁素体不锈钢是含有足够的铬，或铬加一些铁素体形成元素（如 Mo、Al 或 Ti 等）的 Fe-Cr-C 合金，其中奥氏体形成元素（如 C、Ni）含量比较低，这类钢在熔点以下加热过程中几乎始终是铁素体组织，因此像奥氏体钢一样不能进行热处理强化。这类钢的力学性能、耐腐蚀性能以及焊接性能都不如奥氏体钢好。但铁素体不锈钢的成本低，抗氧化性好，尤其抗应力腐蚀开裂性能强于奥氏体不锈钢。

焊接铁素体不锈钢最大的问题是热影响区的脆化和焊接接头的晶间腐蚀。其中热影响区的脆化主要是热影响区的粗晶脆化、475℃脆化和 σ 相脆化等。

（1）普通铁素体不锈钢的焊接工艺　对于普通铁素体不锈钢，可采用焊条电弧焊、气体保护焊、埋弧焊、等离子弧焊等熔焊工艺方法。该类钢在焊接热循环的作用下，热影响区的晶粒长大严重，碳、氮化物在晶界聚集，焊接接头的塑韧性很低，在拘束度较大时，容易产生焊接裂纹，接头的耐蚀性也严重恶化。在采用同材质熔焊工艺时，要采取相关措施，防止焊接裂纹，改善接头的塑韧性和耐蚀性。

采取预热措施。在 100～150℃左右预热，使母材在富有塑韧性的状态焊接。含铬量高，预热温度也要有所提高。铁素体不锈钢的焊条选用、焊前预热及焊后热处理见表 11-11。

表 11-11　铁素体不锈钢的焊条选用、焊前预热及焊后热处理

牌号	工作条件及要求	焊条型号及牌号	热规范/℃ 预热、层温	热规范/℃ 焊后热处理
1Cr17	耐热及耐硝酸	E430-16(G302)	120～200	750～800
Y1Cr17	耐热及耐有机酸	E430-15(G307)		
0Cr13Al	提高焊缝塑性	E308-15(A107)　E309-15(A307)	不进行	不进行
1Cr25Ti	抗氧化性	E309-15(A307)		760～800 回火
1Cr17Mo	提高焊缝塑性	E308-16(A102)　E308-15(A107)　E309-16(A302)　E309-15(A307)		不进行

采用较小的热输入，焊接过程中不摆动，不连续施焊。多层多道焊时，控制层间温度在 150℃以上，但也不可过高，以减少高温脆化和 475℃脆化。475℃脆化是高铬铁素体不锈钢焊接时的主要问题之一，杂质对其有促进作用，因此，提高熔敷金属的纯度、缩短铁素体不锈钢焊接接头在这个温度区间的停留时间，是防止 475℃脆化的重要措施。

一旦产生了 475℃脆化，可以通过在 600℃以上温度短时间加热后再快速冷却的方法予以消除。

焊后进行 750～800℃的退火热处理，由于在退火过程中铬重新均匀化，碳、氮化物球化，晶间敏化消除，焊接接头的塑韧性也会有一定的改善。退火后应快速冷却，以防止 σ 相产生和 475℃脆化。

焊接材料的选择。对于同材质焊接材料，除 Cr16～18 型铁素体不锈钢有标准化的 E430-16（G302），E430-15（G307）焊条与 H1Cr17 实芯焊丝外，其他类型的同材质焊接材料还缺乏相应的标准，一些与母材成分相当或相同的自行研制焊条或 TIG 焊丝经常用于同材质的焊接。

当采用奥氏体型焊接材料焊接（属异种钢焊接范畴）时，焊前预热及焊后热处理可以免除，有利于提高焊接接头的塑韧性，但对于不含稳定化元素的铁素体不锈钢来讲，热影响区的敏化难以消除。对于 Cr25～Cr30 型的铁素体不锈钢，目前常用的奥氏体不锈钢焊接材料有 Cr25Ni13 型、Cr25Ni20 型超低碳焊条及气体保护焊丝。对于 Cr16～Cr18 型铁素体不锈钢，常用的奥氏体不锈钢焊接材料有 Cr19Ni10 型、Cr18Ni12Mo 型超低碳焊条及气体保护焊丝。

（2）超纯高铬铁素体不锈钢的焊接工艺　对于碳、氮、氧等间隙元素含量极低的超纯高铬铁素体不锈钢，高温引起的脆化并不显著，焊接接头具有很好的塑韧性，不需焊前预热和焊后热处理。在同种钢焊接时，一般采用与母材同成分的焊丝作为填充材料。由于超纯高铬铁素体不锈钢中的间隙元素含量已经极低，在焊接过程中重点防止焊接接头区的污染，以保证焊接接头的塑韧性和耐蚀性。

增加熔池保护，如采用双层气体保护，增大喷嘴直径，适当增加氩气流量，填充焊丝时，要防止焊丝高温端离开保护区。附加拖罩，增加尾气保护，这对于多道多层焊尤为重要。焊缝背面通氩气保护，最好采用通氩的水冷铜垫板，以减少过热、增加冷却速度。尽量减少焊接热输入，多层多道焊时，控制层间温度低于 100℃。在缺乏超纯铁素体不锈钢的同材质焊接材料时，如果耐蚀性不受到影响，也可采用纯度较高的奥氏体型焊接材料或铁素体＋奥氏体双相焊接材料。

铁素体不锈钢焊接时常见的焊接缺陷及防止措施见表 11-12。

表 11-12　铁素体不锈钢常见焊接缺陷及防止措施

缺陷	产　生　原　因	防　止　措　施
焊缝和热影响区的脆化	主要有粗晶脆化、475℃脆化和 σ 相脆化，是由于杂质和冷却速度过慢等引起	选用含有少量 Ti 元素的母材；采用小的线能量，尽量缩短高温停留时间，避免冲击整形；缩短在 475℃ 和 σ 相脆化温度区间停留时间；采用铬不锈钢焊透时，要求低温预热，一般不超过 150℃
裂纹	由于铁素体不锈钢在室温下的韧性很低等引起	预热至 70～150℃，在富有韧性的温度范围内焊接；采用奥氏体型焊接材料
晶间腐蚀	焊接时，在温度高于 1000℃ 的熔合线附近，易出现碳化铬的沉淀，使接头有较大的晶间腐蚀倾向	控制化学成分如采用超低碳母材和焊丝等；采用小的线能量、强制冷却等；采用焊后热处理如固溶处理、稳定化处理等

第二节　不锈钢焊接实例

实例一：回收分离器的焊接

分离器的规格：直径 3.4m，板厚 32mm；总质量 21t。

材质：AISI321，相当于国产 0Cr18Ni9Ti 不锈钢。

焊接工艺：埋弧焊，以提高焊接效率，保证焊接质量。焊前不预热，层间温度不大于 60℃，为防止第一层焊穿，在背面衬焊剂垫。接口形式与坡口尺寸如图 11-2 所示。

焊接参数：焊接电流 $I=500～600A$，电压 $U=36～38V$，焊接速度 $v=26～33m/h$。

焊接材料：焊丝为 H00Cr19Ni9，$\phi 4.0mm$；焊剂为 HJ260。

焊接工艺评定结果：见表 11-13。

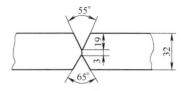

图 11-2　回收分离器焊接坡口形式与尺寸

表 11-13　焊接工艺评定结果

外观质量	X 射线探伤	σ_b/MPa	弯曲(180°)	晶间腐蚀
合格	I 级	611.5	合格	合格

产品检验结果：回收分离器共 11 道纵缝、4 道环缝，共拍 311 张 X 片，一次合格率达 99.4%，有两个局部缺陷采用焊条电弧焊返修。分离器出厂 3 年多，使用正常。

实例二：高温风机部件 Cr13 型不锈钢叶轮的修复

叶轮尺寸：1570mm×447.5mm，底盘厚度为 10mm，叶片厚度为 6mm。

叶轮失效形式：叶片断裂，叶片与底盘焊缝完全开裂。

材质：底盘材质为 2Cr13，叶片材质为 1Cr13。

焊接工艺：焊条电弧焊，焊前不预热，焊后不回火。采用对称短弧焊接，提高施焊环境温度。

焊接参数：焊接电流 $I=160\sim180A$，焊接速度 $v=150\sim200mm/min$。

焊接材料：焊条选用 E309（A307），$\phi4.0mm$。

修复效果：焊接接头着色检验无缺陷，运行两年多没有发现问题。

实践训练　不锈钢接头的耐腐蚀性实验

一、实验目的

① 了解不锈钢焊接接头晶间腐蚀的显微组织。

② 进一步理解不锈钢焊接接头晶间腐蚀产生的原因。

二、实验设备及其他

① 容量 1～2L 带回流冷凝器的磨口锥形烧瓶。

② 可调节的加热设备，如电热恒温油浴锅。

③ 10 倍放大镜。

④ 试件：8 块　5mm 厚的 1Cr18Ni9 奥氏体不锈钢。

⑤ 化学药品：分析纯级硫酸铜（$CuSO_4 \cdot 5H_2O$），分析纯级硫酸（H_2SO_4，相对密度 1.84），纯度不小于 99.5% 的铜屑以及试剂级丙酮（清洗试样用）。

三、实验内容

奥氏体不锈钢的腐蚀实验及评定。

四、注意事项

① 本实验的试样选取、实验步骤、腐蚀评定等要严格按 GB 1223—2000《不锈耐酸钢晶间腐蚀倾向试验方法》的要求进行。

② 在切割试样的机加工过程中，如果试样温度超过 350℃，则应该在做 T 法试验前对试样进行敏化处理，以提高试样的晶间腐蚀倾向。敏化处理制度为 650℃，保温 1h，空冷。

③ 试样制备需要焊接和机加工才能完成，因此可由实验室提前外协制备。

④ 在试样评定时，可以采用弯曲评定和金相法评定。其中的金相法评定常常在试样无法进行弯曲时评定，或对弯曲评定时发现的裂纹性质难以确定时采用。在有条件的情况下，建议做金相法评定。

章 节 小 结

1. 不锈钢的性能特点。

不锈钢的重要特性之一是耐蚀性，然而不锈钢的不锈性和耐蚀性是相对的、有条件的，受到诸多因素的影响，包括介质种类、浓度、纯净度、流动状态、使用环境中的温度、压力等，目前还没有对任何腐蚀环境都具有耐蚀性的不锈钢。因此，不锈钢的选用要根据具体的使用条件加以合理选择，才能获得良好的使用效果。

2. 奥氏体不锈钢的焊接性及焊接工艺。

奥氏体不锈钢的化学成分介于普通奥氏体不锈钢与镍基合金之间，含有较高的 Mo、N、Cu 等合金化元素，以提高奥氏体组织的稳定性、耐腐蚀性，特别是提高抗 Cl^- 应力腐蚀破坏的性能。在编制工艺规程时，必须考虑备料、装配、焊接各个环节对接头质量可能带来的影响。

3. 马氏体不锈钢的焊接性及焊接工艺。

常见的马氏体不锈钢均有脆硬倾向，含碳量越高，脆硬倾向越大。因此，焊接马氏体不锈钢时，常见的问题是热影响区的脆化和冷裂纹。常用的焊接工艺方法如焊条电弧焊、钨极氩弧焊、熔化极气体保护焊，等离子焊、埋弧焊、电渣焊、电阻焊、闪光焊、甚至电子束与激光焊接都可用于马氏体不锈钢的焊接。

4. 铁素体不锈钢的焊接性及焊接工艺。

在熔点以下加热过程中几乎始终是铁素体组织，因此像奥氏体钢一样不能热处理强化。这类钢的力学性能、耐腐蚀性能以及焊接性能都不如奥氏体钢好。焊接中最大的问题是热影响区的脆化和焊接接头的晶间腐蚀。对于普通铁素体不锈钢，可采用焊条电弧焊、气体保护焊、埋弧焊、等离子弧焊等熔焊工艺方法。超纯高铬铁素体不锈钢在焊接过程中要重点防止焊接接头区的污染，以保证焊接接头的塑韧性和耐蚀性。

思 考 题

1. 简述不锈钢的分类及性能。

2. 什么是晶间腐蚀？影响晶间腐蚀的因素有哪些？

3. 奥氏体不锈钢易产生焊接热裂纹的主要原因是什么？采取什么措施加以防止？

4. 为什么在焊接奥氏体不锈钢时宜采用较低的焊接热输入量？

5. 焊接奥氏体不锈钢时，使焊缝形成双相组织好不好？怎样来形成？

6. 什么是敏化？如何防止？

7. 奥氏体不锈钢的焊接特点是什么？

8. 焊接马氏体不锈钢时，为防止焊接接头形成冷裂纹，焊前必须预热，但是为什么预热温度不宜过高？

9. 铁素体不锈钢的焊接工艺特点有哪些？

10. 简述铁素体不锈钢常见的焊接缺陷及防止措施。

第十二章 耐热钢的焊接

【学习指南】 本章重点学习耐热钢焊接的有关知识。要求了解低合金耐热钢、中合金耐热钢和高合金耐热钢的焊接特点，通过对耐热钢焊接实例的学习，进一步了解耐热钢的焊接工艺。

第一节 耐热钢的焊接工艺

一、耐热钢的性能

耐热钢按其合金成分的质量分数可分为低合金耐热钢、中合金耐热钢和高合金耐热钢。

合金元素总质量分数在 5% 以下的合金钢称为低合金耐热钢，其合金系列有 Mo、Cr-Mo、Mo-V、Cr-Mo-V、Mn-Mo-V、Mn-Ni-Mo 和 Cr Mo-W-V-Ti-B 等。

合金总质量分数在 6%～12% 的合金钢称为中合金耐热钢。目前，用于焊接结构的中合金耐热钢的合金系列有 Cr-Mo、Cr-Mo-V、Cr-Mo-Nb、Cr-Mo-W-V-Nb 等。

合金总质量分数高于 13% 的合金钢称为高合金耐热钢。按其供货状态下的组织可分为马氏体、铁素体和奥氏体三种。应用最广泛的高合金耐热钢为铬镍奥氏体耐热钢，其合金系列为 Cr-Ni、Cr-Ni-Ti、Cr-Ni-Mo、Cr-Ni-Nb、Cr-Ni-Mo-Nb、Cr-Ni-Mo-V-Nb 及 Cr-Ni-Si 等。

1. 性能

对耐热钢而言，主要探讨其高温性能。耐热钢的高温性能包括两个方面，即高温抗氧化性（热稳定性）和高温强度（热强性）。

(1) 钢的高温抗氧化性 在高温空气、燃烧废气等氧化性介质中，氧与金属表面反应生成氧化层，金属的抗氧化性就取决于这个氧化层的稳定性、致密性以及与基体金属的结合力等。

在 570℃ 以上，铁的氧化物主要由 FeO 构成，FeO 的结构疏松，没有保护作用。因此，在 570℃ 以上铁的氧化明显加速，抗氧化性比较差。为了提高钢的抗氧化性能，一般采用在钢中加入某些合金元素的方法，所添加的合金元素如 Cr、Al、Si 等，可以形成致密的 Cr_2O_3、SiO_2、Al_2O_3 等保护膜，阻止氧化的继续进行。在这些合金元素中，Cr 是提高钢的抗氧化性的主要元素，钢的工作温度越高，需加入的铬越多。在提高抗氧化性时，一般不单独使用铬，而是 Cr-Si、Cr-Al，或 Cr-Al-Si 同时加入。另外，在耐热钢中加入微量稀土元素 Ce、La、Y 等，可显著提高钢的抗氧化性能，特别是对 1000℃ 以上的高温极为有效。

(2) 钢的热强性 热强性包括短时高温强度（高温屈服强度和抗拉强度）、长时高温强度（蠕变极限和持久强度极限、高温疲劳极限），其中最重要的是蠕变极限和持久强度极限。在不考虑变形量大小，只考虑在给定温度和应力作用下的使用寿命时，可用持久强度极限来表达热强性，它反映材料在温度及应力长时间作用下的塑性特征，是衡量材料蠕变脆性的一个重要指标。

金属在高温下的强化机理与常温下有所不同。高温时，晶界强度低，晶粒容易滑动而产生变形。因此必须通过基体固溶强化、晶界强化、沉淀强化等途径来提高金属的热强性。

2. 常用耐热钢的焊接性

耐热钢中含有不同的合金元素，碳与合金元素共同作用，导致焊接过程中形成淬硬组织，焊缝的塑性、韧性降低，焊接性较差，因此焊接时要采取一定的焊接工艺措施，提高焊接性能。常用的耐热钢焊接性及工艺措施见表12-1。

表 12-1　常用的耐热钢焊接性及工艺措施

类别	牌　号	焊　接　性	工　艺　措　施
珠光体耐热钢	10Cr2Mo1、12CrMo、12Cr5Mo、12Cr9Mo1、12Cr1MoV、12Cr2MoWVB、12Cr3MoVSiTiB、15CrMo、15Cr1Mo1V、17CrMo1V、20Cr3MoWV	珠光体耐热钢由于含碳及合金元素较多，焊缝及热影响区容易出现淬硬组织，使塑性、韧性降低、焊接性变差。当焊件刚度及接头应力较大时，容易产生冷裂纹。焊后热处理过程中，易产生消除应力裂纹	①按焊缝与母材化学成分及性能相近的原则选用低氢型焊条；②焊前仔细清除焊件待焊处油、污、锈；③焊件焊前要预热，包括装配定位焊前的预热；④焊接过程中层间温度应不低于预热温度；⑤焊接过程应避免中断，尽量一次连续焊完；⑥焊后应缓冷，为了消除应力，焊后需要进行高温回火；⑦焊件、焊条应严格保持低氢状态
马氏体耐热钢	1CrSMo、1Cr11MoV、1Cr11Ni2W2MoV、1Cr12、1Cr12WMoV、1Cr13、1Cr13Mo、1Cr1TiNi2	马氏体耐热钢淬硬倾向大，焊缝及热影响区极易产生硬度很高的马氏体和奥氏体组织，使接头脆性增加，残余应力增大，容易产生冷裂纹，含碳量越高，淬硬和裂纹倾向也越大	①仔细清除焊件待焊处油、污、锈、垢；②按与母材化学成分及性能相近的原则，选用低氢型焊条；③焊接时宜用大电流，减慢焊缝冷却速度；④焊前应预热（包括装配定位焊），层间温度应保持在预热温度之上；⑤焊后应缓慢冷却到150～200℃再进行高温回火处理；⑥焊件、焊条应严格保持在低氢状态
铁素体耐热钢	00Cr12、0Cr11Ti、0Cr13Al、1Cr17、1Cr19Al3、2Cr25Ni	在高温作用下，近缝区晶粒急剧长大而引起475℃脆化，还会析出σ脆化相。接头室温冲击韧度低，容易产生裂纹	①仔细清除焊件待焊处油、污、锈、垢；②采用低温预热并严格控制层间温度；③采用小热输入、窄焊道、高速焊接，减少焊接接头高温停留时间；④多层焊时，不宜采取连续施焊，应待前层焊缝冷却后，再焊下一道焊缝；⑤采取冷却措施，提高焊缝冷却速度
奥氏体耐热钢	0Cr18Ni13Si4、0Cr23Ni13、1Cr16Ni35、1Cr20Ni14Si12、1Cr22Ni20Co20、Mo3W3NbN、1Cr25Ni20Si2、2Cr20Mn9Ni2Si2Ni、2Cr23Ni13	焊缝金属及热影响区易产生热裂纹，在600～850℃长时间停留会出现脆化相和475℃脆化倾向	①仔细清除焊件待焊处的油、圬、锈、垢；②限制S、P等杂质含量；③为防止热裂纹产生，应采用短弧、窄焊道操作方法，还要用小电流、高速焊减少过热；④焊接过程中可采用强制冷却措施减少过热；⑤焊后可不进行热处理，但对刚度较大的焊件，必要时可进行800～900℃稳定化处理；⑥对固溶加时效处理的耐热钢焊件，焊后应作固溶加时效热处理

二、焊接工艺

（一）低合金耐热钢的焊接工艺

目前，在动力工程、石油化工和其他工业部门应用的低合金耐热钢已有20余种。其中最常用的有 Cr-Mo、Mn-Mo 型耐热钢和 Cr-Mo 基多元合金耐热钢。

钢的力学性能在很大程度上取决于钢的热处理状态，合金总质量分数接近或超过3％的低合金耐热钢具有空淬倾向。对于压力容器和管道来说，设计规定的许用应力值均以钢在完全热处理状态下的强度指标为基础。因此必须注意在焊接结构的最终热处理状态下，钢材和接头的性能与原始热处理状态相应性能的差别。

在国产低合金耐热钢中，除了厚度＜30mm 的 Mo 和 Mn-Mo 钢可以在热轧状态供货和直接使用外，其余各种耐热钢在任何厚度下均应以热处理状态供货，对于耐热钢铸件还要求作均匀化处理。各种低合金耐热钢标准规定的热处理要求及典型热处理规范见表 12-2。

表 12-2　常用低合金耐热钢的热处理规范

牌　号	标准规定的热处理	正火或淬火温度/℃	退火温度/℃	回火温度/℃	保温时间/h
15Mo	正火	910～940	—	—	—
20Mo	正火	910～940	—	—	—
12CrMo	正火＋回火	900～930	—	670～720	周期式炉≥2h 连续炉≥1h
15CrMo	正火＋回火	930～960	—	680～720	周期式炉≥2h 连续炉≥1h
12Cr1MoV	正火＋回火	980～1020	—	720～760	周期式炉≥2h 连续炉≥1h
	淬火＋回火	950～990	—	720～760	周期式炉≥2h 连续炉≥1h
12Cr2Mo	正火＋回火	900～960	—	700～750	
12Cr2MoWVTiB	正火＋回火	1000～1035	—	760～790	周期式炉≥2h 连续炉≥1h
12Cr3MoWSiTiB	正火＋回火	1040～1090	—	720～770	周期式炉≥2h 连续炉≥1h
18MnMoNb	正火＋回火	930～960	600～640	650～680	
13MnNiMoNb	正火＋回火	890～950	530～600	580～590	

低合金耐热钢的焊接工艺包括焊接方法的选择、焊前准备、焊接材料的选配和管理、焊前预热和焊后热处理及焊接参数的选定等。

1. 焊接方法

适合低合金耐热钢焊接结构的焊接方法有焊条电弧焊、埋弧焊、熔化极气体保护焊、电渣焊、钨极氩弧焊和电阻焊等。各种焊接方法的特点见表 12-3。

表 12-3　各种焊接方法的特点

焊接方法	焊接特点
埋弧焊	熔敷效率高，焊缝质量好，在生产中应用广泛。目前，已能提供与各种耐热钢匹配的焊丝和焊剂，其中包括用于特殊厚壁容器且要求抗回火脆性的高纯度焊丝及烧结焊剂
焊条电弧焊	具有机动、灵活、能作全位置焊的特点，应用广泛。但对低合金耐热钢而言，焊条电弧焊时建立低氢的焊接条件较困难，焊接工艺较复杂，效率低，焊条利用率不高
钨极氩弧焊	具有低氢、工艺适应性强、易于实现单面焊双面成形的特点，多用于低合金耐热钢管道的封底层焊道或小直径薄壁管的焊接。这种方法还能采用抗回火脆性能力较强的低硅焊丝，提高焊缝金属的纯度，这对于要求高韧性的耐热钢焊接结构具有重要的意义。尤其是热丝钨极氩弧焊，其熔敷效率接近相同直径焊丝的熔化极气体保护焊
熔化极气体保护焊	是一种高效、优质、低成本焊接方法。熔化极气体保护焊还具有较高的工艺适应性，可以采用直径 0.8mm、1.0mm 的细焊丝实现低电流短路过渡焊接，来完成薄板接头和根部焊道；也可以采用 1.2mm 以上的粗丝实现高熔敷效率的喷射过渡焊接，来完成厚壁接头焊接

焊 接 方 法	焊 接 特 点
药芯焊丝气体保护焊	与普通的实芯焊丝气体保护焊相比具有更高的熔敷效率,而且操作性能优良,飞溅小,焊缝成形美观;药芯焊丝比实芯焊丝更易调整焊缝金属的合金成分,使接头的性能和质量得到可靠的保证;药芯焊丝比药皮焊条具有较好的抗潮性,可以得到低氢的焊缝金属,这对于低合金耐热钢厚壁焊件尤为重要。某些类型的药芯焊丝还适用于管道环缝的全位置焊
电渣焊	是一种焊接效率相当高的焊接方法,可采用单丝、多丝、熔嘴和板极等方法焊接,一次行程可完成 40mm 以上的厚壁部件,最大焊接厚度可达 1000mm 左右。焊接中产生的大量热对焊接熔池上面的母材能起到良好的预热作用,此特别适用于空淬性较高的低合金耐热钢。而且,电渣焊过程的热循环曲线比较平缓,焊接区的冷却速度相当缓慢,对焊缝金属中的扩散氢的逐出十分有利。即使是大厚度的耐热钢接头,电渣焊后无需立即作后热处理,大大简化了焊接工艺。但电渣焊时容易使焊缝金属和高温热影响区的初次晶粒十分粗大,对于一些重要的焊接结构,焊后必须作正火处理或双相热处理,以细化晶粒,提高接头的缺口冲击韧性

2. 焊前准备

焊前准备的内容主要是接缝边缘的切割下料、坡口加工、热切割边缘和坡口面的清理以及焊接材料的预处理。

对于一般的低合金耐热钢焊件,可以采用各种热切割法下料。热切割或电弧气刨快速加热和冷却引起的热切割边缘的母材组织变化与焊接热影响区相似,但热收缩应力要低得多。为了防止厚板热切割边缘的开裂,对于所有厚度的 2.25Cr1Mo、3Cr1Mo 型钢和 15mm 以上的 1.25Cr0.5Mo 钢板,热切割前应将割口边缘预热 150℃ 以上;对于 15mm 以下的 1.25Cr0.5Mo 钢板和 15mm 以上的 0.5Mo 钢板热切割前应预热 100℃ 以上。以上热切割边缘应作机械加工并用磁粉探伤检查是否存在表面裂纹。而对于 15mm 以下的 0.5Mo 钢板,热切割前不必预热。

热切割边缘或坡口面如直接进行焊接,焊前必须清理干净热切割熔渣和氧化皮。切割面缺口应用砂轮修磨圆滑过渡,机械加工的边缘或坡口面焊前应清除油迹等污物。对焊缝质量要求较高的焊件,焊前最好用丙酮擦净坡口表面。

焊接材料在使用前应作适当的预处理。埋弧焊所用的光焊丝,应将表面防锈油清除干净。镀铜焊丝也要将表面积尘和污垢仔细清除。焊条电弧焊的药皮焊条和埋弧焊的焊剂除妥善保管外,在使用前,应严格按工艺规程的规定进行烘干。

3. 焊接材料的选配

低合金耐热钢焊接材料的选配原则是焊缝金属的合金成分与强度性能应基本符合母材标准规定的下限值,或应达到产品技术条件规定的最低性能指标。如焊件焊后需经退火、正火或热成形,则应选择合金成分和强度级别较高的焊接材料。为提高焊缝金属的抗裂性,通常将焊接材料中的含碳量控制在低于母材的含碳量。对于一些特殊用途的焊丝和焊条,如为了免除焊后热处理所采用的焊条,其焊缝金属的含碳量应控制在 0.05% 以下。

常用的低合金耐热钢所选配的相应焊接材料见附表 26。

4. 预热和焊后热处理

① 预热是防止低合金耐热钢焊接接头冷裂纹和消除应力裂纹的有效措施之一。预热温度主要依据钢的碳当量、接头的拘束度和焊缝金属的含氢量来决定。常用低合金耐热钢的最

低预热温度推荐值见表 12-4。对于厚壁容器壳体上插入式接管的环向接头，钢结构部件的十字接头等高拘束度焊件，其预热温度应比表 12-4 所推荐的预热温度高 50℃。

表 12-4　常用低合金耐热钢的最低预热温度推荐值

钢种	厚度/mm	温度/℃	钢种	厚度/mm	温度/℃
0.5Mo	≥20	80	1CrMoV	≥10	150
1Cr0.5Mo	≥20	120	2CrMoWVTiB	所有厚度	150
1.25Cr0.5Mo	≥20	120	2MnMo	≥30	150
2.25Cr1Mo	≥10	150	2MnNiMo	≥30	150

② 焊后热处理对于低合金耐热钢来说，目的不仅是消除焊接残余应力，而且更重要的是改善金属组织，提高接头的综合力学性能，包括降低焊缝及热影响区的硬度、提高接头的高温蠕变强度和组织稳定性等。

低合金耐热钢焊件可按钢和对接接头性能的要求，采用不同的焊后处理方式，如不作焊后热处理；580～760℃温度范围内回火或消除应力热处理；正火处理等。对于某些合金成分较低、壁厚较薄的低合金耐热钢接头，焊前采取预热、使用低氢低碳型焊接材料且经焊接工艺试验证实接头具有足够的塑性和韧性，则焊件允许在焊后不作热处理。

焊后热处理要保证焊缝热影响区特别是过热区组织得到改善，在拟定耐热钢接头的焊后热处理规范时，要尽量避免在所处理钢材回火脆性敏感的或对消除应力裂纹敏感的温度范围内进行，并应规定在危险的温度范围内的加热速度。低合金耐热钢焊件的最低焊后热处理温度推荐值见表 12-5，最佳热处理温度应根据焊件的运行条件、材料的供货状态、对接头的性能要求以及焊接残余应力的水平等，通过焊接工艺评定试验来确定。

表 12-5　低合金耐热钢焊件的最低焊后热处理温度推荐值

钢种	0.5Mo	0.5Cr0.5Mo	1Cr0.5Mo	1.25Cr0.5Mo	2.25Cr1Mo	1CrMoV	2CrMoWVTiB
温度/℃	600～620	620～640	640～680	640～680	680～700	720～740	760～780

（二）中合金耐热钢的焊接工艺

在动力、化工和石油等工业部门经常使用的中合金耐热钢有 5Cr0.5Mo、7Cr0.5Mo、9Cr1MoV、9Cr1MoVNb、9Cr2Mo 等。这类耐热钢的主要合金元素是 Cr，其使用性能主要取决于 Cr 含量，Cr 含量愈高，耐高温性能和抗高温氧化性能愈好。这些抗氧化性和耐热性良好的中合金耐热钢在高温高压锅炉和炼油高温设备中部分取代了高合金奥氏体耐热钢。

1. 焊接方法

中合金耐热钢淬硬和裂纹倾向较高，在选择焊接方法时，要优先采用低氢的焊接方法如钨极氩弧焊和熔化极气体保护焊等。在厚壁焊件中，在选择焊条电弧焊和埋弧焊时，必须采用低氢碱性药皮焊条和焊剂。

电渣焊的热循环对中合金钢的焊接十分有利，焊前无须预热。但在焊接空淬倾向特别高的钢材时，利用电渣焊过程本身的热量很难保持规定的层间温度。特别是对于长焊缝，在整条焊缝焊完之前，焊缝端部已冷却至室温，加上电渣焊焊缝金属和过热区组织晶粒粗大，很容易在焊后热处理之前已形成裂纹。因此中合金耐热钢的电渣焊的温度规范必须保持在焊接工艺规程的范围之内。

2. 焊前准备

中合金耐热钢热切割之前，必须将切割边缘 200mm 宽度内预热到 150℃以上。切割面要采用磁粉探伤检查是否存在裂纹。对焊接坡口进行机械加工后，坡口面上的热切割硬化层要清除干净，必要时作表面硬度测定加以鉴别。

接头坡口形式和尺寸的设计原则是尽量减少焊缝的横截面积。对于中合金耐热钢来说，最理想的坡口形式为窄间隙坡口，不管焊件壁厚多大，窄间隙坡口的宽度对于埋弧焊为 18～22mm，对于熔化极气体保护焊为 14～16mm，对于钨极氩弧焊或热丝钨极氩弧焊为 8～12mm。

3. 焊接材料的选择

中合金耐热钢焊接材料可以选用高铬镍奥氏体焊接材料即异种焊接材料，或选用与母材合金成分基本相同的中合金耐热钢焊接材料。

中合金耐热钢焊接材料在我国至今尚未完全标准化。在国外，大部分中铬钢焊接材料已纳入标准。中合金耐热钢焊接材料的选用见表 12-6。所有中合金钢焊条和焊剂为低氢或超低氢级的。焊接材料保管、再烘干制度基本与低合金耐热钢焊接材料相同。

表 12-6　中合金耐热钢焊接材料的选用

焊 接 材 料		适 用 钢 种
国际型号	牌号	
E5MoV-15、E801Y-B6(AWS)	R507	1Cr5Mo、A213-T5、A335-P5
—	R517A	10Cr5MoWVTiB
E9Mo-15	R707	A213-T7、A213-T9
E801Y-B8(AWS)、E505-15	R717A	A335-P7、A335-P9
E901Y-B9(AWS)	R717	10Cr9Mo1VNb、A213-T91

4. 预热和焊后热处理

在中合金耐热钢焊接时，预热是防止裂纹、降低接头各区硬度和焊接应力峰值以及提高韧性的有效措施。焊前的预热温度对于成熟钢种可按制造法规的要求选定。对于新型钢种，可根据抗裂性试验来确定。

中合金耐热钢最低预热温度的推荐值见表 12-7。

表 12-7　中合金耐热钢最低预热温度的推荐值

钢 种	厚 度/mm	温 度/℃
5Cr0.5Mo		200
7Cr0.5Mo	≥6(或所有厚度)	
9Cr1Mo、9Cr1MoV、9Cr2Mo		250

中合金耐热钢焊件的焊后热处理在各国制造法规中作了强制性的规定，其目的在于改善焊缝金属及其热影响区的组织，使淬火马氏体转变成回火马氏体，降低接头各区的硬度，提高其韧性、变形能力和高温持久强度并消除内应力。中合金耐热钢焊件常用的焊后热处理有完全退火、高温回火或回火加等温退火等。

各种中合金耐热钢焊件焊后热处理的最佳规范可通过系列回火试验来确定。在实际生产中，从经济观点出发，根据对接头提出的主要性能指标要求，为每种焊件选定最合理的焊后热处理规范。中合金耐热钢焊后热处理温度范围的推荐值见表 12-8。

表 12-8　中合金耐热钢焊后热处理温度范围的推荐值

钢种	5Cr0.5Mo	5CrMoWVTiB	9Cr1Mo	9Cr1MoV	9Cr1MoVNb	9CrMoWVNb	9Cr2Mo
温度/℃	720～740	760～780	720～740	710～730	750～770	740～750	710～730

（三）高合金耐热钢的焊接工艺

在钢分类标准 GB/T 13304—1991 中，高合金耐热钢属于特殊质量合金钢中的不锈、耐蚀和耐热钢一类。可见，高合金耐热钢和不锈钢是同属一类的。大部分不锈钢也是耐热钢，当其工作于腐蚀性场合时，称之为不锈钢；当其工作于高温场合时，又称之为高合金耐热钢。

根据现行高合金耐热钢国家标准，按其组织特征可分为奥氏体型、铁素体型、马氏体型和弥散硬化型；按其基本合金系统，可分为铬镍型和高铬型。为提高这些耐热钢的抗氧化性、热强性并改善其工艺性，在这两种基本合金系统中，还分别加入 Ti、Nb、Al、W、V、Mo、B、Si、Mn 和 Cu 等合金元素。

高合金耐热钢最主要的特征是 600℃ 以上具有较高的力学性能和抗氧化性能。各种高合金耐热钢以不同的热处理状态供货，奥氏体耐热钢绝大部分以固溶处理状态供货，而铁素体型和马氏体型耐热钢的供货状态为退火处理。必须选用正确的热处理制度，才能使各种高合金耐热钢具有合乎要求的常温和高温性能。

高合金耐热钢与中低合金耐热钢相比，具有独特的物理性能。对焊接性产生较大影响的物理性能有热膨胀系数、热导率和电阻。与碳钢相比，奥氏体耐热钢的热膨胀系数较高，易引起较大的变形，而各种高合金耐热钢的热导率均较低，则要求采用较低的焊接热输入量。

高合金耐热钢的焊接性因其金相组织的不同而异，马氏体型耐热钢的焊接性主要因高的淬硬性而恶化；铁素体型耐热钢焊接时，由于不发生同素异形转变，导致重结晶区晶粒长大，使接头的韧性降低；奥氏体型耐热钢焊接时，裂纹倾向较高；弥散硬化型耐热钢的焊接特性与弥散过程中的强化机制有关。因此，马氏体高合金耐热钢的焊接性最差，其次是铁素体耐热钢，它们的焊接工艺有较大差别。

高合金耐热钢的焊接工艺与不锈钢的焊接工艺基本一致，可参见"不锈钢的焊接"的相关内容。

第二节　耐热钢焊接实例

实例一：低合金耐热钢焊接

低合金耐热钢在动力锅炉、汽轮机、高压蒸汽管道和各种炼油、石化设备中应用十分广泛。其中 15CrMo 钢压力容器筒身纵缝电渣焊焊接工艺规程见表 12-9。

实例二：中合金耐热钢焊接

中合金耐热钢特别是新近开发的 9CrMo 系列钢及其焊接接头，由于具有相当高的蠕变强度，已在许多大型动力工程中逐步取代低合金耐热钢厚壁部件，取得可观的经济效益。其中 9Cr-2Mo 钢埋弧焊工艺规程见表 12-10。

实例三：高合金耐热钢焊接

高合金耐热钢中，以 18-8 型铬镍奥氏体耐热钢的应用最为普遍。13mm 厚 18-8 型铬镍耐热钢筒体纵缝埋弧焊工艺规程见表 12-11。

表 12-9　15CrMo 钢压力容器筒身纵缝电渣焊焊接工艺规程

焊接方法	电渣焊		母材	钢号 15CrMo 规格 80mm
坡口形式	32$^{+2}_{0}$ 80		焊前准备	①清除坡口氧化皮 ②磁粉探伤坡口表面检查裂纹 ③装配Ⅱ形铁和引出板 点固焊,拉紧焊缝采用 J507 焊条 焊前预热 150～200℃
焊接材料	焊条牌号:R307(E5515-B2),φ4mm,φ5mm,用于补焊 焊丝牌号:H13CrMo,φ3mm 焊剂牌号:HJ-431			
预热及层间温度	预热温度:— 层间温度:— 后热温度:—		焊后 热处理规范	正火温度:930～950℃/1.5h 回火温度:(650℃±10℃)/4h 消除应力温度:(630℃±10℃)/3h
焊接参数	焊接电流:500～550A(每根焊丝) 焊接电压:41～43V 焊丝伸出长度:60～70mm	熔池深度:50～60mm 焊丝根数:2 焊接速度:1.4m/h		
操作技术	焊接位置:立焊 焊道层数:单层	焊接方向:自上而下 焊丝摆动参数:不摆动		
焊后检查	正火处理后 100%超声波探伤			

表 12-10　9Cr-2Mo 钢埋弧焊工艺规程

母材	牌号	HCM-9M	焊接材料	焊剂	BL-9M
	规格	82mm		焊丝	W-CM9M φ4.0mm
坡口形式及尺寸	10° 82 15° 3$^{+1}_{0}$ R8$^{+1}_{0}$		焊接顺序 及焊接方法	封底层焊道:手工氩弧焊 加厚焊道:焊条电弧焊 填充和盖面层:埋弧焊	
预热和层间温度	200～250℃		焊后消氢处理	250℃/3h	

焊接参数	层次	焊接电流 /A	电弧电压 /V	焊接速度 /(cm/min)	热输入 /(kJ/cm)
	1	135	12	约150	
	2～3	140	24	约300	30
	4～25	500	28～30		
	26～28	500	28～30	约250	35

焊后冷却速度	消氢处理后缓冷至 100℃,保持 50min,紧接作焊后热处理
焊后热处理温度	715℃/10h

表 12-11　13mm 厚 18-8 型铬镍耐热钢筒体纵缝埋弧焊工艺规程

焊接方法	埋弧焊		母材	钢号:1Cr18Ni9Ti 规格:13mm
坡口形式及尺寸			焊缝层次	
焊接材料	焊丝牌号:00Cr22Ni10 规格:φ2.5mm 焊剂牌号:HJ260		焊前准备	①坡口表面及两侧 20mm 和焊丝表面用丙酮擦除油污 ②焊剂在焊前 300～350℃烘干 2h
预热及层间温度	预热温度:— 层间温度:≤120℃		焊后热处理	(900℃±20℃)/1h 稳定化处理
焊接能量参数	焊道层次	焊接电流/A	电弧电压/V	焊接速度/(mm/min)
	1	400	26	500
	2	420	28	600
	3	450	32	460
操作技术	①焊接位置:平焊　　　　　　　　②单道焊技术 ③焊丝伸出长度:30～32mm　　　④焊道两侧边缘用薄片砂轮清渣			
焊后检查	100%射线照相检查			

章 节 小 结

1. 耐热钢的分类和性能。

耐热钢按其合金成分的质量分数可分为低合金耐热钢、中合金耐热钢和高合金耐热钢。耐热钢主要探讨的是高温性能，包括两个方面即高温抗氧化性（热稳定性）和高温强度（热强性）。

2. 常用耐热钢的焊接性。

耐热钢中含有不同的合金元素，碳与合金元素共同作用，导致焊接过程中形成淬硬组织，焊缝的塑性、韧性降低，焊接性较差。

3. 低合金耐热钢的特点及焊接工艺。

在普通碳钢中加入 Mo、V、Ti 等合金元素，可提高钢的高温强度，这种低合金钢在高温长时间作用下仍会发生组织不稳定现象，而降低高温蠕变强度。当在钢中加入铬、铌、钨和硼等碳化物形成元素时，可明显提高钢的组织稳定性，并进一步提高钢的蠕变强度和钢的组织稳定性。

低合金耐热钢的焊接工艺包括焊接方法的选择、焊前准备、焊接材料的选配和管理、焊前预热和焊后热处理及焊接参数的选定等。

4. 中合金耐热钢的特点及焊接工艺。

中合金耐热钢的主要合金元素是 Cr，Cr 含量愈高，耐高温性能和抗高温氧化性能愈好。中合金耐热钢淬硬和裂纹倾向较高，在选择焊接方法时，要优先采用低氢的焊接方法如钨极氩弧焊和熔化极气体保护焊等。在厚壁焊件中，在选择焊条电弧焊和埋弧焊时，必须采用低氢碱性药皮焊条和焊剂。

　　5. 高合金耐热钢的特点。

思 考 题

　　1. 简述耐热钢的分类和性能。

　　2. 低合金耐热钢的特性如何？为什么钢中含有 Cr、Mo、V 等元素？

　　3. 低合金耐热钢的焊接特点有哪些？

　　4. 耐热钢中主要合金元素 Cr、Mo、V 对其焊接所产生的影响有哪些？

　　5. 低合金耐热钢焊接时，如何正确选择焊接材料？

　　6. 对于中合金耐热钢，焊接时往往倾向于选用高铬镍奥氏体焊接材料，即异种焊接材料，这样做的理由是什么？

　　7. 高合金耐热钢表现出的优良性能有哪些？它的焊接特征是什么？

　　8. 为什么说"预热和焊后热处理"对于中合金钢的焊接是不可缺少的重要工序？

第十三章 铸铁的焊接

【**学习指南**】 本章重点学习铸铁焊接的有关知识。要求了解铸铁的焊接特点及焊接工艺，通过分析铸铁的焊接性和焊接实例，进一步了解铸铁的焊补特点。

第一节 铸铁的焊接工艺

铸铁具有优良的铸造性能、良好的切削加工性能、优良的耐磨性和减震性，在工业领域中应用极为广泛，按其质量比统计，在汽车、农机和机床中铸铁用量约占 50%～90%。特别是球墨铸铁的力学性能接近于铸钢，已代替了很多铸钢件及锻钢件。

铸铁的焊接主要应用于铸造缺陷的焊补、已损坏的铸铁成品件的焊补和零件的生产即把铸铁件（主要是球墨铸铁件）与钢件或其他金属件焊接起来，做成零部件以供使用。

一、铸铁的焊接性

铸铁的性能取决于化学成分、显微组织类型和显微组织组分的形式和分布。工业中常用的铸铁含有大于 2% 的碳和 1%～3% 的硅以及少量锰和硫、磷等杂质元素。铸铁的组织主要取决于化学成分和冷却速度。不同的冷却速度可产生不同的铸铁组织，冷却速度及化学成分对铸铁组织的影响如图 13-1 所示。合金元素对石墨化和白口化的重要影响如图 13-2 所示。

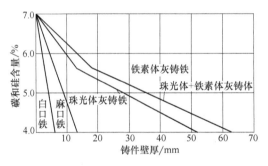

图 13-1　铸件壁厚（冷却速度）和化学成分对铸铁组织的影响

按碳的存在状态（化合物或游离石墨）及石墨的存在形式（片状、球状、团絮状等），可将铸铁分为灰口铸铁、球墨铸铁、可锻铸铁、蠕墨铸铁、白口铸铁等五大类，其中以灰口铸铁和球墨铸铁应用最广。

1. 铸铁的性能

铸铁的组织由金属基体和石墨组成，因此铸铁的性能取决于金属基体的性能和石墨的性质及其数量、大小、形状和分布。其中铸铁的金属基体有三类即铁素体、珠光体、珠光体和铁素体以任意比例共存。同时铸铁的性能受铸铁的组织、化学成分和冷却速度的影响，尤其是铸铁的组织的影响最为显著，其中任何因素的改变，都会导致铸铁性能的相应变化。

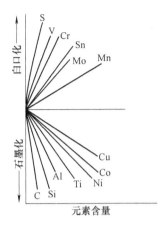

图 13-2　合金元素对铸铁石墨化和白口化的影响

白口铸铁中碳几乎全部以渗碳体形式存在，断口呈白亮，硬而脆（其硬度为 800HB 左右），强度较低，不易进行机械加工，目前，主要用来制造各种耐磨件，越来越广泛地应用于冶金、矿山、橡胶塑料等轧制机械中。常用白口铸铁的化学成分中，含碳量为 2.1%~3.8%，含硅量≤1.2%。有时添加 Mo、Cu、W、B 等合金元素，以提高其力学性能。

灰口铸铁又称灰铸铁简称灰铁，其中碳主要以片状石墨存在，分布于不同的基体上，断口呈灰黑色。在工业中应用最广，具有优良的铸造性能、耐磨性及减震性，优良的切削加工性和较小的缺口敏感性等特征。但由于基体中的石墨原子排列呈层状，结合力弱，易发生滑移，片状形式存在的石墨割裂基体组织，破坏了基体的连续性。因此灰口铸铁的强度低、硬度低、塑性几乎为零。

在灰口铸铁中，以 H200 及 H150 应用最为广泛，汽车、拖拉机的缸体、缸盖及一般机床等均由此类铸铁制成。

可锻铸铁又称展性铸铁或马铁，由白口铸铁毛坯经 900~1000℃ 长时间（几十小时）退火，使渗碳体在固态下分解，形成团絮状石墨，即得到强度和塑性都比一般灰口铸铁高的可锻铸铁。它适合于制造形状复杂、塑性和韧性要求较高的小型零件如汽车后桥壳、拖拉机减速器、拖车挂钩、柴油机曲轴、连杆、齿轮及活塞等受冲击和振动的零件。根据化学成分和组织不同，可锻铸铁可分为铁素体可锻铸铁和珠光体可锻铸铁两类。

球墨铸铁简称球铁。球墨铸铁是在液态铸铁中加入适量的球化剂（如镁、铈、钇等），使石墨呈球状分布。球墨铸铁具有较高的强度和韧性，主要应用于制造承受较大动载荷的重要零件如柴油机的曲轴、连杆、汽缸盖、汽缸套和齿轮等，在一定范围内还可以代替铸钢件。

蠕墨铸铁是近十几年来发展的一种新型铸铁材料，它是在浇注前向铁水中加入一定量的蠕化剂（Mg，Al，Ti 及稀土）进行蠕化处理，并加入少量孕育剂（硅铁或硅钙合金），以促进石墨化，浇注后获得蠕虫状石墨的铸铁。蠕墨铸铁是一种具有良好综合性能的铸铁，蠕墨铸铁的化学成分与灰铸铁基本相似，其显微组织由蠕虫状石墨和基体组成。根据基体组织不同，蠕墨铸铁分为铁素体蠕墨铸铁、铁素体＋珠光体蠕墨铸铁、珠光体蠕墨铸铁。蠕墨铸铁的抗拉强度、塑性、疲劳强度等均优于灰口铸铁，而接近铁素体基体的球墨铸铁；蠕墨铸铁的导热性、铸造性、可切削加工性均优于球墨铸铁，而与灰口铸铁相近。常用蠕铁的抗拉强度为 300~500MPa，伸长率为 1%~6%。

2. 铸铁的焊接性

（1）灰口铸铁的焊接性　焊接接头易出现白口及淬硬组织。灰口铸铁电弧焊时，接头的冷却速度远远大于铸件在砂型中的冷却速度。在快速冷却下，石墨化难以进行，会产生大量的渗碳体，形成白口组织。

焊接接头易出现裂纹，灰口铸铁焊接时，出现的裂纹主要有冷裂纹和热裂纹两类。

当焊缝金属为铸铁型（同质）时，焊接灰口铸铁容易出现冷裂纹。冷裂纹的产生与铸铁的性能和组织有关。焊缝石墨化程度也影响冷裂纹的产生。焊补处的刚度、焊缝体积和焊缝长度对焊缝裂纹的敏感性有明显的影响。刚度大、焊缝长都将使焊接应力增大，促使裂纹的产生。当采用异质焊缝金属（如采用低碳钢或某些合金钢焊条）时，由于母材与焊缝金属性能的差别较大以及焊接工艺的影响，熔合区和热影响区产生较多的渗碳体和马氏体，裂纹主要出现在熔合区和热影响区交接处，沿熔合区开裂，多为纵向分布，也有横向或斜向分布。

当焊缝为铸铁型时，若焊缝基体为灰口铸铁，一般对热裂纹不敏感。但采用低碳钢焊条或镍基铸铁焊条时，焊缝易出现结晶裂纹，常见的热裂纹有火口裂纹、焊缝横向裂纹及沿熔合线焊缝内侧的纵向裂纹。采用镍基焊条焊接含碳及硫、磷杂质较高的铸铁时，硫、磷易与镍形成低熔点共晶体，增加了焊缝对热裂纹的敏感性。若采用氧化铁型焊条焊接灰铸铁，由于熔合比增大，母材中的碳、硫和磷大量溶入焊缝金属，形成大量铁的低熔点共晶体，同样易产生热裂纹。

（2）灰口铸铁焊接缺陷的防止措施　防止灰铸铁焊接时焊缝出现白口及淬硬组织的措施如下。

当焊缝为铸铁成分时，要采取适当的工艺措施，减慢焊缝的冷却速度。

调整焊缝化学成分，增强焊缝的石墨化能力，并使二者适当配合。若采用低碳钢异质金属进行铸铁焊接，使焊缝组织不是铸铁，虽然可防止焊缝白口的产生，但必须要能防止或减弱母材过渡到焊缝中的碳产生高硬度组织的有害作用，设法改变碳的存在形式，使焊缝分别成为奥氏体、铁素体或有色金属，而不出现淬硬组织，并具有一定的塑性。通常采用镍基焊条焊补铸铁。

防止灰口铸铁焊接时出现裂纹的措施如下。

采取工艺措施减少焊接接头的应力，防止热影响区产生渗碳体及马氏体，如采用预热焊，可防止裂纹发生。当冷焊时，采用正确的冷焊工艺，以减少焊接接头的应力，并采用屈服强度较低的铸铁焊条如铜基铸铁焊条进行焊接，有利于防止上述冷裂纹的发生。

防止焊缝产生热裂纹的措施有调整焊缝金属的化学成分，使其脆性温度区间缩小；加入稀土元素，增强焊缝的脱硫、脱磷冶金反应；加入适量的细化晶粒元素，使焊缝晶粒细化。同时，采用正确的冷焊工艺，降低焊接应力，减少有害杂质熔入焊缝，都能提高焊缝的抗热裂性能。

3. 其他铸铁的焊接性

（1）球墨铸铁的焊接性　球墨铸铁的焊接性与灰口铸铁相比有许多相似之处，焊接时存在的主要问题也是白口、淬硬组织与焊接裂纹。但由于球墨铸铁的化学成分、力学性能与灰口铸铁不同，具有不同的特点如焊接接头白口化倾向及淬硬倾向比灰口铸铁大，对焊接接头力学性能要求高。

（2）可锻铸铁的焊接性　可锻铸铁中的碳、硅含量比灰口铸铁低，导致同质焊缝熔化焊时，焊缝及半熔化区形成白口倾向更加严重，使可锻铸铁的焊接更加困难。

（3）蠕墨铸铁的焊接性 蠕墨铸铁除含有 C、Si、Mn、S、P 外，还含有少量稀土蠕化剂。但其含量比球墨铸铁低，焊接接头形成白口倾向比球墨铸铁小，但比灰口铸铁大。在基体组织相同的情况下，蠕墨铸铁的力学性能高于灰口铸铁而低于球墨铸铁。因此，蠕墨铸铁的焊接性比灰口铸铁差，比球墨铸铁稍好些。为了与蠕墨铸铁力学性能相匹配，其焊缝及焊接接头力学性能应与蠕墨铸铁相等或相近。

（4）白口铸铁的焊接性 极易产生裂纹及剥离，在常规的条件下，焊补白口铸铁的裂纹是难以避免的。焊接接头出现裂纹，不仅破坏致密性，承载能力下降，严重时在焊接过程中或焊后使用不久，整个焊缝剥离。这是白口铸铁焊补失败的最主要表现。

异质焊缝硬度偏低，耐磨性低于母材。白口铸铁件多要求具有较高的耐磨性，因此焊补区域要求具有与母材相接近的耐磨性，焊补中往往为了改善焊接性，采用塑性较高、耐磨性较差的异质焊条，经上机使用，焊补处过早地急剧磨损下凹，从而降低了修复件的使用寿命。

二、焊接工艺

铸铁的焊接方法很多，但每种方法各有其特点，只能适应某些类型铸件中的某些缺陷的焊补。选择焊补方法时应考虑待焊铸件的大小、厚薄、复杂程度、缺陷类型、尺寸、所处部位的刚度、铸铁材质以及对焊补的质量要求如切削加工性、硬度、强度、颜色、密封性等因素。

常用的铸铁焊接方法有气焊、电弧焊、钎焊、电渣焊等，其特点见表 13-1。铸铁冷焊用焊条见表 13-2。铸铁热焊与半热焊用的焊条主要有两种，即 Z248 和 Z208。为了保证焊缝石墨化，气焊丝的碳、硅含量较灰铁高，以弥补焊接过程中的氧化烧损，增强焊缝石墨化能力。铸铁气焊焊丝成分见表 13-3。气焊常用熔剂俗称气焊粉。气焊铸铁时熔池表面存在着熔点较高（1713℃）的 SiO_2，黏度较大，影响焊接正常进行，如不及时除去，在焊缝中易形成夹渣。SiO_2 为酸性氧化物，使用碱性物质与其化合生成低熔点的复合盐，浮在熔池表面，焊接过程中要随时扒出。铸铁熔剂市售牌号为"粉201"，也可自行配制，配制比例见表 13-4。

表 13-1 常用的铸铁焊接方法及特点

焊接方法		焊 接 工 艺	焊 接 特 点
气焊	热焊法	采用铸铁填充材料焊前预热至 600～700℃左右，并保持工件温度在焊接过程中不低于 400℃，焊后 600～700℃ 保温退火，消除应力	有效地防止白口、淬硬组织及裂纹发生，焊接质量好，焊后可加工，硬度、强度及颜色与母材相同
	不预热焊法	采用铸铁填充材料，不需预热直接进行焊接，焊后适当保温缓冷。硬度、强度、颜色与母材相同，可进行机械加工	不预热气焊，由于焊接区加热至熔化状态时间较长，局部过热严重，焊接区热应力较大，焊缝又为铸铁型，强度低，塑性几乎为零，所以很容易产生裂纹。适用于中小型铸件，且壁厚较均匀，结构应力较小
	加热减应区焊法	在被焊工件上选定一处或几处适当的部位（即减应区），在焊前、焊后及焊接过程中，对其进行加热，加热减应区温度一般控制在 600～700℃	通过对减应区的加热，使焊缝在受热和冷却时都能较自由地伸长与收缩，从而减小了焊接应力，避免裂纹的产生。该法适用于焊补铸件上拘束刚度较大部位的裂纹

焊接方法		焊 接 工 艺	焊 接 特 点
电弧焊	热焊法	采用铸铁芯焊条,焊前将铸件整体或局部预热至600～700℃左右,在焊接过程中保持这一温度,并在焊后采取缓冷措施	铸铁热焊能获得质量最佳的焊接接头。焊后可加工,硬度、强度及颜色均与母材接近。适用于结构复杂、刚度较大以及承受动载荷等使用性能要求较高的铸件
	半热焊法	预热温度在400℃左右,一般采用钢芯石墨化型焊条,依靠焊条药皮内的石墨元素,使焊缝成为铸铁组织,焊后使焊补区缓冷,避免裂纹和产生白口	对于刚度较大部位的焊补,由于400℃以下铸铁的塑性几乎为零,接头的温差又大,故热应力也大,接头易形成裂纹。焊后焊缝强度与母材相近,但接头加工性不良
	冷焊法	焊前对被焊工件不预热,在冷焊条件下,为了防止焊接接头上出现白口及淬硬组织,应减慢焊接接头的冷却速度,为此应采用大直径焊条,大电流连续焊工艺。焊后可加工,硬度、强度及颜色与母材接近	该法焊补大刚度缺陷时,由于焊接应力大,且焊缝为灰口铸铁组织,强度低,无塑性,焊缝易出现裂纹。当缺陷面积小及缺陷深度较浅时,由于冷却速度快,焊缝易出现白口。该法适宜焊接刚度不大的中、大型缺陷
钎焊		钎焊热源常用氧-乙炔火焰,由于钎焊是靠扩散过程完成的,故焊前需将焊件表面的氧化物、油污去除得很干净,并露出金属光泽。钎焊铸铁用钎料一般为黄铜(H1104)及新型焊料 Cu-Zn-Mn-Ni	钎焊时母材不熔化,热影响区不会产生白口组织,有利于改善接头的加工性。同时焊补区加热温度较小,所以热应力较小,从而降低了冷裂纹倾向,铸件变形小。钎焊主要用于焊补加工过程中或加工以后发现的缺陷、铸件上磨损面积较大的缺陷以及变质铸铁等
电渣焊		电渣焊是以熔渣的电阻热为热源,温度较低,只有1500～2000℃,所以加热时间长,加热范围大,焊缝及热影响区冷却速度小,有效地避免了白口,能获得加工性能良好,与母材力学性能相同,颜色一致的焊补接头	由于焊缝金属体积大,受热范围较大,因而焊接应力较大,焊补刚性较大或薄壁复杂铸件时,容易产生热应力裂纹。电渣焊主要用于大型铸件上刚性不大部位的深大缺陷焊补

表 13-2　铸铁冷焊时有关焊条的选用

焊条牌号	焊 条 名 称	焊缝金属	电源种类	适 用 范 围
Z100	低碳钢芯氧化性药皮铸铁焊条	碳钢	交、直流	适于某些不要求加工的非重要部位的缺陷焊补,需修复的旧钢锭模
Z122H	低碳钢芯铁粉钛钙型冷焊铸铁焊条	碳钢	交、直流	只能用于铸铁件非加工面焊补
Z116 Z117	低碳钢芯低氢型药皮的高钒铸铁焊条	高钒钢	直流(反接)或交流	主要用于铸铁非加工面焊补,也可焊补高强度铸铁件及球墨铸铁件
Z308	纯镍焊芯石墨型药皮的铸铁焊条	镍	直流(正接)或交流	因焊条昂贵,主要用于加工面的焊补
Z408	镍铁合金焊芯石墨型药皮的铸铁焊条	镍铁合金	直流(正接)或交流	主要用于高强度灰口铸铁及球墨铸铁的焊接
Z508	镍铜合金焊芯石墨型药皮铸铁焊条	镍铜合金	直流(正接)或交流	用于强度要求不高的灰口铸铁加工面的焊补
Z607	紫铜焊芯低碳铁粉低氢型药皮铸铁焊条	铜-铁混合	直流(反接)	主要用于非加工面焊补

续表

焊条牌号	焊条名称	焊缝金属	电源种类	适用范围
Z612	铜包钢芯钛钙型药皮铸铁焊条	铜-铁混合	交、直流	主要用于非加工面焊补
Z248	铸铁芯强石墨化型药皮的铸铁焊条	铸铁	交、直流	一般选用大直径焊条配合较大的焊接电流,特别适合厚大灰铁件较大缺陷的焊补
Z208	低碳钢芯强石墨化药皮的铸铁焊条	铸铁	交、直流	对承受应力及冲击等重要铸件结构,不宜使用本焊条
铜227	锡磷青铜为焊芯低氢型药皮铜合金焊条	锡青铜-铁		主要用于堆焊磷青铜耐磨件,在焊补区的颜色要求一致时,不宜使用此焊条

表 13-3 铸铁气焊焊丝成分　　　　　　　　　%

序号	C	Si	Mn	S	P	用途
1(HS401)	3.0～4.2	2.8～3.6	0.3～0.8	≤0.08	0.15～0.5	热焊
2	3.0～4.2	3.8～4.8	0.3～0.8	≤0.08	0.15～0.5	冷焊

表 13-4 铸铁气焊熔剂成分　　　　　　　　　%

序号	脱水硼砂($Na_2B_4O_7$)	苏打(Na_2CO_3)	钾盐(K_2CO_3)
1	—	100	—
2	50	50	—
3	56	22	22

(一) 灰口铸铁的焊接工艺

在灰口铸铁的焊接过程中,通常根据铸铁件的状况、焊接部位缺陷情况、焊后质量要求、现场设备和经济性等要求来选择合适的焊接方法,其中灰口铸铁的主要焊接方法及特点见表13-5。

表 13-5 灰口铸铁焊接方法及特点

焊接方法		焊接材料	接头加工性	致密性	热裂纹倾向	冷裂纹倾向	主要用途
	热焊	铸248,铸208	很好	好	很小	很小	
	半热焊	铸248,铸208	较好	好	很小	较小	
	不预热焊	铸248	较好	好	很小	刚度大的部位易裂	
焊条电弧焊	冷焊	铸308	较好	较好	小	小	加工面、导轨面铸造缺陷及划伤、大型设备的修复等。预热200℃左右可以进一步改善机械加工性能
		铸408	较好	较好	小	较小	
		铸508	较好	稍差	较小	小	
		铸100,铸E5016	很差	较差	大	大	一般用于非加工面,劳动条件较好,成本较低,效率较低
		铸117,铸116	稍差	好	极小	较小	
		铸607,铸612	较差	稍差	极小	小	

续表

焊接方法		焊接材料	接头加工性	致密性	热裂纹倾向	冷裂纹倾向	主　要　用　途
气焊	热焊	灰口铸铁焊丝	很好	好	很小	极小	劳动条件差
	不预热焊		很好	好	很小	较小	机床等加工面及一般导轨面
	加热减应区		很好	好	很小	加热不当时易裂	汽车、拖拉机缸体、缸盖的修复
钎焊		黄铜、白铜钎料	很好	较差	小	小	导轨面研伤修复，也可用于熔焊时不易熔合的铸铁
CO_2 气体保护焊		H08Mn2SiA	较差	较好	较小	较小	缸体、排气管等
电渣焊		灰口铸铁屑	很好	好	很小	较小	用于厚大件，劳动条件差
氧-乙炔火焰粉末喷焊		F103，F302	很好	较好	较小	较小	修复铸件在加工中出现的小缺陷

1. 电弧热焊和半热焊焊接工艺

灰口铸铁热焊预热温度在 600～700℃，焊接过程中保持这一温度，焊后要采取缓冷措施。

热焊有着突出的优点，通过预热和缓冷，使焊接接头冷却速度缓慢，可避免产生白口及淬硬组织，保证接头有良好的切削加工性能。由于预热温度较高，使焊缝与母材的温差较小，大大降低了接头的热应力。灰口铸铁在 600～700℃ 时有一定的塑性，因此，可有效地防止产生焊接裂纹。热焊能获得质量最佳的焊接接头，但热焊劳动条件差，生产成本高，生产效率低。

半热焊预热温度为 300～400℃，劳动条件得到改善，简化了焊接工艺。但由于预热温度低，冷却速度较快，在石墨化能力更强的焊接材料配合下，才有可能获得灰口组织，但接头温差大，且由于 400℃ 以下铸铁的塑性几乎为零，故热应力大，接头易形成裂纹。

热焊、半热焊、不预热焊的 (C+Si)% 总量也有所不同。较为合适的碳、硅含量范围见表 13-6。

表 13-6　焊缝中碳和硅的合适含量　　　　　　　　　　　%

焊接方法	C	Si	(C+Si)
热焊	3.0～3.8	3.0～3.8	6.0～7.6
半热焊	3.3～4.5	3.0～3.8	6.5～8.3
不预热焊	4.0～5.5	3.5～4.5	7.5～10.0

焊条选择：选用石墨化型焊条 Z248（铸铁芯）及 Z208（钢芯）焊后所获得的焊缝（即铸铁型焊缝），其化学成分、组织性能及颜色与母材接近。

Z248 焊条有较粗的直径，可选择大电流施焊，适用于厚大铸件较大缺陷的焊补。在机床行业中得到了一定应用。Z208 焊条焊芯为 H08 钢，药皮中含有较多的 C、Si、Al 等石墨化元素向焊缝过渡，使焊缝形成灰口组织。

焊前准备：用扁铲、风铲、砂轮、电弧气刨等方法去除缺陷，直至露出金属本色，用氧-乙炔焰烧掉焊补区的油污，并开制坡口，坡口要有一定的角度，上口稍大，底面要圆滑过渡。

对缺陷常需在待焊部位周围造型，如图 13-3 所示。

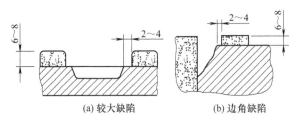

(a) 较大缺陷　　　　(b) 边角缺陷

图 13-3　待焊部位造型示意图

除防止铁水流失和保持焊补区有一定的成形面外，还有减缓接头冷却速度的作用。造型材料可用耐火砖、铸造型砂加水玻璃、石墨块等，只需在上部造型的，也可用黄泥围筑。用型砂和黄泥造型，焊前应烘干，去除水分。

预热：预热温度的选择主要根据铸件的体积、壁厚、结构复杂程度、缺陷的位置、焊补处的刚度及其预热设备等来确定。工件预热时应控制加热速度，使铸件的内部和外部的温度尽可能均匀，减小热应力，防止铸件在加热过程中产生裂纹。

热焊的预热温度为 600～700℃，焊接过程中需保持这一温度，焊后采取缓冷措施。半热焊预热温度为 300～400℃。

焊接操作要点如下。

连续堆焊。工件边角的小缺陷一次堆成，大缺陷连续堆 3～4 层，并迅速清理熔渣后再继续堆焊。

长弧焊接。药皮中有大量石墨，熔点较高，故要采用长弧焊，但电弧也不宜过长，以免石墨化元素大量烧损及保护不良。对于 ϕ4mm 直径焊条，电弧长度在 6mm 左右较好。

电流较大。根据被焊工件的壁厚，尽量选择大直径焊条及大电流进行施焊，使焊缝得到较多的热量，以减慢冷却速度，避免产生白口。

从坡口中心引弧，逐渐移向边缘，连续焊接。焊接过程中，如发现熔池中铁水白亮并沸腾时，应暂时中断焊接，待熔池停止沸腾，颜色变暗后，再继续焊接。

焊后不能锤击焊缝。焊缝为铸铁时，塑性很差，锤击时消除应力效果不大。

焊后处理。焊后采取保温缓冷措施，对于重要的铸件要进行消除应力处理，即焊后立即将工件加热至 600～700℃，保温一段时间，然后随炉冷却。

2. 电弧冷焊焊接工艺

电弧冷焊法是采用非铸铁型焊接材料并且焊前铸件不进行预热的一种焊接方法。该方法具有不预热、劳动条件良好、工件变形小、操作简单等优点，但缺点是焊接接头冷却速度较快，极易形成白口和淬硬组织，工件受热不均，形成较大热应力，易产生冷裂纹。

焊前准备：对缺陷所在的部位进行清理，将油、锈、杂质等清除干净；检查裂纹的长度，查清走向、分支和端点所在的位置；为防止裂纹的扩展，要在裂纹端部处钻止裂孔（ϕ5～8mm），深度应比裂纹所在的平面深 2～4mm，穿透性裂纹则要钻透。

为了保证接头焊透和良好成形，焊前应开坡口或造型。工件壁厚 $\delta \leqslant 5$mm，可不开坡口；5mm$\leqslant \delta \leqslant$15mm，可开 V 形坡口；$\delta \geqslant$15mm，可开 X 形或 U 形坡口，坡口尺寸如图 13-4 所示。

对未穿透缺陷坡口底部应圆滑，上口稍大，以预防应力集中，同时便于操作。对于边角部位缺陷，为防止焊接时金属流淌，保持一定焊缝形状，可在待焊部位造型如图 13-4 所示。

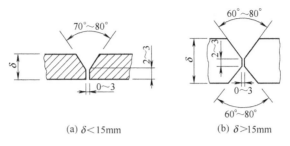

图 13-4　坡口尺寸

焊补工艺：

① 采用细焊丝、小电流、快速焊、交流或直流反接法焊接，以减小熔深、降低熔合比，保证熔池中碳浓度的稀释，减少硫、磷等杂质进入熔池的数量，有利于防止热裂纹、降低淬硬倾向；也有利于降低焊接应力，防止冷裂纹。焊接电流的选择应根据焊条的类型和焊条的直径来确定，具体见表 13-7。

表 13-7　常用灰口铸铁电弧冷焊焊接电流　　　　　　　　　　A

焊接类型	焊条直径/mm			
	2.0	2.5	3.2	4.0
氧化铁型焊条	—	—	80～100	100～120
高钒铸铁焊条	40～60	60～80	80～120	120～160
镍基铸铁焊条	—	60～80	90～100	120～150
低碳钢焊条	—	—	120～130	—

② 采用短段焊、断续焊、分散焊、分段倒退焊等，并在每焊 10～15mm 左右长度后，立即用小锤迅速锤击焊缝，待焊缝冷却到约 60℃ 时，再焊下一道，以降低焊接应力，防止裂纹的产生。

③ 采用合理的焊接顺序，当坡口较大时，应采用多层焊。多层焊的后层焊缝对前层焊缝和热影响区有热处理的作用，可以降低硬度和焊缝收缩应力，减少和防止裂纹与剥离。多层焊时，焊接顺序如图 13-5 所示。

④ 焊接方向。焊接方向要视焊件上裂纹产生的部位来确定，一般应先从刚度大的部位起焊，刚度小的部位后焊，如图 13-6 所示。

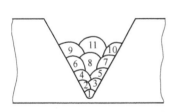

图 13-5　多层焊顺序

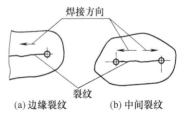

图 13-6　焊接方向

3. 大型厚壁受力铸铁补焊工艺

(1) 栽丝法　工件受力大，焊缝强度要求较高时，为了加强母材与焊缝金属的结合，防止焊缝剥离，可采用栽丝法进行补焊，如图 13-7 所示。栽丝法主要用于承受冲击载荷，厚大铸件的补焊。

（2）加垫板焊补法　按坡口形状将低碳钢板预制成多块垫板，再将垫板先后放入坡口内，逐层焊接，并使垫板与铸件焊牢，如图 13-8 所示。

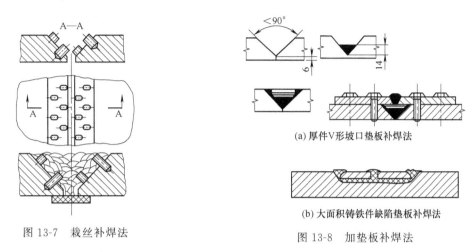

图 13-7　栽丝补焊法

(a) 厚件V形坡口垫板补焊法

(b) 大面积铸铁件缺陷垫板补焊法

图 13-8　加垫板补焊法

（3）镶块补焊法　对需焊补面积很大的薄壁缺陷，为防止裂纹和剥离，可镶上一块比工件薄的低碳钢板。为减少应力，低碳钢板可预制成凹形，焊接顺序如图 13-9 所示。

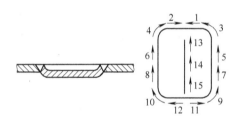

图 13-9　镶块补焊法

4. 氧-乙炔焰气焊工艺

氧-乙炔焰气焊铸铁有许多优点，至今仍然是铸铁补焊的主要方法之一。氧-乙炔焰的温度（3200℃）比电弧温度低得多，热量不集中，加热速度缓慢，焊补后冷却慢。焊后还可以利用气体火焰对焊缝进行整形或对焊补区继续加热，消除应力，使其缓冷，有利于焊接接头的石墨化，降低硬度，易于加工。

根据工件复杂程度和缺陷所在位置刚度大小，可采用热焊、不预热焊和加热减应区法等。

（1）热焊　热焊法主要目的是为了减小应力，防止裂纹，避免白口。由于它存在与电弧热焊法同样的缺点，所以只适用于结构比较复杂，焊后要求使用性能较高的一些重要薄壁铸件的焊补，如汽车、拖拉机发动机缸体、缸盖的焊补。根据铸件的复杂程度和缺陷所在的位置，可采用局部或整体预热的方法。预热温度一般为 600～700℃，焊接过程要迅速。当工件温度低于 400℃时，应停止焊接，重新加热后再焊，焊后应缓冷。

（2）不预热焊　这种焊接方法由于焊补区加热到熔化状态时间较长，局部过热严重，焊补区热应力较大，当时焊缝为铸铁型，强度低、塑性几乎为零，易产生裂纹。对于中、小型铸件，壁厚较均匀，结构应力较小，如铸件的边、角处缺陷、砂眼及不穿透气孔等的焊补，可采用不预热气焊。不预热气焊要掌握好焊接方向和焊接速度，焊接方向由缺陷自由端向固定端焊接。

（3）加热减应区法　加热减应区法是通过焊前或焊后把被焊铸件的某一部位（即减应区）的一定范围，加热到一定的温度，从而减少或释放焊接区应力，以减少和防止焊接裂纹，如图 13-10 所示。该法在汽车、拖拉机等修理部门得到广泛的应用，对于缺陷位置刚度较大的铸件焊补效果明显。

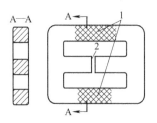

图 13-10　加热减应法示意图
1—加热区；2—焊补区

加热减应区法的适用场合及其部位的选择与工件形状特征有关，一般框架结构、带孔洞的箱体结构可以采用，而整体性较强的铸件不宜采用。该法可以减小焊接区横向应力，适用于短焊缝，而对长焊缝，需将裂缝附近局部加热，加热位置一般在裂纹的两端，顺裂纹方向或平行于裂纹方向。

（4）灰口铸铁钎焊工艺　灰口铸铁钎焊是可以减少和避免焊接时产生白口与焊接裂纹的一种基本方法。多用于对焊接接头强度、颜色要求不高、要求切削加工的铸铁件，常用的铸铁钎焊热源为氧-乙炔火焰。

由于氧-乙炔温度较低，且钎焊前需将母材加热到一定温度，因此钎焊的生产效率不高，主要用于加工面的缺陷焊补。常用的坡口形式如图 13-11 所示。

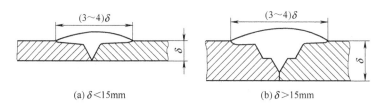

(a) $\delta < 15mm$　　　　(b) $\delta > 15mm$

图 13-11　铸铁钎焊坡口尺寸

一般采用黄铜或白铜焊丝作为钎料，也可采用银基、铸铁芯、锌基或锡基钎料进行钎焊，熔剂一般采用硼砂或硼砂、硼酸各一半。其中最常用的焊料主要有 HL104 和 Cu-Zn-Mn-Ni。与 HL104 焊料相应的熔剂为 50％硼砂＋50％硼酸的混合物，而与 Cu-Zn-Mn-Ni 相对应使用的熔剂为 H_3BO_3 40％＋Li_2CO_3 16％＋Na_2CO_3 24％＋NaF 7.4％＋NaCl 12.6％。

（二）球墨铸铁的焊接工艺

1. 同质焊缝的熔焊工艺

（1）气焊工艺　球墨铸铁气焊时，气焊连续施焊时间不能超过 15～20min，否则会使焊缝中出现片状石墨，降低接头力学性能。因此，球墨铸铁气焊主要应用于薄壁件的焊补。

同时，由于焊补时间长，效率低，工件变形大，气焊方法不适于焊补已加工过的球墨铸铁件缺陷。

焊丝与焊剂的选择。球墨铸铁气焊焊丝有轻稀土-镁合金和钇基重稀土两种。焊缝中含有稀土镁合金或钇基重稀土成分达 0.06% 以上，即可使焊缝球化。由于钇的沸点比镁高，蒸发损失量小，抗球化衰退能力较强，故钇基重稀土应用较多。球墨铸铁气焊用熔剂与灰口铸铁气焊用熔剂成分相同。

球墨铸铁的气焊工艺如下。

可采用冷焊。不预热气焊仅适用于中、小型球墨铸铁件的焊补，必须采用球化能力和石墨化能力较强的焊丝，才能获得较好的接头质量。

可采用预热焊。对于厚大铸件，焊前必须进行 500～700℃ 高温预热，焊后保温缓冷，才能有效防止接头产生白口、淬硬组织和焊接裂纹。球墨铸铁气焊工艺与灰口铸铁气焊工艺基本相同。

采用钇基重稀土焊丝气焊球墨铸铁时，焊接接头无白口及马氏体组织，焊后可以加工，焊缝颜色与母材一致，焊接接头性能达到 QT600-2 球墨铸铁性能，经过适当退火处理后可达 QT400-10 球墨铸铁性能。

(2) 电弧焊工艺　焊条的选择。球墨铸铁焊条电弧焊也分为冷焊和热焊。冷焊时采用镍铁焊条和高钒焊条。当焊缝成分是球墨铸铁时，多采用热焊。常用球墨铸铁焊条牌号及特点见表 13-8。此外还可以用低碳钢焊条、钢芯高钒焊条（Z116、Z117）、铜铁焊条（Z607）和镍铁焊条（Z408）等。

表 13-8　常用球墨铸铁焊条牌号及特点

焊补要求	牌　号	焊　芯	药皮中的球化剂	特　点
厚大件的较大缺陷	Z258	球墨铸铁	钇基重稀土及钡、钙	球化能力强，焊条直径 4～6mm
焊补处不经热处理可以进行切削加工	Z238	低碳钢	适量的镁、铈球化剂	药皮中有适量球化剂，适合于球墨铸铁焊接。可以进行正火处理，处理后硬度 200～300HB。退火处理后硬度 200HB 左右
焊补处不经热处理可以进行切削加工	Z238F	低碳钢	适量的镁、铈球化剂及微量铋	焊缝颜色、硬度与母材相近，适用于铸态球墨铸铁的焊接。焊态硬度为 180～280HB，抗拉强度大于 490MPa。正火处理后硬度为 200～250HB，抗拉强度大于 590MPa。退火后硬度为 160～230HB，抗拉强度大于 410MPa
焊态不进行机加工	Z238SnCu	低碳钢	适量的镁、铈球化剂，另加适量锡、铜	该焊条可以与不同等级的球墨铸铁相匹配，冷焊后焊缝存在少量的渗碳体

焊接工艺如下。

清理缺陷，开坡口。小缺陷应扩大至 $\phi30～40mm$，深 8mm 以上。

采用大电流、连续焊工艺。中等缺陷应连续填满，较大缺陷采取分段（或分区）填满，再向前推移，保证焊补区有较大的焊接热输入量。

对大刚度部位较大缺陷的焊补，要采取加热减应工艺，或焊前预热 200～400℃，焊后缓冷，防止裂纹。若需焊态加工，焊后应立即用气体火焰加热焊补区至红热状态，并保持3～5min，然后缓冷。

2. 异质焊缝电弧冷焊工艺

球墨铸铁电弧焊异质焊条主要有镍铁焊条、高钒焊条和 Z438 焊条。

镍铁焊条（Z408），焊后能进行切削加工，焊接接头性能见表13-9。

表13-9　Z408冷焊焊接接头性能

母材牌号	接头性能		备注
	σ_b/MPa	δ/%	
QT400-15	382～441	3～5	接头δ<母材
QT600-3	392～441	1～3	接头σ_b<母材

高钒焊条（Z116，Z117），焊缝抗拉强度558MPa，伸长率28%～36%，焊缝硬度<250HB。高钒焊条冷焊球墨铸铁后，半熔化区白口较宽，接头加工性较差，主要用于非加工面焊补。焊后退火可降低接头硬度，改善加工性能。

Z438焊条是在Z408基础上，加入了适量的稀土、镁和元素铋，调整了碳、硅、锰的含量，使石墨球化，并消除了晶间石墨和共晶相。焊缝金属的强度、塑性和抗裂性均得到一定的提高，具有良好的加工性能。

球墨铸铁异质焊缝电弧冷焊工艺与灰口铸铁基本相同。

第二节　铸铁的焊补实例

实例一：铸铁常见缺陷的焊补

常见典型缺陷焊补方法及焊接材料的选择见表13-10。拖拉机、汽车汽缸体、缸盖常见缺陷的焊补方法及焊接材料的选择见附表27。机床常见缺陷修复的焊补方法及焊接材料的选择见附表28。

表13-10　常见典型缺陷焊补方法及焊接材料的选择

缺陷类别	铸铁件名称	特点或焊补要求	常用焊补方法及材料	
			焊接方法	焊接材料
研伤	机床	要求焊后硬度较均匀，可机加工、无变形	电弧冷焊或稍加预热	EZNiCu，EZNi镍基铸铁焊条
			钎焊	银锡钎料
	大型转子、铣床		电弧冷焊	EZNiCu，EZNi镍基铸铁焊条
	龙门刨床			EZNiCu
	镗床立面			EZNi
断裂	机床床身、压力机、空气锤、剪床、冲床	要求焊后焊缝与母材等强、变形小、残余应力小	电弧冷焊（加丝、补板等）	EZNiFe、EZNi（可加工）或高钒铸铁焊条
			热焊（易预热、刚度不大件）	铸铁芯焊条

实例二：铸铁件的焊补

（一）飞轮轮缘裂纹的气焊修复（加热减应区气焊法）

图13-12为飞轮轮缘断裂情况，断裂处厚度35mm，材料为HT200，减应区可选在A处或B、C两处。A处减应效果最佳，如轴孔精度很高，选在B、C两处也可。采取焊前减应、焊中维持及焊后再减应的联合减应方法。飞轮轮缘较厚，为了焊透，需开坡口从两面进行焊接，坡口尺寸如图13-13所示。

图 13-12　飞轮轮缘断裂加热
减应区部位示意图

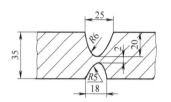

图 13-13　轮缘坡口尺寸

焊接操作：用氧-乙炔焰加热 B、C 区至 600℃左右，同时对断裂处加热，用碳弧气刨先开外缘坡口。之后继续加热减应区至 650℃时即可施焊。采用 H01-20 型焊炬，1 号嘴，中性火焰，右焊法，平焊。焊丝用 HS401，焊剂为气焊熔剂 201。边焊边维持减应区温度，使之不低于 400℃。填满外侧后翻转，加热内侧，开内侧坡口，然后施焊，并保持减应区温度不低于 400℃。填满后对焊补区四个面进行整形。随后立即提高并维持减应区温度至 600℃，待焊缝冷却至 400℃左右，停止加热。焊后检查未发现裂纹，焊补质量良好。

（二）球墨铸铁汽缸的电弧补焊

1. 缺陷部位

汽缸体为 QT600-2 球墨铸铁，重约 2.5t，壁厚 28mm，工作压力 1.5MPa（0.15kgf/cm^2）。缸体加工基本完成后，发现在缸体与冷却水层之间的缸壁上有一条长达 330mm 的裂纹。

2. 补焊工艺

（1）坡口形式　焊前用手砂轮磨出坡口，坡口宽 20mm，深 15mm，底部呈圆弧状，半径不小于 5mm，如图 13-14 所示。

（2）焊接　焊接分两步完成，第一步在坡口两侧用铸 408 焊条堆焊，采用跳焊法，每段长约 40mm，堆在裂纹边缘，不能压住裂纹，以免堆焊层过薄被拉裂。焊后立即锤击，以减小内应力，堆焊顺序如图 13-15 所示。

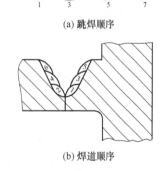

(a) 跳焊顺序

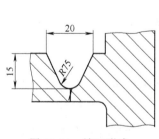

图 13-14　坡口形式

(b) 焊道顺序

图 13-15　堆焊顺序

第二步是在已堆焊的底层上将裂纹封口，排除母材对焊缝金属的影响。封口焊道应尽量高，防止过薄拉裂。为增加焊缝高度，封口方法如图 13-16 所示。

先将端部封住，再由裂纹处起弧，向裂纹一侧堆焊，再回到同侧裂纹边缘收弧，然后再

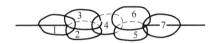

图 13-16　封口堆焊法

从裂纹处起弧，向另一侧堆焊。2、3 两条焊道压住裂纹。在裂纹焊接前进方向上有一坡度，第 4 条焊道堆焊在前两次焊接形式的坡度处，并焊到需要的高度，每次堆焊长约 10mm，焊后立即锤击。用上述方法焊完整条裂纹，没有发现任何缺陷，经水压试验符合要求。

实践训练　灰口铸铁补焊

一、实验目的
① 进一步了解灰口铸铁的焊接性。
② 理解补焊工艺的制定方法及操作规程。
二、实验设备及其他
建议采用电弧冷焊工艺。
① 焊机一台。
② 有裂纹的减速箱上盖 1～2 个。
③ EZNiFe-1（Z408）焊条 ϕ3.2mm。
三、实验内容
铸铁减速箱上盖裂纹的补焊。
四、注意事项
① 选择减速箱上盖材料为 HT250 的灰口铸铁为焊补件。
② 根据焊补件的材料、裂纹部位及形状，制定合适的焊接工艺如电弧冷焊工艺。
③ 认真做好坡口加工及清理工作。
④ 根据确定的焊接工艺进行焊补操作。一般减速箱上盖焊后要进行保温或进行低温回火，并打磨焊道检查补焊质量。

章 节 小 结

1. 铸铁的分类和性能。

铸铁按碳的存在状态及石墨的存在形式，可将铸铁分为灰口铸铁、球墨铸铁、可锻铸铁、蠕墨铸铁、白口铸铁等五大类，其中以灰口铸铁和球墨铸铁应用最广。铸铁具有优良的铸造性能、良好的切削加工性能、优良的耐磨性和减震性，在工业领域中应用极为广泛，特别是球墨铸铁的力学性能接近于铸钢，已代替了很多铸钢件及锻钢件。

2. 铸铁的焊接性。

灰口铸铁焊接接头易出现白口及淬硬组织、裂纹。球墨铸铁在焊接时的主要问题也是白口、淬硬组织与焊接裂纹。但球墨铸铁的化学成分、力学性能与灰口铸铁不同，具有不同的特点。可锻铸铁的焊缝及半熔化区形成白口倾向更加严重、焊接更加困难。蠕墨铸铁的焊接性比灰口铸铁差，比球墨铸铁稍好些。白口铸铁焊接接头易出现裂纹，不仅破坏致密性，承载能力下降，严重时在焊接过程中或焊后使用不久，整个焊缝剥离。

3. 铸铁常用的焊接方法及焊接材料。

常用的铸铁焊接方法有气焊、电弧焊、钎焊、电渣焊等。

4. 灰口铸铁的焊接工艺。

5. 球墨铸铁的焊接工艺。

思 考 题

1. 铸铁可分为哪几类？各有什么特点？

2. 灰口铸铁的焊接性如何？它们产生缺陷的原因及防止方法是什么？

3. 灰口铸铁可用哪些方法进行补焊？各有什么特点？

4. 冷焊灰口铸铁常用焊条 EZNi-1，为什么？

5. 其他铸铁与灰口铸铁相比，焊接性如何？

6. 球墨铸铁的特点是什么？简述其焊接工艺。

7. 用冷焊法进行减速箱补焊时采用什么运条方式？焊接时层间温度应保持多少？

8. 什么是蠕墨铸铁？其焊接性如何？

第十四章　有色金属及其合金的焊接

【学习指南】　本章重点学习有色金属焊接的有关知识。要求了解有色金属铝、铜、钛及其合金的焊接特点及焊接工艺，通过典型的焊接实例，进一步了解常用的焊接方法在有色金属焊接中的应用。

第一节　铝及铝合金的焊接

铝属于面心立方晶体，无同素异构转变，无低温脆性转变，强度低，塑性高，表面易形成致密的 Al_2O_3 保护膜，耐蚀性好，比强度（抗拉强度/密度）高。铝及铝合金具有热容量大、熔化潜热高、导电、导热以及在低温下具有良好的力学性能的特点，广泛应用于航空、航天、国防、汽车、电工、化学工业、交通运输、石油化工等部门。

铝及铝合金根据其化学成分和制造工艺可分为工业纯铝、非热处理强化铝合金、热处理强化铝合金、铸造铝合金。铝即指工业纯铝，铝合金的分类见图 14-1。

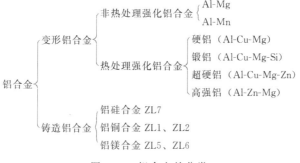

图 14-1　铝合金的分类

国外铝及铝合金的类型与国产铝及铝合金大致相同，除纯铝外，其合金也分为铸造铝合金和变形铝合金（热处理强化铝合金和非热处理强化铝合金）两类。

一、焊接工艺

（一）铝及铝合金的特点

1. 工业纯铝

工业纯铝含铝 99% 以上，其熔点为 660℃。表面易氧化生成氧化膜 Al_2O_3，其熔点高达 2050℃，给焊接带来困难。纯铝导热性约为低碳钢的 5 倍，热膨胀系数约为低碳钢的 2 倍。

2. 非热处理强化铝合金

所谓热处理强化是指经固溶处理的铝合金，利用热处理方法使之产生时效强化的效果，从而使合金强度提高。铝合金能否用热处理的方法使之强化，取决于其主要合金成分。

Al-Mn 及 Al-Mg 合金都属于非热处理强化铝合金，这两种合金均具有较好的耐蚀性，是焊接结构较为常用的铝合金。它们的强化方式主要是固溶强化和加工硬化。

3. **热处理强化铝合金**

热处理强化铝合金包括硬铝、锻铝、超硬铝和高强铝等。

（1）硬铝　硬铝主要为 Al-Cu-Mg 及 Al-Cu-Mn 系合金。硬铝主要缺点是耐腐蚀性较差，固溶处理温度范围比较窄，很难控制得当。特别是焊接裂纹倾向较大，采用熔焊方法比较困难。

（2）锻铝　锻铝主要为 Al-Cu-Mg-Si 系合金，其热塑性较好，适用于做锻件。锻铝中 Cu 含量越少时，其热塑性越好，而强度相应降低。

（3）超硬铝　超硬铝主要为 Al-Zn-Mg-Cu 系合金，是常温强度最高的一种铝合金。这种铝合金耐腐蚀性较差，而且缺口敏感性较大，焊接性差，熔焊时极易产生裂纹。

（4）高强铝　高强铝合金是 20 世纪 60 年代以来发展起来的适于作焊接结构强度较高的铝合金，即 Al-Zn-Mg 系合金，其焊接性较好，裂纹倾向较小。同时这种铝合金具有很好的时效性能，经时效（人工时效或自然时效）后，接头焊接热影响区的性能可恢复到接近母材的强度。因此高强铝合金常用做重要焊接结构件，如用在装甲战车及舰上火炮方面。

工业上常用的变形铝合金的化学成分、力学性能及用途见附表 29。

（二）铝及铝合金的焊接性

在铝中加入铜、镁、锰、硅、锌、钒和铬等合金元素，可获得不同性能的合金。其特点是强度中等，塑性良好，容易通过压力加工制成各种半成品，并具有满意的焊接性，良好的耐振性和耐腐蚀性。

铝合金与钢铁材料相比，具有一些显著不同的焊接特点。如导热快，必须集中快速地供给大量的热能，才能实现熔焊过程；易氧化，生成的氧化膜妨碍焊接；易吸潮，造成焊接时的气孔缺陷；热膨胀系数大，易产生焊接变形；受焊接热影响，接头有软化现象。

具体铝及铝合金的焊接性见表 14-1。

表 14-1　铝及铝合金的焊接性

合金类型	牌号	相对焊接性				状　态	熔化温度范围/℃
		气焊	电弧焊	电阻焊	钎焊		
工业纯铝	LG5	好	好	好	好	固溶态	648～660
						冷作态	
	L1	好	好	好	好		646～657
非热处理强化铝合金	LF2	尚可	好	好	较好	固溶态	609～649
						冷作态	
	LF5	尚可	好	好	尚可	固溶态	568～638
						冷作态	
	LF21	好	好	较好	好	固溶态	643～654
						冷作态	
热处理强化铝合金	LY11	差	尚可	较好	差	固溶＋时效	513～641
	LY12	差	尚可	较好	差	固溶＋时效	503～638
						固溶＋冷作＋时效	

合金类型	牌号	相对焊接性				状　态	熔化温度范围 /℃
		气焊	电弧焊	电阻焊	钎焊		
热处理强化铝合金	LY16	差	尚可	较好	差	固溶＋时效	543～643
						固溶＋冷作＋时效	
	LD2	较好	较好	好	较好	固溶＋时效	582～649
	LD7	差	尚可	好	差		560～641
	LD9	差	尚可	好	差		513～641
	LC4	差	尚可	较好	差	固溶＋时效	477～635
						固溶＋稳定化	
特殊铝	LT1	好	好	好	较好		
铸造铝合金	ZL101	较好	较好	较好	尚可	固溶＋时效	557～613
	ZL105	较好	较好	较好	差	固溶＋时效	546～621
	ZL107	尚可	较好	较好	差	固溶态	516～604
	ZL203	尚可	尚可	尚可	差	固溶＋时效	521～643
	ZL301	差	尚可	尚可	差	铸态	449～604
	ZL402	差	尚可	尚可	较好		596～646

（三）铝及铝合金的焊接工艺

1. 焊接方法的选择

铝和铝合金的焊接方法很多，常用的熔焊方法有气焊、焊条电弧焊、手工氩弧焊（TIG）、熔化极氩弧焊（MIG）、等离子弧焊、激光焊、真空电子束焊等。因此，必须根据铝合金的牌号、焊件厚度、产品结构、接头质量等因素合理选择。

铝及铝合金的焊接方法比较见表14-2。

表14-2　铝及铝合金的焊接方法比较

焊接方法	焊　接　特　点	适　用　场　合
气焊（氧-乙炔焰气焊）	热功率较电弧焊低，热量较分散，焊件变形大，生产率低。焊接较厚大工件时需预热，焊缝金属晶粒粗大，且组织疏松，易产生氧化铝夹渣和裂纹等缺陷	多用于质量要求不高、不重要的焊件以及薄板对接和铸铝件补焊
焊条电弧焊	铝焊条易受潮，接头质量差	应用日趋狭窄，仅用于个别情况下的铸铝焊补及一些修理工作
钨极氩弧焊	具有热量较为集中、电弧稳定、焊缝金属致密、接头强度和塑性高等优点，可以获得满意的优质接头。最佳的TIG焊要采用交流电源	在工业中获得广泛应用。它主要用在一些重要结构，其可焊板厚为1～20mm。但不宜在室外或有穿堂风的地方操作
脉冲钨极氩弧焊	可明显地改善小电流焊接过程的稳定性，便于通过调节各焊接参数来控制电弧功率和焊缝成形。这种方法焊件变形小，接头热影响区窄	适用于薄板和全位置焊接，以及焊接热敏感性强的热处理强化型铝合金硬铝、锻铝等
熔化极氩弧焊	具有平均电流小、焊接参数调节范围广、抗气孔性及抗裂性高、焊接变形小、热影响区小等优点	适用薄板、薄管的立焊、仰焊及全位置焊接

续表

焊接方法	焊 接 特 点	适 用 场 合
等离子弧焊	热源能量密度大,热量集中,被焊工件和加热范围小,焊速快,因此,焊接变形和应力较小。接头性能优于氩弧焊,但设备工艺较复杂	焊接铝合金时,要采用直流反接或交流。多采用矩形波交流焊接电源,用氩作等离子气和保护气
真空电子束焊	具有熔深大、热影响区小、焊缝洁净度高、变形小、接头力学性能好等优点。厚度为 150～200mm 铝合金对接,可开 I 形坡口一次焊成。设备昂贵,焊件尺寸受真空室容积限制	只限于小尺寸、高要求的焊件
激光焊	与电子束焊接相比,有着不受真空室条件限制和不需要 X 光屏蔽的优点,焊接变形小,热影响区窄,可进行精密焊接	铝合金激光焊需要大功率激光器,并需要采取特殊工艺措施减少反射率。一般用于焊接精密仪器、微型零件或直接焊接有绝缘层的零件、热敏感材料以及焊接异种金属,很少用于机械工业
电阻点焊、电阻缝焊	电阻点焊应选用短时间、大电流、阶梯形压力的强规范。电阻缝焊时,重要焊件采用步进式间隙滚动的焊缝。而重要的铝合金结构必须在直流冲击波缝焊机上滚焊	适用的焊件厚度为 0.04～4mm,焊件必须进行焊前清理

2.焊接材料的选择

(1)焊丝的选择　焊丝选择的合理与否决定着焊接接头的力学性能、耐蚀性和抗裂性等。铝及铝合金焊丝分为同质焊丝和异质焊丝。

选择焊丝首先要考虑焊缝成分要求,还要考虑产品的力学性能、耐蚀性能、结构的刚性、颜色及抗裂性等问题。铝及铝合金同质焊丝的选用见表 14-3,也可采用与母材成分相同或相近的材料切条。异种铝及铝合金焊接用焊丝见表 14-4。

表 14-3　铝及铝合金同质焊丝的选用

母材类别	代号	焊 丝 牌 号	母材类别	代号	焊 丝 牌 号
工业纯铝	LG4	LG4	热处理强化铝合金	LY11	LY11,SAlSi-1,BJ380A
	LG3	LG3,LG4		LY21	试用焊丝:①Cu 4%～5%,Mg 2%～3%,Ti 0.15%～0.25%,其余 Al;②Cu 6%～7%,Mg 1.6%～1.7%,Ni 2%～2.5%,Ti 0.3%～0.5%,Mn 0.4%～0.6%,其余 Al
	L1	L1,LG3			
	L2	L2,L1,SAl-3		LY16	试用焊丝:Cu 6%～7%,Mg 1.6%～1.7%,Ni 2%～2.5%,Ti 0.3%～0.5%,Mn 0.4%～0.6%,其余 Al
	L3～L5	L3,SAl-2,SAl-3			
	L6	L3,L4,L5,L6,SAl-2,SAl-3			
非热处理强化铝合金	LF2	LF2,LF3		LC4	试用焊丝:(1)Mg 6%,Zn 3%,Cu 1.5%,Mn 0.2%Ti 0.2%,Cr 0.25%,其余 Al;(2)Mg 3%,Zn 6%,Ti 0.5%～1.0%,其余 Al
	LF3	LF3,LF5,SAlMg5			
	LF5	LF5,LF6,SAlMg5		LD2	LT1,SAlSi-5
	LF6	LF6,LF14,SAlMg5Ti	特殊铝	LT1	LT1,SAlSi-5
	LF11	LF11		LT13	LT1,LT13,SAlSi-5
	LF21	LF21,SalMn,SAlSi-1			
铸铝	ZL101	ZL101	铸铝	ZL102	ZL102

注:1. LF4 是在 LF6 中添加有合金元素钛 (0.13%～0.24%) 的焊丝。

2. 本表所列焊丝适用于各种可能的焊接方法(如气焊、TIG 焊、MIG 焊、脉冲氩弧焊等)。

表 14-4 异种铝及铝合金焊接用焊丝

母材	ZL7	ZL10	ZL21	LF6	LF5	LF3	LF2	L2～L6
LF21	ZL7 或 SAlMg-1	ZL10 或 SAlMg-1	ZL21 或 SAlMg-1	—	LF6 或 SAlMg-5	LF5 或 SAlMg-5	LF3 或 SAlMn、SAlMg-5	SAlSi-1 或 LF21 或与母材相同的纯铝丝
LF11	—	—	—	LF6 LF11	—	LF5	—	—
LF6	—	—	—	—	LF6	—	—	—
LF5	—	—	—	—	—	LF5	—	—
LF3	—	—	—	—	LF5	—	—	SAlSi-1 或与母材相同的纯铝丝
LF2	—	ZL10 SAlSi-5	—	LF6	LF5	LF5 SAlMg-5	—	SAlSi-1 或与母材相同的纯铝丝

铝及铝合金 MIG 焊用焊丝，目前多用国外产品。同母材一样，国外通用的铝焊丝种类也基本相同，具体特点见表 14-5。

表 14-5 国外常用焊丝的特点

焊丝代号	适 用 范 围	基 本 特 点
1100	适用于工业纯铝及 Al-Mn 合金等的焊接	具有较好的焊接性、耐蚀性和塑性，焊接区的强度约 80～110MPa
4043	适用于 6061 及其他易产生焊接热裂纹的热处理强化铝合金及铸铝的焊接	以 $w_{Si}5\%$ 为标准成分的 Al-Si 系合金焊丝，焊缝金属抗热裂能力较强，但其熔敷金属的塑性、韧性较差，而且阳极化处理后的焊缝与母材的色调不一致。其焊接区强度 170～250MPa
5183	适用于 5083 及其他多种铝合金的焊接	以 $w_{Mg}4.5\%$ 为标准成分的 Al-Mg-Mn 系合金焊丝，焊接性、力学性能、耐蚀性都较好。与 5556 焊丝相比，强度稍低而塑性和韧性优良。焊接区强度约 280～310MPa
5356	适用于 Al-Mg、Al-Mg-Si、Al-Zn-Mg 等合金的焊接	以 $w_{Mg}5\%$ 为标准成分的 Al-Mg 系合金焊丝，焊接 5083 母材时，焊接区强度可达 270～310MPa，然而其韧性比 5183 焊丝稍差
5556	特别适用于对焊接接头强度要求较高的焊接结构	以 $w_{Mg}5\%$ 为标准成分的 Al-Mg-Mn 系合金焊丝，力学性能优良，焊接区强度约 280～320MPa

（2）保护气体的选择 焊接铝及铝合金的惰性气体有氩气（Ar）和氦气（He）。氩气的技术要求为氩大于 99.9%，氧小于 0.005%，氢小于 0.005%，水分小于 0.02mg/L，氮小于 0.015%。氧、氮增多，会降低阴极雾化作用。氧大于 0.3% 则使钨极烧损加剧，超过 0.1% 使焊缝表面无光泽或发黑。氮小于 0.05%，熔池的流动性变坏，焊缝成形不良。

TIG 焊：交流加高频焊接选用纯氩气，适用大厚板；直流正极性焊接选用氩气＋氦气或纯氦。

MIG 焊：当板厚小于 25mm 时，采用纯氩气；当板厚为 25～50mm 时，采用添加 10%～35% 氦气的氩气＋氦气混合气体；当板厚为 50～75mm 时，采用添加 10%～35% 或 50% 氦气的氩气＋氦气混合气体；当板厚大于 75mm 时，采用添加 50%～75% 氦气的氩气＋氦气混合气体。

（3）气焊熔剂的选择 气焊熔剂简称为气剂。铝及铝合金的焊接质量和工艺性还取决于气焊熔剂的成分和质量。在气焊、碳弧焊过程中，熔化金属表面容易氧化生成一层氧化膜，氧化膜的存在会导致焊缝产生夹杂物，并妨碍基本金属与填充金属的熔合。为保证焊接质量，需要用气剂去除氧化膜及其他杂质。

3. 焊前准备

铝及铝合金焊接时，焊前要求严格清理焊接坡口及焊丝表面的油污和氧化铝，清除的质量将直接影响焊接过程与焊缝质量。清理工作对氩弧焊、MIG 焊尤为重要。生产上常用的清理方法有化学清理方法和机械清理方法。

(1) 化学清理　化学清洗效率高，质量稳定，适用于尺寸不大，批量生产的工件。小型工件可采用浸洗法，大型工件则采用焊口区域局部擦洗法。化学清洗法的清洗液的配方与工序流程见表 14-6。

表 14-6　化学清洗溶液配方与清洗工序流程

| 除油→ | 碱洗清除氧化膜→ | | | 冲洗→ | 中和光化→ | | | 冲洗→ | 干燥 |
	溶液	温度/℃	时间/min		溶液	温度/℃	时间/min		
汽油、丙酮、四氯化碳等除油剂	8%～10% NaOH	40～60	10～15	流动清水	30% NaOH	40～60	2～3	流动清水	风干或低温干燥

焊丝清洗后可在 150～200℃烘箱内烘焙半小时，然后存放在 100℃烘箱内随用随取。

经清洗的焊件宜立即进行装配、焊接，一般不要超过 24h。

大型焊件受酸洗槽尺寸限制，难于实现整体清理，可在焊口两侧各 30mm 的表面用火焰加热至 100℃左右，涂擦冷的 NaOH 溶液，并加以擦洗，时间略长于浸洗时间，除净焊接区的氧化膜后，用清水冲洗干净，再中和光化后，用火焰烘干。

(2) 机械清理　在工件尺寸较大、生产周期较长或清洗后又沾污时，常用机械清理。先用有机溶剂（丙酮或汽油）擦洗表面除油，然后用 $\phi 0.15mm$ 铜丝轮或不锈钢丝轮或刷子磨刷表面，直到露出金属光泽为止。一般不宜用砂布打磨，而残留的砂子会使焊接产生夹渣等缺陷。

工件和焊丝清洗后，在存放过程中会重新氧化，特别在潮湿的环境以及被酸碱蒸气污染的环境中，氧化膜生长很快。因此，焊件焊丝清理后到焊接的存放时间应尽量缩短，一般不要超过 24h。在气候潮湿条件下，清理后 4h 内施焊，否则存放时间过长要重新处理。目前经电化学抛光处理的焊丝，在一般空气中可保存较长时间，在塑料密封的条件下，可保存半年。

4. 铝及铝合金的气焊

随着氩弧焊方法的推广应用，气焊的应用范围日益缩小，目前主要用于薄件、焊接质量要求不高的焊件以及铸铝件焊补、修理工作的焊接。另外在没有氩气供应的地区或不便于使用氩弧焊时，往往采用气焊。

铝及铝合金的气焊采用氧-乙炔火焰，它是一种强度低而不集中的焊接热源，焊接高热导率和膨胀系数大的铝材，会导致焊接速度低、热影响区宽、焊接变形大、过热区晶粒长大倾向大等问题。气焊焊接时需使用熔剂清除氧化膜。

(1) 气焊接头及坡口形式　焊接接头形式以对接为最好。铝及铝合金气焊的坡口形式见表 14-7。

表 14-7　铝及铝合金气焊的坡口形式

接头形式	坡口形式	坡口简图	板厚 /mm	坡口尺寸/mm 间隙 b	坡口尺寸/mm 钝边 p	坡口尺寸/mm 角度 α/(°)	备　注
对接	卷边		2～3	<0.5	5～6	—	不加填充焊丝
对接	留间隙开 I 形坡口		1～5	0.5～2	—		
对接	V 形坡口		12～20	4～6	3～5	80±5	
对接	双 V 形坡口		16～12	2～4	1.5～3	80±5	多层焊
角接	双面 V 形坡口		12～20	0～3	3～5	80±5	

在焊件反面采用带槽的垫板（用不锈钢或纯铜制成）进行对接焊时，可获得良好的反面成形，并能防止产生烧穿、凹陷等缺陷，提高焊接生产率。垫板的尺寸如图 14-2 所示。不同厚度的铝板对接时，厚板一端必须加工成斜边，使其过渡到薄板一端相同厚度。

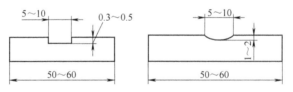

图 14-2　垫板尺寸示意图

（2）装配间隙及定位焊　为保证两焊件间的相对位置，防止变形，可采用定位焊。定位焊用的填充焊丝与产品焊接时相同，其长度、间距应根据焊件厚度确定。对大尺寸焊件的定位焊采用分段对称定位焊法。同时，由于铝合金的热导率大，装配间隙在焊接过程中会发生变化，因此平板对接的焊缝较长时，在装配时应考虑在焊缝后端增大装配间隙。

（3）焊嘴和火焰的选择　焊嘴大小和火焰种类的选择对焊缝力学性能、焊接生产率、焊接变形量等有很大的影响。铝和铝合金气焊时，应选择中性焰或乙炔稍过量的碳化焰。同时焊嘴的大小应根据焊件厚度、坡口形式、焊接位置及焊工的技术水平高低而确定。

（4）焊前预热　厚度大于 5mm 以上的焊件气焊时，需进行预热（预热温度在 100～300℃）。采用预热措施可减少焊接内应力，有利于防止裂纹、气孔的产生。

（5）气焊操作技术　铝及铝合金气焊时，常采用左焊法，但焊接厚度大于 5mm 的焊件时，则用右焊法。右焊法允许以较高的温度加热焊件，使焊件迅速熔化，也便于观察焊接熔池，有利操作。在焊接过程中，焊炬、焊丝和焊件之间需保持一定的角度。随着焊件温度的升高，焊炬倾角相应减小。为防止熔池温度过高而引起烧穿，焊炬可作周期性地上下摆动。根据焊件的熔化情况和焊接速度，要及时向熔池加入填充焊丝，焊丝和焊件之间的倾角为$40°～45°$。气焊时焊接层数不宜过多。板厚在 4mm 以下的焊件焊一层，板厚 4～8mm 的则焊两层。焊接顺序的选择主要从减少焊接变形量来考虑，一般长焊缝采用逐步反向分段焊法。焊接过程偶尔中断时，焊炬应缓慢地离开熔池，以防止熔池突然冷却而产生气孔等缺陷。焊后 1～6h 以内应及时将残留的气剂、熔渣清洗掉，防止焊后残留在焊缝表面及其附近两侧的气剂、熔渣会在使用中继续破坏铝板表面上的氧化膜保护层，从而引起接头的严重腐蚀。焊后清洗一般采用硝酸处理法。

铝及铝合金的焊接也可采用碳弧焊方法，其工艺特点和气焊相似。

5. 铝及铝合金的氩弧焊

我国近二十年来，随着氩气产量的增加，成本的降低，采用氩气保护焊焊铝已越来越广泛。目前已取代焊条电弧焊和气焊成为焊接铝和铝合金的主要方法。

氩弧焊焊接铝和铝合金的特点如下。

采用惰性气体在焊接区形成气罩，防护熔池、焊丝、钨极不与空气中的氧、氮、水蒸气等反应；焊接过程不需采用熔剂，利用电弧自身具有的特性——"阴极破碎作用"清除焊接区的氧化膜；电源较焊条电弧焊、气焊集中，热影响区窄，焊接变形小；接头形式不受限制；电弧燃烧稳定，接头成形美观，焊接质量优良；焊后不需要进行专门的清洗。

钨极氩弧焊（TIG 焊）工艺如下。

TIG 焊接电弧稳定，最适合于焊接厚度小于 3mm 的薄板和全位置焊接，工件变形明显小于气焊和焊条电弧焊。由于不用溶剂，对焊前清理的要求比其他焊接方法更严格。

TIG 焊分为直流 TIG 焊、交流 TIG 焊、脉冲 TIG 焊、热丝 TIG 焊，但在焊接铝及铝合金时，最佳的焊接方法是交流 TIG 焊和交流脉冲 TIG 焊。

（1）氩气纯度　焊接铝和铝合金的氩气纯度要求较高，氩气纯度不低于 99.9%，氮<0.04%，氧<0.03%，水分<0.07%。国产氩气的纯度都能满足上述要求，不需要进行提纯处理。

氮超标时，焊缝表面会出现淡黄色或草绿色的气孔。氧超标时，在熔池表面会出现密集的黑点，飞溅增大，电弧不稳。水分超标时会出现熔池沸腾，产生气孔。

（2）钨极　氩弧焊常用的钨极材料有纯钨、钍钨和铈钨三种。纯钨极的熔点和沸点均高，不容易挥发，但电子发射能力较钍钨、铈钨低。钍钨丝电极的电子发射能力高，允许的电流密度大，电弧燃烧较稳定，但缺点是含有微量放射性元素钍，因此应用范围受到一定限制。铈钨丝电极比钍钨丝电极有更多的优点，如 X 射线剂较小、抗氧化性能好、易于引弧、电弧稳定性好、对氩的纯度要求略低、允许的电流密度增高、电极烧损率较低、延长了电极的使用寿命、减少了电极修磨次数。

氩弧焊的电极端部应磨成圆锥形，在使用过程中如发现端部有麻点、凹凸不平时，要及时修磨。

（3）坡口及接头形式　钨极氩弧焊的接头形式和坡口尺寸主要根据结构、焊件厚度和焊接工艺确定，铝及铝合金 TIG 焊的坡口形式和尺寸具体见表 14-8。同时，为获得良好的焊缝成形，避免焊缝背面塌陷，要采用石墨或不锈钢制造的临时垫板（可拆除），管子用厚 2～5mm、宽 20～50mm 的内套作永久性垫板。

表 14-8 铝及铝合金 TIG 焊坡口形式和尺寸

焊件厚度 /mm	坡 口 形 式	坡口尺寸/mm			备 注
		间隙 a/mm	钝边 p/mm	角度 α/(°)	
1～2		<1	2～3	—	不加填充焊丝
1～3		0～0.5	—	—	双面焊,反面铲焊根
3～5		1～2	—	—	
		0～1	1～1.5	70±5	双面焊,反面铲焊根
6～10		1～3	1～2.5	70±5	
12～20		1.5～3	2～3	70±5	
14～25		1.5～3	2～3	α_1:80±5 α_2:70±5	双面焊,反面铲焊根,每面焊二层以上
管子壁厚 ≤3.5		1.5～2.5	—	—	用于管子可旋转的平焊
3～10 (管子外径 30～300)		<4	<2	70±5	管子内壁可用固定垫板
4～12		1～2	1～2	50±5	共焊1～3层
8～25		1～2	1～2	50±5	每面焊二层以上

（4）焊接参数的选择　正确地选择氩弧焊的焊接参数是保证焊接接头质量的重要因素。手工 TIG 焊的焊接参数包括钨极直径、焊接电流、电弧电压、氩气流量、喷嘴孔径、钨极伸出喷嘴长度、喷嘴与焊件间距离、预热温度等。纯铝和铝镁合金手工 TIG 焊的焊接参数具体见附表30。不同直径、不同成分的钨极材料焊接电流的允许范围见附表31。采用 TIG 焊焊接时，要设置挡风板，注意防风（穿堂风）。

（5）手工 TIG 焊的操作技术　手工钨极氩弧焊与气焊一样，要注意工件、焊丝、焊炬三者的相对位置，如图 14-3 所示。通常根据板厚及接头形式选择焊炬与工件的工作角即行走角为 70°～80°；焊丝与焊件的夹角小于 15°。

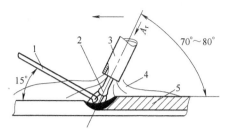

图 14-3　手工钨极氩弧焊示意图

1—焊丝；2—钨极；3—焊炬；4—保护气体；5—焊件

TIG 焊一般采用左向焊法。不填焊丝对接焊的弧长为 0.5～2mm，填丝对接焊的弧长在 4～7mm 之间。焊丝的端部应始终处在保护气体范围内，待熔池加热熔化至具有良好流动性时，才将焊丝送入电弧区熔化滴入熔池。焊丝移出电弧时，仍需留在保护气内，不要随意拉出以防氧化。焊丝要按上述原则周期性地移入、移出电弧区并向熔池添加熔化金属形成焊缝。

焊接旋转管子的对接缝时，焊炬位置及行走角如图 14-4 所示。焊炬应处于稍带上坡焊的位置，即电弧有 10°导前角，防止熔化金属下流。厚壁管对接焊第一层时一般不填焊丝。

（6）自动钨极氩弧焊　TIG 焊可以自动焊方式进行，焊机设有自动送丝装置，焊丝从送丝机构导丝嘴自动连续送到电弧区，如图 14-5 所示。自动 TIG 焊也可不填焊丝。自动钨极氩弧焊的焊接材料及焊接工艺与手工钨极氩弧焊基本相同。但焊接电流、喷嘴孔径、氩气流量、焊接速度都比手工 TIG 焊快。自动 TIG 焊焊前需调试焊接参数，待送丝速度调到与焊丝熔化速度相等时，若焊丝正好处在熔池前端的氩气保护区内，表明此时的焊接参数已调试合适。

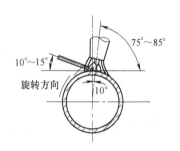

图 14-4　管子对接焊时，焊炬、

焊丝、管子间的角度

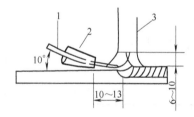

图 14-5　自动钨极氩弧焊示意图

1—焊丝；2—导丝嘴；3—焊炬

（7）钨极脉冲氩弧焊　利用交流电流采用脉冲 TIG 焊进行仰焊、立焊、管子全位置焊、单面焊双面成形，可以得到较好的焊接效果。脉冲氩弧焊热流入量小，可在较小的平均电流下，获得稳定的电弧和较大的熔深且热影响区窄，焊接变形小，焊接硬铝 LY12 时，可以得到较好的焊接接头。同时，与无脉冲 TIG 焊相比，热裂纹形成率减少 20％～30％。脉冲 TIG 焊增加了熔池的搅拌作用，有利于气体的逸出，减少了气孔的形成。

脉冲 TIG 焊的接头性能明显优于无脉冲 TIG 焊，这两种焊接方法焊接 LY12 的力学性能比较见表 14-9。

表 14-9　LY12 硬铝交流脉冲 TIG 焊和无脉冲交流 TIG 焊力学性能比较

焊接方法	热裂纹形成率 /%	接头抗拉强度 σ_b/MPa	冷弯角 α /(°)	备　　注
脉冲交流 TIG 焊	16～19	274～323	37～39	热裂纹试验采用
无脉冲交流 TIG 焊	33～51	235～255	16～20	鱼骨状试样

6. 熔化极氩弧焊（MIG）

铝及铝合金通常采用直流反极性焊接。薄板和中板焊接时，采用纯氩为保护气体；焊接厚大件时，采用（Ar＋He）混合气体保护（其中 He 的比例多为 25% 左右）。厚板也可采用纯氦保护，但国内应用甚少。

MIG 焊具有电流密度大、焊接速度快、电弧穿透力强、热影响区小、焊接变形小、生产率高的特点。焊前一般不必预热，即使是较大的厚板，也只需预热起弧部位。目前 MIG 焊是焊接铝及铝合金的最好方法，适用于中、厚铝材的焊接。

近年来，随着焊机和送丝装置的不断完善，MIG 焊的应用范围日益扩大，已部分替代 TIG 焊焊接薄板。

（1）熔化极自动氩弧焊　MIG 自动焊的焊接参数有焊丝直径、焊接电流、电弧电压、送丝速度、焊接速度、氩气流量、焊炬倾斜角、焊丝干伸长度、喷嘴孔径、喷嘴与焊件间距离等。这些参数互相关联，影响熔透深度及焊缝成形。

在确定焊接参数时，首先应根据焊件厚度选择坡口尺寸、焊丝直径和焊接电流。自动 MIG 焊的熔深大，一般采用大钝边，但需增大坡口角度，以降低焊缝的增高量。

MIG 自动焊一般采用 $\phi3\sim4mm$ 的焊丝，采用较低的电弧电压（27～31V）和较大的电流值，使熔滴呈亚喷射状过渡（介于喷射过渡和短路过渡之间的一种过渡形式）。如电弧发出"咝咝"声，间有"啪啪"声，且电弧稳定，气体保护性能好，飞溅少，熔深大，"阴极破碎"区宽，焊缝成形美观，表面鱼鳞纹细密。

（2）熔化极半自动氩弧焊　半自动 MIG 焊可以在半自动氩弧焊机 NB500、NBAl-500 上进行，也可用 CO_2 气体保护焊机稍加改装。焊接参数基本上与自动 MIG 焊相似，如电源采用平特性、焊丝直径采用 $\phi1.2\sim3.0mm$、一般采用左向焊，倾角 15°～20°。

纯铝半自动 MIG 焊的坡口尺寸和焊接参数见表 14-10。

表 14-10　纯铝半自动 MIG 焊的坡口尺寸和焊接参数

板厚 /mm	坡口形式及尺寸 /mm	焊丝直径 /mm	焊接电流 /A	电弧电压 /V	氩气流量 /(L/min)	喷嘴直径 /mm	备　　注
6	0～2	2.0	230～270	26～27	20～25	20	反面采用垫板,仅焊一层焊缝
8	70° 6 0～0.2	2.0	240～280	27～28	25～30	20	正面焊二层,反面焊一层
10	70° 8 0～0.2	2.0	280～300	27～29	30～36	20	正面焊二层,反面焊一层

续表

板厚 /mm	坡口形式及尺寸 /mm	焊丝直径 /mm	焊接电流 /A	电弧电压 /V	氩气流量 /(L/min)	喷嘴直径 /mm	备　注
12	70° 9 0~0.2	2.0	280~320	27~29	30~35	20	正反面均焊一层
14	90°~100° 4 0~0.3	2.5	300~320	29~30	35~40	22~24	正反面均焊一层
16	90°~100° 4 0~0.3	2.5	300~340	29~30	40~50	22~24	正面焊二层,反面焊一层
18	90°~100° 4 0~0.3	2.5	360~400	29~30	40~50	22~24	正面焊二层,反面焊一层
20~22	90°~100° 4 0~0.3	2.5~3.0	400~420	29~30	50~60	22~24	正面焊二层,反面焊一层
25	90°~100° 4 0~0.3	2.0~3.0	420~450	30~31	50~60	22~24	正面焊二层,反面焊一层

（3）熔化极脉冲氩弧焊　熔化极脉冲氩弧焊的原理与钨极脉冲氩弧焊相似。但脉冲TIG焊的电源是交流脉冲，而脉冲MIG焊则是直流脉冲电源。

利用脉冲MIG焊，可以实现焊丝熔化及熔滴过渡的控制，改善电弧的稳定性；可以在较小的平均电流下实现熔滴以射流过渡形式过渡；可以得到一个可控制的小熔池，使其保持在任何空间位置不受重力影响，有效地防止液体金属产生流淌现象。因此，脉冲MIG焊可以焊接薄板（1.6~2.0mm）、立焊缝、仰焊缝和进行管子全位置焊。

脉冲MIG焊的频率范围为30~120Hz，其焊接参数基本与脉冲TIG焊相同。选择焊接参数时，必须考虑被焊材料的种类、厚度、焊缝空间位置及熔滴过渡方式等。脉冲MIG焊硬铝与脉冲TIG焊一样，所焊成的接头的抗裂性和抗气孔性有所提高。

二、焊接实例

$87m^3$ 纯铝浓硝酸贮槽的焊接。

1. 产品结构

$87m^3$ 浓硝酸贮槽结构如图14-6所示。

材料为纯铝L2，直径 $\phi2856mm$，长14780mm，壁厚28mm，封头壁厚30mm，环缝20%X射线探伤。

2. 工艺方案

（1）装配方案　材料的供货规格为1200mm×3000mm。封头外购。

① 焊成筒节。按板宽接长，卷圆组焊成 $\phi2856mm×1180mm×28mm$ 筒节，共11节。

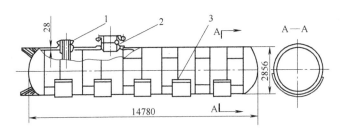

图 14-6　87m³ 纯铝浓硝酸贮槽的结构简图

1—接管；2—人孔；3—支座板

每节纵缝三条。

② 组装。将筒节与筒节、筒节与封头用 11 条环缝焊成左右两半槽体。检验合格，留待总装。

③ 总装。左右两半槽总装后焊接环缝。

④ 开孔焊接管和支架。

（2）焊接方案

① 筒节纵缝、环缝均采用自动 MIG 焊，先焊内侧焊缝，清理后焊外侧。

② 接管、支架与槽体的焊缝采用半自动 MIG 焊。

③ 自动 MIG 焊机用 MZ-1000 埋弧焊机改装，三台 ZXG 直流电焊机并联供电。

④ 焊炬采用水冷结构。

3. 焊接工艺

（1）坡口　纵缝、环缝均加工成双 Y 形坡口，尺寸如图 14-7 所示。

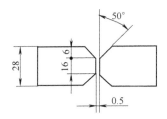

图 14-7　28mm 纯铝贮槽筒式坡口形式及尺寸

（2）清洗坡口　焊前在坡口两侧各 100mm 范围内用氧-乙炔焰加热至 100℃以上，然后用 10％ NaOH 水溶液擦拭，清除坡口及附近表面上的氧化膜 Al_2O_3，再用 30％ HNO_3 水溶液进行光化处理。施焊前再用不锈钢丝轮打磨坡口内部及两侧。

（3）焊接参数　如表 14-11 所列。

表 14-11　87m³ 硝酸贮槽 MIG 焊焊接参数

焊接方法	焊丝型号（牌号）	焊丝直径/mm	焊接电流/A	电弧电压/V	焊接速度/(m/h)	氩气流量/(L/min)	喷嘴与工件距离/mm	焊炬倾角	点固焊缝/mm
自动	SAl-3（HS301）	4	560～570	29～31	13～15	50～60	10～15	前倾 15°	长 50～60间距 400
半自动		2.2	320～340	29～30	—	50	10～20	前倾 15°～20°	

（4）防裂措施　为防止热裂纹，纵缝约在焊缝长度的 25％处起焊，焊至终端后再反向焊至另一端，接头处铲去一部分再焊。第二层的接头与第一层错开。

（5）环缝的焊接 环缝先焊内侧焊缝，清根后焊外侧焊缝。槽体两半合拢总装焊缝，可将自动焊小车拆进槽内施焊，也可采用半自动 MIG 焊。应在槽体上装轴流式排风机吸排烟尘，风量不能妨害气体保护效果，或局部设置挡风板。

（6）探伤要求 每个筒节的纵缝必须探伤合格后再卷圆。两半槽体环缝全部合格后进行总装。

第二节　铜及铜合金的焊接

一、焊接工艺

铜及铜合金具有优良的导电性、导热性、耐蚀性和加工成形性，广泛应用于电气、电子、动力、化工等工业。在工业生产中应用的铜及铜合金的种类很多，通常分为紫铜、黄铜、青铜和白铜四大类。

（一）铜及铜合金的特点

1. 紫铜

紫铜因表面呈紫红色而得名，紫铜是含铜量不低于 99.5% 的工业纯铜，具有极好的导电性、导热性、良好的常温和低温塑性，具有对大气、海水和某些化学药品的耐腐蚀性，因而广泛用于制造电工器件、电线电缆、热交换器等工业。

紫铜有很好的加工硬化性能，经过冷加工变形，强度可提高 1 倍，而塑性降低好几倍。加工硬化后的紫铜可通过退火恢复其塑性，退火温度为 550～600℃。焊接结构一般采用软态紫铜，同时对紫铜的杂质含量如氧、硫、铅、铋等控制在规定值以内。

2. 黄铜

黄铜按其成分和冶炼工艺可分压力加工黄铜和铸造黄铜两大类。普通黄铜是铜和锌的二元合金，具有比紫铜高得多的强度、硬度和耐腐蚀能力，有一定的塑性，能承受冷热加工，因此作为结构材料广泛用于工业。

为了进一步提高黄铜的力学性能、耐蚀性能和工艺性能（包括铸造性能和切削性能等），在普通黄铜中再加入少量的锡、铅、锰、铝、铁、硅等元素，获得一系列的多元铜合金——特殊黄铜，这些合金元素的总含量一般不超过 4%，大都固溶于铜中，因而没有改变黄铜的 α+β 双相组织结构。为了改善黄铜的切削性能而加入了铅，却降低了其焊接性。

3. 青铜

除铜锌、铜镍合金以外的铜合金统称为青铜如锡青铜、铝青铜、硅青铜和铍青铜等，分为压力加工青铜和铸造青铜两种。为了获得某些特殊性能，青铜中还加入少量的多种其他元素，使得青铜具有比紫铜甚至比大部分黄铜高得多的强度和耐磨性并保持了一定的塑性。

除铍青铜外，其他青铜的导热性能比紫铜和黄铜降低几倍至几十倍，并且具有较窄的结晶区间，大大改善了焊接性。因此青铜被广泛用做耐腐蚀性的机械结构材料、铸件材料及堆焊材料。

4. 白铜

白铜是铜镍合金，由于镍的加入使紫铜变白，故称白铜。白铜作为一种高耐腐蚀性能结构的材料广泛应用于化工、海洋工程中。在焊接结构中使用的白铜多是含镍 10%、20%、30% 的铜镍合金。白铜具有较好的综合力学性能，比较容易焊接，不需要预热。但这些合金对于磷、硫杂质很敏感，易形成热裂纹。因此，焊接时要严格控制 S、P 的含量。

（二）铜及铜合金的焊接性

铜及铜合金的焊接性较差，获得优质接头比较困难，接头性能下降，如力学性能、导电性及耐蚀性均有所降低，焊接时低熔点合金元素蒸发，气孔敏感性较高，易产生热裂纹、未焊透、未熔合等缺陷。铜及铜合金的焊接缺陷及防止措施见表14-12。

表 14-12　铜及铜合金的焊接缺陷及防止措施

材 料	焊 接 缺 陷	防 止 措 施
纯铜	焊缝及热影响区晶粒粗大，接头强度尤其是伸长率、冷弯角下降尤为明显，易产生未焊透现象	焊前应进行预热
黄铜	焊接时合金元素锌极易蒸发、烧损，导致接头性能降低。热影响区易产生冷裂纹，形成气孔倾向较大	选择合适的焊接方法如气焊，防止锌的蒸发和烧损
锡青铜	合金元素在高温下易发生氧化，引起焊缝金属较明显的偏析，易产生结晶裂纹	焊补时，需将铸件垫平，严防撞击铸件；壁厚和结构刚性较大的铸件，补焊前必须进行预热
铝青铜	合金元素铝在高温下容易氧化生成氧化膜，形成焊缝气孔、夹渣和未熔合等	焊前必须清除表面氧化膜；氩弧焊时，应采用交流TIG焊或直流反接MIG焊
硅青铜	焊接性良好，焊前不必预热，但在焊接冷却过程中，会引起焊缝及热影响区裂纹	选择交流TIG焊或直流反接MIG焊方法进行焊接，多层焊时应用刷子逐层清除焊缝表面的氧化膜

（三）铜及铜合金的焊接工艺

1. 焊接方法的选择

铜及铜合金的焊接方法很多，铜和铜合金导热性好，一般需要大功率、高能量的焊接方法，必须根据被焊材料的成分、厚度和结构特点综合考虑。不同厚度的材料对不同方法有其适应性，如薄板焊接以钨极氩弧焊、焊条电弧焊和气焊为宜；中板采用埋弧焊、熔化极气体保护焊和电子束焊较合理；厚板则建议使用熔化极气体保护焊和电渣焊。各种焊接方法的比较见表14-13。

表 14-13　铜及铜合金焊接方法的比较

焊接方法（热效率）	材　料						简　要　说　明
	紫铜	黄铜	锡青铜	铝青铜	硅青铜	白铜	
钨极气体保护焊（0.65～0.75）	好	较好	较好	较好	较好	好	用于薄板δ<12mm，紫铜、黄铜、锡青铜、白铜采用直流正接，铝青铜用交流，硅青铜用交流或直流
熔化极气体保护焊（0.70～0.80）	好	较好	较好	好	好	好	板厚>3mm可用，板厚>15mm优点更显著，电源极性为直流反接
等离子弧焊（0.80～0.90）	较好	较好	较好	较好	较好	好	板厚3～6mm可不开坡口，一次焊成，最适合3～15mm中厚板焊接
焊条电弧焊（0.75～0.85）	差	差	尚可	较好	尚可	好	采用直流反接，操作技术要求高，适用的板厚为2～10mm
埋弧焊（0.80～0.90）	较好	尚可	较好	较好	较好	—	采用直流反接，适用于6～30mm中厚板
气焊（0.30～0.50）	尚可	较好	尚可	差	差	—	易变形，成形差，用于<3mm的不重要结构中的薄板焊接
碳弧焊（0.50～0.60）	尚可	尚可	较好	较好	较好	—	采用直流正接，电流大、电压高、劳动条件差，目前已逐步被淘汰，只用于厚度小于10mm的焊件

2. 焊接材料的选择

铜及铜合金的焊接材料主要是指填充焊丝、气焊熔剂及焊条。

（1）填充焊丝　在气焊、碳弧焊、手工钨极氩弧焊时，需用手工添加填充焊丝。焊丝的牌号、成分与焊接工艺、接头力学性能及耐蚀性能等有很大的关系。在选择填充焊丝时，首先考虑基本金属的牌号、板材厚度、产品结构及施工条件等因素。

铜及铜合金焊接时，通常采用与母材类型相同的焊丝，也可根据情况选用不同类型的焊丝。常用铜及铜合金焊丝的牌号、化学成分见表 14-14。

表 14-14　常用铜及铜合金焊丝的牌号、化学成分

| 牌号 | GB 标准型号 | 主要化学成分(质量分数)/% | | | | | | | 熔点 /℃ | 主　要　用　途 |
		Cu	Zn	Sn	Si	Mn	Fe	P		
HSCu201 (SCu-2)	HSCu	余量		约 1.1	约 0.4	约 0.4			1050	纯铜氩弧焊或气焊(配用焊剂 CJ301)，埋弧焊(配用焊剂 HJ431 或 HJ150)
HSCu202 (SCu-1)	—	余量						约 0.3	1060	纯铜气焊或碳弧焊
HSCu220 (SCuZn-2)	HSCuZn-1	59	余量	约 1					886	黄铜气焊或惰性气体保护焊
HSCu221 (SCuZn-3)	HSCuZn-3	60	余量	约 1	约 0.3				890	黄铜气焊、碳弧焊、钎焊等
HSCu222 (SCuZn-4)	HSCuZn-2	58	余量	约 0.9	约 0.1		约 0.8		860	黄铜气焊、碳弧焊、钎焊等
HSCu224 (SCuZn-5)	HSCuZn-4	62	余量		约 0.5				905	黄铜气焊、碳弧焊、钎焊等

在气焊和钨极氩弧焊时，若采用与母材金属成分相近的填充焊丝，所焊成的焊缝中一般无气孔、裂纹及其他缺陷。国内外用于气体保护焊的铜合金焊丝见附表 32。

（2）气焊熔剂　在气焊、碳弧焊时，熔池金属的表面容易氧化生成氧化亚铜（Cu_2O），由于氧化亚铜的存在，往往引起焊缝气孔、裂纹、夹渣等缺陷。气焊、碳弧焊通用的熔剂主要由硼酸盐、卤化物或它们的混合物组成。

（3）焊条　焊条电弧焊用铜焊条分为纯铜、青铜两类，目前应用较多的是青铜焊条。青铜焊条除了可用于焊接各种青铜、黄铜外，还可以用于轴承等磨损和海水腐蚀零件的堆焊，以及容易产生裂纹的铸铁件的焊补等。铜及铜合金焊条及主要用途见表 14-15。

3. 焊前准备

焊前准备主要是指焊前对焊件及焊接材料的清理和坡口形式设计、坡口加工。在焊前必须清理焊丝表面和铜板坡口两侧 30mm 以内的油脂、水分、氧化物及其他夹杂物，一般采用汽油、无水乙醇等溶剂擦拭，或将焊丝、焊件置于质量分数为 10% 的氢氧化钠水溶液中脱脂，溶液的加热温度为 30～40℃，然后用清水冲洗干净。

3mm 以下的纯铜焊件气焊、焊条电弧焊、手工钨极氩弧焊时，焊接坡口形式可用卷边焊，卷边的高度 1.5～2.0mm，卷边焊时背面必须焊透；大于 3mm 的铜材可以采用 I 形对

表 14-15 铜及铜合金焊条及主要用途

牌号	型号	药皮种类	电源种类及接法	焊缝主要成分/%	σ_b/MPa	δ_5/%	主 要 用 途
T107	ECu	低氢型	直流反接	Si<0.5,Mn<0.4,其余 Cu	170	20	在大气和海水介质中具有良好的耐蚀性,用于焊接脱氧或无氧铜结构件
T207	ECuSi-B			Si 2.4～4.0,Sn≤1.5,Mn≤1.5,其余 Cu	270	20	适用于紫铜、硅青铜、黄铜的焊接,以及化工管道等内衬的堆焊
T227	ECuSn-B			Sn 7.9～9.0,P 0.03～0.3,其余 Cu	270	12	适用于紫铜、黄铜、磷青铜堆焊,磷青铜轴衬,船舶推进器叶片等
T237	ECuAl-C			Al 7～9,Mn≤2.0,Si≤1.0,Fe≤1.5,其余 Cu	390	15	用于铝青铜及其他铜合金,铜合金与钢的焊接以及铸铁补焊
T307	ECuNi-B			Ni 29.0～33.0,Si≤0.5,Mn≤2.5,Fe≤2.5,Ti≤0.5,P≤0.02,其余 Cu	350	20	主要用于焊接 70-30 铜镍合金

接或 V 形坡口对接焊;厚度大于 20mm 的铜板一般加工成双 V 形坡口。纯铜、青铜碳弧焊时,如果在反面衬以垫板,即使厚度达到 10mm 的板材,也可用 I 形坡口而留较大的间隙(4～6mm),实现单面焊双面成形工艺。坡口加工用风铲或刨边机,无论采用哪种加工方法,都应保证坡口边缘的平直度及坡口角度等尺寸的准确性。

4.铜及铜合金的气焊

气焊工艺简单、使用灵活,比较适用于薄铜件的焊接以及铜件的修补或不重要的构件的焊接。

(1)焊接材料的选用 气焊各种铜及铜合金时,焊丝直径根据焊件厚度和火焰功率来选择,气焊必须使用熔剂。使用时可用水把熔剂调成糊状涂在焊道上或涂于焊丝上,用火焰烤干后即可施焊。

(2)焊接参数的选择 铜的热导率高,一般要选用比焊碳钢时大 1～2 倍的火焰能量进行焊接。火焰能量主要通过选用焊炬及焊嘴号和调节可燃气体的流量来控制。磷脱氧铜的气焊焊接参数可见表 14-16。黄铜和青铜的热导率比纯铜低,其参数可相应地减小,焊接纯铜和青铜时严格要求使用中性火焰,而焊接黄铜时可以使用弱氧化焰。

表 14-16 磷脱氧铜气焊焊接参数

板厚/mm	填充焊丝/mm	根部间隙/mm	乙炔流量/(L/min)	预热气流量/(L/min)	焊炬及焊嘴号	焊接方式	火焰性质
1.5	1.6	无	4	无	H01-2 焊炬,4～5 号焊嘴	左焊法	中性焰
3.0	2.0	1.5	6	无	H01-6 焊炬,3～4 号焊嘴		
4.5	3.0	2.0	8	12	H01-12 焊炬,1～2 号焊嘴		
6.0	4.0	3.0	12	12	H01-12 焊炬,2～3 号焊嘴		
9.0	5.0	4.5	14	16	H01-12 焊炬,3～4 号焊嘴	右焊法	
12.0	6.0	4.5	16	16	H01-12 焊炬,3～4 号焊嘴		

(3)操作技术 气焊主要适用于薄板的焊接。一般采用左焊法操作。此时火焰对工件起到一定的预热作用。焊接时尽量采用快的焊接速度。为了提高火焰能量的利用率和增加焊透

深度，焰芯离工件不大于 6mm，并尽量采用焊件与水平成 7°～10°的上坡焊接。薄铜件的焊接绝大多数是悬空焊。对长焊缝焊前必须留有合适的收缩量，以保证焊接过程两焊件间的间隙均匀一致，可先用定位焊点牢再焊接。定位焊的间距和收缩量因板厚不同凭经验确定。对长焊缝还应采用分段退焊法以减少变形。气焊一般不开坡口，可利用调整间隙来控制焊透程度。

（4）预热及焊后热处理　为了减少焊接内应力，防止裂纹、气孔、未焊透等缺陷的产生，纯铜气焊时一般需预热。薄板、小尺寸焊件的预热温度为 400～500℃，厚壁焊件预热温度需提高至 600～700℃。黄铜和青铜的预热温度可适当降低。为了细化接头晶粒，改善接头的力学性能，对受力件或较重要的铜焊件必须采取焊后锤击以及后热处理等工艺措施。薄铜件焊后可立即沿焊缝两侧的 100mm 范围内进行锤击；5mm 以上中厚铜件需加热至 500～600℃后进行锤击，然后再加热至 500～600℃在水中急冷。黄铜则应在焊后进行 500℃ 左右的退火处理。经过这样处理的铜接头性能可接近母材金属水平。

5. 铜及铜合金的手工钨极氩弧焊

目前手工钨极氩弧焊已成为铜合金的主要焊接方法之一。该焊接方法具有电弧稳定、能量集中、保护效果好、操作灵活等优点，已逐步取代气焊、碳弧焊和焊条电弧焊，特别适合于中、薄板和小件的焊接和补焊。几乎所有牌号的铜合金都可以使用此种方法进行焊接。

（1）填充焊丝的选择　手工钨极氩弧焊主要通过焊丝来调节焊缝的成分及力学性能，一般纯铜氩弧焊的填充焊丝有 HS201、HS202 纯铜焊丝、硅青铜焊丝、锡青铜焊丝。对于焊接质量要求不高的产品，也可用不含脱氧元素的普通纯铜丝，但需要添加气焊熔剂 CJ301，在焊前用无水乙醇（酒精）将 CJ301 调成糊状后刷涂于焊件坡口表面，然后施焊。对于高强度黄铜，采用硅青铜焊丝或铝青铜焊丝进行焊接，如 HSCuAl、HSCuZn、ERCuSi 等。

（2）保护气体的选择　在相同的焊接电流下，氮弧和氢弧的功率分别为氩弧的 3 倍和 1.5 倍。从提高电弧的热效率角度，可在保护气体中加少量氮气和氢气。但多数的情况下选用氩气作为焊接各种铜合金的保护气体。在一些特殊情况下，如焊接纯铜或高热导率铜合金焊件或不允许预热及要求获得较大的熔深时，可采用 φ_{Ar} 70% 与 φ_{He} 30% 或加氮的混合气。在焊接铝青铜时，为了加强对熔池的保护和脱氧，有时采用氩气与涂熔剂联合保护的办法，可收到较理想的效果。

（3）预热温度的选择　厚度在 4mm 以下的一般焊件可以不预热。4～12mm 厚的纯铜需预热至 200～450℃，青铜与白铜可降至 150～200℃，硅铜、磷青铜可不预热，并严格控制层间温度低于 100℃。但补焊大尺寸的黄铜和青铜铸件时，一般需预热 200～300℃。如采用 Ar＋He 混合保护气焊接铜或铜合金可以不预热。

（4）焊接参数的选择　一般铜及铜合金的手工钨极氩弧焊均采用直流正极性，此时焊件可获得较高的热量和较大的熔深，但对铍青铜、铝青铜，采用交流电源比直流电源更有利于破除表面氧化膜，使焊接过程稳定。硅青铜的流动性较差，可以采用手工氩弧焊在立焊和仰焊位置焊接。焊接纯铜、青铜和白铜的焊接参数见附表 33。

6. 铜及铜合金的埋弧焊

铜和铜合金的埋弧焊具有熔深大、生产率高、变形小等明显优点，20mm 厚以下的焊件可以不预热、不开坡口焊接，接头质量优异，适用于中厚板长焊缝的焊接。

（1）焊剂的选择　铜和铜合金埋弧焊焊剂应采用氧化性较低的 HJ260、HJ150 焊剂及氟化物焊剂。选用无氧氟化物焊剂可获得导热、导电性与母材相同的焊缝。与青铜焊丝相配焊接黄铜、铝青铜和铬青铜时可获得力学性能满意的接头。

（2）焊接参数　厚度小于 20mm 的铜及铜合金可以直边对接单面焊或双面焊，厚 20mm 以上的接头应开 U 形坡口或双 V 形坡口。焊接纯铜时，应选用较大的焊接电流和较高的电弧电压，以获得有利的焊缝系数。焊接黄铜时，则应选用较小的焊接电流和较低的电弧电压，以减少锌的蒸发烧损。黄铜和青铜焊丝的熔化速度与焊丝伸出长度有关，通常应取 20～40mm。

铜和铜合金埋弧焊时，20mm 以下的焊件可不预热，20mm 以上的焊件应局部预热至 300～400℃。典型的焊接参数见附表 34。

埋弧焊时由于焊接热输入大，焊接熔池体积较大，为防止液态金属流失并使焊缝反面成形，无论是单面焊还是双面焊都应采用衬垫。常用的衬垫有石墨衬板、不锈钢衬板和焊剂垫。

对于热导率较低的白铜则需选用铜衬垫。为保证焊缝两端都具有良好的成形，应在焊件接缝端部装上铜质引弧板和收弧板，也可采用石墨作引弧板和收弧板，其尺寸一般取 100mm×100mm×6mm（焊件厚度）。

7. 铜及铜合金的熔化极气体保护焊

熔化极气体保护焊具有电弧功率大、熔敷效率高、焊速快、焊接变形小和接头质量高的优点，适用于中、大厚度铜及铜合金接头的焊接。

熔化极气体保护焊用焊丝基本上与钨极氩弧焊焊丝成分相同，焊前的预热温度与钨极氩弧焊相近。因熔化极气体保护焊电弧功率较大，特别是采用氦气作保护气体时，可适当降低预热温度。

熔化极气体保护焊适用的坡口形式及尺寸与钨极氩弧焊相似。由于熔化极气体保护焊选用大电流，电弧穿透能力强，因此可以适当加大钝边的尺寸和减小坡口角度。

铜及铜合金熔化极气体保护焊焊接参数的选择，原则上要尽量提高焊丝的电流密度，以使熔滴过渡达到喷射状态，这样焊接电弧相当稳定，焊缝成形良好。但在难焊位置，如立焊和仰焊，要适当降低焊接电流。

二、焊接实例

紫铜蒸出塔的焊接。

蒸出塔是化工行业用于生产甲乙基酮的主要设备之一。我国生产的蒸出塔都采用不锈钢、玻璃钢等材料制造，使用过程中在介质的腐蚀下，寿命很短，而紫铜在此种介质中耐腐蚀性较强。为了提高蒸出塔的寿命，采用不预热单面焊双面成形埋弧自动焊和焊条电弧焊进行试验和生产，质量达到了要求。

1. 紫铜蒸出塔的技术要求

蒸出塔全部采用磷脱氧铜或 T2 紫铜制造，主体采用厚度 8mm 磷脱氧铜（TUP），支腿为厚度 20mm 的 T2 紫铜板，其他部位采用厚度分别为 5mm、6mm、8mm、10mm、12mm 紫铜板或紫铜管。蒸出塔的直径为 1000mm，高 8920mm，重约 5t。要求焊缝强度不低于母材强度的 85%，焊后无裂纹、气孔、未焊透等缺陷，焊后经 0.15MPa 水压试验不许有渗漏现象。筒体及椭圆形封头在制作过程中若铜板尺寸不够，可先进行平板拼接，然后再卷制或冷压成形，要求焊接区不允许出现裂纹。

2. 焊接工艺选择

（1）焊接方法、设备、焊接材料的选择　铜板拼接、筒体纵缝和环缝采用不预热单面焊双面成形埋弧自动焊，焊机是均匀调节式 NZA-1000 埋弧自动焊机，用 T1、T2 直径 4mm 紫铜焊丝和 431 焊剂。其他焊缝采用焊条电弧焊，焊机是 Axl-500 直流焊机，用铜 107 焊条（焊芯为 T2 紫铜制造）。

（2）焊前准备

① 坡口准备。埋弧自动焊坡口，板厚 8mm、10mm、12mm，采用 Y 形坡口，坡口角度为 70°～90°，钝边 2～3mm，组对间隙 0～3mm。焊条电弧焊采用双面焊，单 Y 形坡口，坡口角度 60°，钝边 4～5mm。

② 引弧板和引出板。引弧板的作用是起预热作用，防止焊缝熔合不好或反面焊不透。而引出板的作用是防止收尾时铜水流失。引弧板和引出板尺寸约 100mm×100mm，厚 8mm 或 10mm，施焊前它们与工件点固。

③ 工件的清理和定位焊。焊前铜板接缝的边缘应仔细清除油污和氧化膜。平板拼接和筒体纵缝焊接，采用埋弧自动焊定位，定位焊缝距离 300mm 左右，筒体环缝和局部地方组装后，用铜 107 焊条进行焊条电弧焊点固，点固前先预热。

④ 焊条电弧焊之前工件预热。焊前对工件进行预热，板材越厚，预热温度越高，预热温度 450～750℃，采用氧-乙炔焰或烘炉加热的方法。

⑤ 焊条焊剂的烘干及焊丝的清理。铜 107 焊条使用前，应在 300℃ 左右烘干 1h，焊剂使用前在 200℃ 烘干 1h，焊丝在卷盘时，要清除油污和锈等脏物。

⑥ 反面衬垫。在焊缝反面衬上一层焊剂 431，焊剂衬垫厚度约 40mm，宽约 80～100mm。

（3）焊接规范的选择　埋弧自动焊焊接参数见表 14-17，焊丝直径 4mm，不预热单面焊双面成形。

表 14-17　埋弧自动焊焊接参数

板厚/mm	坡口形式	电源极性	焊接电流/A	电弧电压/V	焊接速度/(m/min)	反馈系数/[mm/(V·s)]
8			400～500	38～40	0.28	0.24
10	V 形	直流反接	450～550	40～42	0.24	0.22
12			600～700	42～45	0.2	0.2

3. 产品焊接

（1）埋弧自动焊

① 平板拼接。在工作台上的焊剂垫上进行，先将工件接口处对准焊剂垫中心放置，将工件紧固在工作台上，然后施焊，焊后经冷压成形和卷制。

② 筒体纵缝的焊接。采用了内焊法，在筒体内部进行焊接，其工艺与平板拼接相同。

③ 筒体环缝的焊接。

焊剂衬垫：采用托盘式焊剂衬垫，托盘用 Q235 钢板制作，由底盘、立圈和 10 个紧固螺栓组成，在筒体组对前，将托盘先安装在一节筒体的一头，然后与另一节筒体卧式组对，点固后将筒体直立放置，在托盘中放满焊剂 431，放上压板，然后用紧固螺栓将压板紧固。托盘结构如图 14-8 所示。

卡紧装置：为了防止焊接变形造成的焊穿现象，筒体外部采用卡紧装置，它由外环和顶丝组成。筒体组装后，将外环套在焊缝两侧，外环上的顶丝将筒体压紧托盘焊剂垫上的上压板和底盘上，顶丝距离在 200mm 左右均匀分布。

焊接方法：筒体环缝焊接是在转胎上进行，如图 14-9 所示。将 NZA-1000 焊机机头倒装悬挂在升降工作台上，焊接时为了防止熔化的铜水和熔渣的流失，影响焊缝成形，焊前将机头调到向前 30mm 左右，即采用下坡焊，转胎以所需焊接速度旋转，机头不动进行焊接。

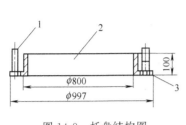

图 14-8　托盘结构图

1—螺栓；2—立圈；3—底盘

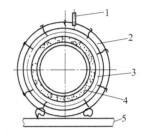

图 14-9　环缝的焊接

1—焊丝；2—卡紧装置；3—筒体；
4—焊剂托盘；5—转胎

（2）焊条电弧焊

① 人孔、管头等部位的焊接。采用自制三头氧-乙炔焰大烤把，这种烤把不仅缩短了预热时间，而且加热点距离操作者远，改善了劳动条件。

② 支腿的焊接。蒸出塔外部焊有六个支腿，支腿是由 20mm 紫铜板制作而成的，由于铜板厚度较大，采用烘炉和氧-乙炔焰相结合的方法预热。

4. 试验结果

为了保证接头质量，纯铜和脱氧铜的含氧量必须控制在 0.06% 以下，而 P、Pb、B、Cr 等易引起裂纹的有害杂质应控制在最低限度。试验证明：埋弧自动焊具有生产效率高、正反面成形好、质量稳定等优点，见表 14-18。

表 14-18　焊接检验结果

板厚/mm	材质	σ_b/MPa	σ_s/MPa	δ/%	冷弯/(°)	裂纹、气孔情况
8	TUP	182.9	126.4	20	180	无
8		197	126.9	19		
10	T2	174.6		18.3		
12		178	124.5	20		

第三节　钛及钛合金的焊接

钛和钛合金是 20 世纪 50 年代后期发展起来的一种新型优良的结构材料，钛合金具有高温强度良好、抗腐蚀性能优良、比强度大等优点，广泛用于航空、航天、化工、造船业。

纯钛是一种银白色金属，具有密度小、熔点高、耐腐蚀等特点，它的物理性能对焊接性有一定影响。纯钛具有很高的化学活性，钛和氧的亲和力很强，在室温条件下，就能在表面生成一层致密而稳定的氧化钛薄膜。由于该薄膜的保护作用，使钛在硝酸、稀硫酸、磷酸、氯盐溶液以及各种浓度的碱液中都有良好的耐腐蚀性。

钛中含有少量碳、氧、氮、氢等杂质，称为工业纯钛。氧、氮、碳以间隙固溶方式、氢以置换方式固溶于钛，促使钛强化，但却使其塑性严重降低。根据杂质含量的不同，将工业纯钛分为 TA1、TA2、TA3 三个牌号。工业纯钛除在航空、航天工业中应用外，也应用于化工机械如尿素合成塔衬里、立式空气搅拌高压釜内件、印刷机械的蒸发器、钛板换热器等设备中。

一、焊接工艺

（一）钛合金的特点

由于工业纯钛强度不高，为提高强度和改善其他性能，需要加入合金元素。在钛中能起强化作用的元素可分为 α 固溶相稳定元素、β 固溶相稳定元素和中性元素三类，随钛中加入合金元素种类和数量的不同，室温下组织为 α、β、α+β 三类，依此而分为三类钛合金，即 α 型钛合金、β 型钛合金、α+β 型钛合金。

1. α 型钛合金

α 型钛合金加入的主要合金元素是提高 α 相稳定化元素，有实用价值的元素只有铝。铝以置换形式固溶于钛中，起到强化 α 钛的作用，铝的加入可提高再结晶温度，如含铝 5% 的钛合金，再结晶温度从 600℃ 增至 800℃。铝还能扩大氢在钛中的溶解度，减小形成氢脆的敏感性。但铝的加入量不宜过多，一般不应超过 7%，否则会产生 Ti_3Al 化合物而引起脆性。

α 型钛合金具有高温强度高、韧度好、抗氧化能力强、焊接性能优良、组织稳定等特点，不能热处理强化，但能冷作硬化。

α 型钛合金的牌号有 TA4、TA5、TA6、TA7、TA8，TA7 是一种应用较广的 α 型钛合金，含铝 4%~6%，含锡 2%~3%，锡用来提高合金的常温强度和热强度，抗蠕变能力较好。

2. β 型钛合金

提高 β 相稳定性的元素有 Mo、Cr、V、Co、Cu、Fe、Mn、Ni、W、Pa、Ta 等，它们能降低钛发生同素异构转变的温度，扩大 β 相区，提高 β 相的稳定性。β 型钛合金分为稳定 β 型钛合金和亚稳定 β 型钛合金。

稳定 β 型钛合金在退火状态下为单一 β 相，是一种耐蚀钛合金。亚稳定 β 型钛合金在淬火条件下可获得单一 β 相组织，在后热条件下，会析出少量 α 相，容易引起脆性。

β 型钛合金的室温和高温性能都不理想，焊接性能较差，容易形成裂纹，焊接结构中用得较少。

3. α+β 型钛合金

α+β 型钛合金的基体是 α 相，这类合金中都有 α 稳定元素 Al，添加中性元素 Sn、Zr 和 β 稳定元素 Mo、V、Mn、Cr、Si 等可进一步强化合金。β 化元素总量不超过 6%。该类合金焊后接头塑性低，有冷裂纹倾向。

α+β 型钛合金的牌号有 TC1、TC2、TC3、TC4、TC6、TC7、TC9、TC10。航空工业中用得最多的是 TC4，用量约占现有钛合金的一半。TC4 是 Ti-Al-V 系，基本组织是 α+β，具有较好的焊接性。

（二）钛及钛合金的焊接性

钛及钛合金焊接时，容易出现一些焊接缺陷。如易被氧、氮、氢、碳等元素沾污引起脆化；易产生焊接气孔；易产生粗晶倾向、裂纹倾向等。

因此钛和钛合金焊接时，焊前应严格防止有害气体氢、氮、氧以及油脂等污物的带入，焊接过程中要防护 300℃ 以上区域内不让有害气体侵入，根据合金类型控制冷却速度等。

（三）钛及钛合金的焊接工艺

钛及钛合金焊接时，采用的焊接方法有钨极氩弧焊、等离子弧焊、真空电子束焊、电阻点焊和缝焊、钎焊、扩散焊等，但不能采用普通的焊条电弧焊、气焊、CO_2 气体保护焊。

焊接钛及钛合金的方法，最常用的是手工及自动钨极氩弧焊，其次是自动熔化极氩弧焊、等离子弧焊、真空电子束焊等。

（1）焊前准备　焊前应对焊件和焊丝的表面认真清理，清理质量的好坏，对焊接接头的力学性能有很大影响。清理质量不高，往往在钛板和焊丝表面生成一层灰白色的吸气层。

机械清理：对于焊接质量要求不高或酸洗有困难的焊件，可以用细砂布或不锈钢丝刷擦拭或用硬质合金刮刀刮削待焊边缘即可去除氧化膜，然后用丙酮或乙醇、四氯化碳或甲醇等溶剂去除焊件两侧各 50mm 的脏手印、灰尘、水分以及焊丝表面的油污等。

化学清理：如钛板热轧后已经酸洗，但存放较久又生成新的氧化膜时，可在硝酸40％＋氢氟酸 3％～5％＋水 55％混合溶液中浸泡 15～20min（室温），然后用热水、冷水分别冲洗，用布擦拭、晾干。

如果热轧后未经酸洗的钛板，它的氧化膜较厚，应先进行碱洗，在含烧碱80％、碳酸氢钠 20％的浓碱水溶液中浸泡 10～15min，溶液的温度保持在 40～50℃，取出冲洗后再进行酸洗，室温下浸泡 10～15min，取出后分别用热水、冷水冲洗，并用白布擦拭、晾干。

经酸洗的焊件、焊丝存放不宜过长，用塑料布遮盖防止沾污。若有沾污可用丙酮、乙醇擦洗。焊丝可放在温度为 150～200℃ 的烘箱内保存，随取随用，取焊丝应戴洁净的白手套。

（2）焊接材料的选择　氩气应为一级氩气，其纯度（体积分数）为 99.99％，露点在 -40℃ 以下，杂质总的质量分数＜0.02％，相对湿度＜5％，水分的质量分数＜0.001％。当氩气瓶中的压力降至 0.981MPa 时，应停止使用，以防止降低钛材焊接接头的质量。

钛及钛合金手工钨极氩弧焊用的焊丝，原则上应选择与基本金属成分相同的钛丝。常用的焊丝牌号有 TA1、TA2、TA3、TA4、TA5、TA6 及 TC3 等，为提高钛焊缝金属的塑性，可选用强度比基体金属稍低的焊丝。无标准牌号的焊丝时，可以从母材金属上裁切出狭条作焊丝，狭条宽度与厚度相同。

（3）焊接坡口形式的选择　其原则是尽量减少焊接层数和填充金属。随着焊接层数的增多，焊缝累积吸气量增加，以致影响到接头的塑性。钛材的坡口形式及尺寸见表 14-19。V形坡口是一种常用坡口，采用此种坡口可简化焊缝背部的保护。V 形坡口的钝边宜小，在单面焊时，甚至可不留钝边，坡口角度在 60°～65°之间。

（4）定位焊及装配　为了减少焊接变形，焊前可在接头坡口间进行定位焊，一般定位焊的间距为 100～150mm，其长度约 10～15mm。定位焊所用的填充焊丝、焊接参数及气体保护条件与产品接头焊接时相同。在每次停弧时，应延时关闭氩气。

（5）焊接区的气体保护措施　基于钛对空气中的氧、氮、氢等气体具有很强的亲和能力，要求在焊接过程中采用良好的气体保护措施，以确保焊接熔池及温度超过 350℃ 的热影响区（包括焊件的正面和反面）与空气完全隔绝。

焊缝正面的保护。钛焊缝的气体保护效果除与氩气纯度、流量、喷嘴与焊件间距离、焊接接头形式、穿堂风等因素有关外，还取决于焊炬、喷嘴的结构形式和尺寸。钛的热导率低、焊接熔池尺寸较大，因此，钛及钛合金氩弧焊时，焊枪的气保护性能要高于铝和不锈钢，喷嘴孔径也应增大，以扩大气体保护区的面积。当喷嘴已不足以保护焊缝和近缝区高温

表 14-19　钛材的坡口形式及尺寸

接头形式	坡口形式	板厚/mm	坡口尺寸		
			间隙 b/mm	钝边 p/mm	角度/(°)
I 形坡口对接		≤1.5 1.6～2.5	0～0.3	—	—
V 形坡口		3～5	0～1.0	0.5～1.5	60～65
对称双 V 形坡口		10～30	1.0～1.5	1.5～2.0	60～65
T 形角接		≥0.5	0～1.0	—	—
V 形坡口角接		2.0～3.0	0～0.5	0.5～1.0	50～60

金属时，需附加拖罩，一般喷嘴和拖罩做成一体。焊接直缝用平直的拖罩，环缝用弧形拖罩。有关拖罩的结构如图 14-10～图 14-13 所示。

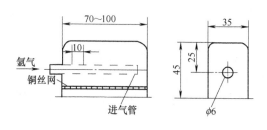

图 14-10　手工移动的氩气拖罩

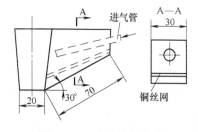

图 14-11　小拖罩的结构

　　焊缝反面保护常采用在局部密闭气腔或整个焊件（指封闭的圆形焊件）内充满氩气，以及在焊缝背部设置通氩气的垫板等方法。只要保护良好，就容易获得成形良好的背面焊缝。在多数情况下背面保护可以采用类似拖罩的结构。为了加强钛焊缝的冷却，垫板材料宜选用纯铜，必要时在垫板上开孔通水冷却。垫板上成形槽的深度和宽度要适当，否则不利于氩气的流通和贮存。

　　焊缝和近缝区颜色是保护效果的标志。银白色表示保护效果最好，黄色为轻微氧化，一般是允许的。表面颜色应符合表 14-20 的规定。

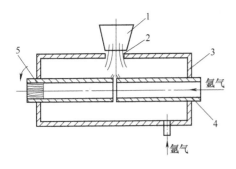
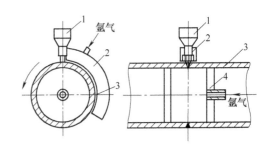

图 14-12　钛管焊接时用的简易氩气保护罩

1—喷嘴；2—氩气流；3—保护罩；

4—钛管；5—面纱线团

图 14-13　管子对接环缝焊时的拖罩

1—焊炬；2—环形拖盘；3—管子；4—挡板

表 14-20　焊缝和热影响区的表面颜色

焊缝级别	焊　　缝				热　影　响　区			
	银白、浅黄	深黄	金紫	深蓝	银白、浅黄	深黄	金紫	深蓝
一级	允许	不允许	不允许	不允许	允许	不允许	不允许	不允许
二级		允许				允许	允许	允许
三级			允许					

（6）焊接参数的选择　为了防止焊缝在电弧热的作用下出现晶粒粗化的倾向，避免焊后冷却过程中形成脆硬组织，纯钛及所有的钛合金焊接时，其焊接参数的选择主要着重于防止晶粒粗化，常推荐采用较小的焊接热输入，同时氩气流量的选择以达到良好的焊缝表面色泽为准。

手工氩弧焊时，焊丝与焊件间应尽量保持最小的夹角（10°～15°）。焊丝沿着熔池前端有节奏地送入熔池，在某些情况下为增大熔池，也可间断地加入焊丝。焊丝的送进要平稳、均匀，不得将焊丝端部移出氩气保护区外。

焊枪的移动方向按左向焊法。焊枪基本上不作横向摆动，当需要摆动时，频率要低，摆幅也不宜太大，以防止脱离氩气的保护。

偶然断弧及焊缝收尾处要继续通氩气保护，直到焊缝及热影响区金属冷却至350℃以下时才能移开焊枪。氩气延时闭合时间正比于焊接电流值，焊接电流达300A时，氩气延时闭合时间选择20～30s，在不装有引出板的条件下（如管子对接焊）可用电流衰减的方法逐渐填满弧坑。

具体钛及钛合金板的手工、自动钨极氩弧焊典型焊接参数见附表35、附表36。

（四）钛及钛合金的等离子弧焊

与钨极氩弧焊相比，等离子弧焊接具有能量集中、单面焊双面成形、弧长变化对熔深影响小、无钨夹杂、气孔少和接头性能好等优点，非常适宜钛和钛合金的焊接。

1. 焊接方法

采用穿透型焊接法和熔透型焊接法进行焊接。穿透型焊接法一次焊透的适合厚度为2.5～15mm，而熔透型焊接法适用各种厚度，但一次焊透的厚度较小，3mm以上一般需开坡口。熔透型焊接法多用于3mm以下薄件焊接，它比钨极氩弧焊容易保证质量。

等离子弧焊的热输入大，热量集中，在焊接过程中，需要加强焊接区域的保护和冷却速度。

2. 氩弧焊拖罩的使用

可使用氩弧焊拖罩，但随着厚度增加和焊速提高，拖罩要加长。由于高温等离子焰流过小孔，氩弧焊的背面垫板上的沟槽尺寸要大大增加，一般宽深各取 2.0～3.0mm 即可，背面保护气流的流量也要增加。

3. 厚板的焊接

15mm 以上的钛材焊接时，开 6～8mm 钝边的 V 形或 U 形坡口，用穿透型焊接法封底，然后用"熔透型"等离子弧填满坡口。氩弧焊封底时，钝边仅 1mm 左右，故用等离子弧封底焊，可以减少焊道层数，减小填丝量和焊接角变形，提高生产率。

4. 焊接参数

在我国等离子弧焊接已成功地应用于航天器压力容器、30 万吨合成氨设备、24 万吨尿素汽提塔。等离子弧焊的典型焊接参数见表 14-21，TC4 钛合金 TIG 焊和等离子弧焊接接头力学性能见表 14-22。

表 14-21　钛材等离子弧焊接典型焊接参数

厚度 /mm	喷嘴孔径 /mm	焊接电流 /A	电弧电压 /V	焊接速度 /(m/min)	送丝速度 /(m/min)	焊丝直径 /mm	氩气流量/(L/min)			
							等离子气	保护气	拖罩	背面
0.2	0.8	5		7.5			0.25	10		2
0.4		6								
1	1.5	35	18	12			0.5	12	15	
3	3.5	150	24	23	60	1.5	4	15	20	6
6		160	30	18	68		7	20	25	15
8		172			72					
10		250	25	9	46					

注：直流正接。

表 14-22　TC4 合金焊接接头力学性能

材　料	抗拉强度/MPa	屈服强度/MPa	伸长率/%	断面收缩率/%	冷弯角/(°)
等离子弧焊接头	1005	954	6.9	21.8	53.2
氩弧焊接头	1006	957	5.9	14.6	6.5
母材(含氧量 0.11%)	1072	983	11.2	27.3	16.9

从表 14-22 可知，两种焊接方法接头强度系数皆可达 93%，接头塑性等离子弧可达到基体金属的 70% 左右，而 TIG 焊只有 50% 左右。

5. 纯钛的焊接

由于纯钛在液态下的表面张力大，因此宜采用锁孔效应等离子弧焊技术，常用以焊接 10mm 以内的纯钛板。

纯钛等离子弧焊时的气体保护方式与钨极氩弧焊法相同。在焊接时只要焊接参数选择正确，就可以使焊接过程稳定，电弧挺直度好，焊缝较窄，焊透均匀，且焊缝正反面成形美观，从而提高焊接接头的性能。

二、焊接实例

$35m^3$ 钛加热器的焊接实例。

$35m^3$ 钛加热器是硫酸铵生产的主要设备之一。

1. 原始数据

选用 TA2 工业纯钛制造，其高度为 1000mm，内径 1200mm，管板直径为 1340mm，外套板厚 4mm，管板厚度 22mm。加热器内部安装有 384 根 $\phi33mm \times 2mm$ 的列管。该加热器采用手工钨极氩弧焊工艺施工。

2. 管板的制造

管板由 4 块小板拼焊成两个半圆形板，然后再将这两个半圆形板焊接成圆形的管板。坡口形式选用对称 X 形，角度为 70°，钝边为 2mm，间隙为 1.0～1.5mm。采用等离子弧切割加工坡口，切割前每边留 3mm 的加工余量。

焊接管板时的焊接参数见表 14-23。

表 14-23　钛加热器主要部件的焊接参数

焊接部件	板厚/mm	接头形式	焊接层数	焊接电流/A	电弧电压/V	钛丝直径/mm	钨极直径/mm	氩气流量/(L/min)			备注
								喷嘴	拖罩	背面	
管板拼接	22	X 形对接	2～6	230～250	20～25	4～5	4	15～18	18～20	18～20	—
外套板拼接	4	I 形对接	1～2	180～200	20	4		12～15			—
管子与管板熔焊	管板22	管板接头	1	160～180	20～22	4～5		18～20	—	—	管子壁厚 2mm

管板焊后置于 600℃ 的油炉内，保温 1h。当管板冷却到常温后，测得管板的翘曲变形为 6～8mm，在辊床上矫正变形。

3. 外套板的拼接

采用 I 形坡口的双面对接焊拼接外套板，焊接参数见表 14-23。

4. 加热器的焊接

加热器外套及列管与管焊接时，采用加热器内部充氩的气体保护方法。充氩量可用充氩压力和流量大小来衡量。此外，还可以用明火靠近焊接区的办法进行补充检查，当火焰立即熄灭，同时又听不到喷射气流的"咝咝"响声时，可以认为气体保护效果良好。采用手工钨极氩弧焊工艺焊接的焊缝呈银白色和少许浅黄色。焊接接头的冷弯角大于 90°，各项技术指标满足设计要求。

5. 焊后热处理

加热器焊后进行整体退火处理，加热温度为 550℃，保温 2.5h。加热器出炉后表面呈暗蓝色，说明退火热处理时发生了轻微氧化。经砂轮打磨后，暗蓝色的氧化膜即可去除，不会影响使用性能，还可略微提高接头的耐腐蚀性。

采用上述工艺制造的加热器已运行数年，焊缝和母材金属表面仍保持安装时的金属光泽。与采用 1Cr18Ni9Ti 不锈钢制造的加热器相比，使用寿命延长 8 倍。

实践训练一　铝及铝合金的焊接

一、实验目的

① 了解铝及铝合金的焊接性。

② 理解铝及铝合金的焊接方法和操作规程。

二、实验设备及其他

手工钨极氩弧焊机一台，钨极直径为 2.4mm；试件：母板 A5083P-0，厚 3mm 四块；焊丝：A5183-BY ϕ3.2mm。

三、实验内容（手工氩弧焊）

① 铝合金板对接平焊操作。

② 铝合金板对接立焊操作。

四、注意事项

① 开始焊接以前，认真做好试件清理。必须检查钨极的装夹情况，调整钨极的伸出长度，同时钨极应处于焊嘴中心，不得有偏移现象。

② 注意引弧、收弧和熄弧的操作。铝及铝合金手工氩弧焊不允许在焊件上引弧，焊接中断、结束时，应特别注意防止弧坑裂纹或缩孔。

③ 熄弧后，不能立即关闭氩气，必须等钨极呈暗红色后才能关闭，防止母材及钨极在高温下被氧化。

④ 注意选择合适的焊接参数。在焊接过程中，焊丝伸出长度不能超出氩气保护范围，以免焊丝端部氧化，注意始焊和接头处的焊接。

⑤ 整个焊接过程中，要注意安全操作。结束后，及时清理现场。

实践训练二　铜及铜合金的焊接（选做）

一、实验目的

① 了解铜及铜合金的焊接性。

② 理解铜及铜合金的焊接方法和操作规程。

二、实验设备及其他

手工钨极氩弧焊机一台，钨极直径为 2.5mm；试件：母板纯铜，厚 3～4mm 四块；焊丝：HS201，ϕ3.0mm。

三、实验内容

纯铜板的对接平焊操作。

四、注意事项

① 认真做好试件焊前清理工作。检查焊机及钨极装夹等情况。

② 注意引弧的操作技术，不得在焊件上直接引弧。

③ 注意选择合适的焊接参数。焊接过程中，注意焊枪、焊丝、焊件三者之间的相对位置。随时观察焊接情况。

④ 如发现熔池中混入较多杂质时，必须停止添加焊丝，并将电弧适当拉长，用焊丝挑出熔池表面的杂质。

⑤ 整个焊接过程中，注意安全防护。焊后及时清理现场。

实践训练三　钛及钛合金的焊接（选做）

一、实验目的

① 了解钛及钛合金的焊接性。

② 理解钛及钛合金的焊接方法和操作规程。

二、实验设备及其他

手工钨极氩弧焊机一台，钨极直径为 1.5mm；试件：母板 TA4，板厚 0.5～1mm 四块；焊丝：TA4，ϕ1.0mm。

三、实验内容

钛合金板的对接平焊操作。

四、注意事项

① 严格控制焊接材料的纯度。如氩气纯度必须在 99.99％以上。

② 认真进行焊前清理工作。焊丝需经酸洗后才能使用。

③ 注意选择合适的焊接参数。焊丝与焊件间应尽量保持最小的夹角。

④ 偶然断弧及焊缝收尾处，氩气要延时关闭，直到焊缝及热影响区冷却至 350℃以下，才能移开焊枪。

⑤ 注意焊接区的气体保护，采用氩气拖罩等措施。

⑥ 整个焊接过程中，要注意安全操作。结束后要及时清理现场。

章 节 小 结

1. 铝及铝合金的分类和特点。

铝及铝合金根据其化学成分和制造工艺可分为工业纯铝、非热处理强化铝合金、热处理强化铝合金、铸造铝合金。铝及铝合金具有热容量大、熔化潜热高、导电、导热以及在低温下具有良好的力学性能的特点。

2. 铝及铝合金的焊接性。

在铝中加入铜、镁、锰、硅、锌、钒和铬等合金元素，可获得不同性能的合金。其特点是强度中等、塑性良好、容易通过压力加工制成各种半成品，并具有满意的焊接性、良好的耐振性和耐腐蚀性。铝合金的焊接特点为其导热快，必须集中快速地供给大量的热能，才能实现熔焊过程；易氧化，生成的氧化膜妨碍焊接；易吸潮，造成焊接时的气孔缺陷；热膨胀系数大，易产生焊接变形；受焊接热影响，接头有软化现象。

3. 铝及铝合金的焊接工艺。

铝和铝合金常用的熔焊方法有气焊、焊条电弧焊、手工氩弧焊（TIG）、熔化极氩弧焊（MIG）、等离子弧焊、激光焊、真空电子束焊等。

4. 铜及铜合金的分类和特点。

在工业生产中应用的铜及铜合金的种类很多，通常分为紫铜、黄铜、青铜和白铜四大类。铜及铜合金具有优良的导电性、导热性、耐蚀性和加工成形性等。

5. 铜及铜合金的焊接性。

铜及铜合金的焊接性较差，获得优质接头比较困难，接头性能下降，如力学性能、导电性及耐蚀性均有所降低，焊接时低熔点合金元素蒸发，气孔敏感性较高，易产生热裂纹、未焊透、未熔合等缺陷。

6. 铜及铜合金的焊接工艺。

铜及铜合金的焊接方法很多，铜和铜合金导热性好，一般需要大功率、高能量的焊接方法，必须根据被焊材料的成分、厚度和结构特点综合考虑。焊接材料有填充焊丝、焊条及气焊熔剂。焊前做好对焊件及焊接材料的清理。保证坡口边缘的平直度及坡口角度等尺寸的准确性。

7. 钛及钛合金的特点。

纯钛具有密度小、熔点高、耐腐蚀等特点，钛合金具有高温强度良好、抗腐蚀性能优良、比强度大等优点。

8. 钛及钛合金的焊接性。

钛及钛合金焊接时，容易出现一些焊接缺陷。如易被氧、氮、氢、碳等元素沾污引起脆化；易产生焊接气孔；易产生粗晶倾向、裂纹倾向等。

9. 钛及钛合金的焊接工艺。

钛及钛合金焊接时，采用的焊接方法有钨极氩弧焊、等离子弧焊、真空电子束焊、电阻点焊和缝焊、钎焊、扩散焊等，但不能采用普通的焊条电弧焊、气焊、CO_2 气体保护焊。焊前要对焊件和焊丝的表面认真清理；焊接坡口形式的选择原则是尽量减少焊接层数和填充金属；为了减少焊接变形，焊前可在接头坡口间进行定位焊；焊接过程中要采用良好的气体保护措施。

思 考 题

1. 铝及铝合金的焊接性如何？纯铝气焊或手弧焊时应选用何种焊接材料？

2. 铝在焊接时会产生什么问题？用氩弧焊焊接铝及铝合金有什么优点？

3. 氩弧焊焊接铝时为什么经常采用交流电源？

4. 焊接铝及铝合金时，焊前清理和焊后清理主要有哪些方法？

5. 铜及其合金焊接时有哪些特点？

6. 铜及其合金气焊时进行预热和焊后热处理的目的是什么？

7. 纯铜、黄铜氩弧焊时应选用什么焊接材料？

8. 焊接黄铜时为什么常常用含硅的焊丝？

9. 钛及钛合金的焊接性如何？焊接时会产生什么问题？

10. 焊接钛及钛合金常用的焊接方法有哪些？

11. 钛及钛合金焊接常用等离子弧焊有什么优点？采用 CO_2 气体保护焊是否可行？为什么？

12. 钛及钛合金焊接前的清理主要有哪些方法？

第十五章 异种金属的焊接方法

【学习指南】 本章为选学章节。要求通过本章的学习，了解异种金属的焊接特点及焊接工艺。

第一节 概 述

随着现代工业的发展，对零部件的性能提出了更高的要求，但任何一种金属材料都不可能全面满足各种使用要求。因此工程上常通过采用异种金属材料焊接的方法，将不同性能的材料焊接成复合零部件，从而更好地满足各种使用性能的要求，进一步节约各种贵重材料，降低成本，如采用焊接结构齿轮与整体铸造齿轮相比，由于材料利用合理，最经济地满足了齿轮各部分对性能的要求，使齿轮重量减轻，成本降低，同时也提高了生产效率和齿轮的使用寿命。

在金属结构制造中，异种钢的焊接结构不仅能满足耐高温、耐腐蚀和耐磨损的要求，而且还能节省大量的合金钢和贵重金属，所以异种钢焊接已成为现代工程技术中不可缺少的一种重要加工方法，广泛应用于现代的石油化工、交通运输、航天技术、动力装置及机器制造业。

异种金属焊接构件的材料是多种多样的，包括了绝大部分可焊的金属和合金。其不同材料的组合形式主要有异种钢（如奥氏体钢与珠光体耐热钢）、异种有色金属（如铜与铝）、钢与有色金属（如钢与铜）等。

目前，用于制造异种金属焊接结构的钢种相当多，钢的分类方法不统一，实际生产中异种钢焊接所用钢种的分类方法及组合形式见附表 37、附表 38，常见的异种金属组合、焊接方法及焊缝中形成物见附表 39。以上异种钢焊接的组合在生产中应用较多，其具体产品的焊接技术及特点根据不同的典型实例会有差异。

一、异种金属的焊接性

异种金属的焊接，是指两种或两种以上的不同金属（指其化学成分、金相组织及性能等不同）在一定工艺条件下进行焊接加工的过程。当用填充材料 A 焊接母材金属 B 和 C，其焊接时的各部分名称如图 15-1 所示。采用熔焊焊接异种金属时，其焊接接头均由焊缝、熔合线、熔合区和热影响区组成。异种金属熔焊时，常用的坡口形式有 I 形坡口、V 形坡口、U 形坡口、X 形坡口。

异种金属的焊接性是指不同化学成分、不同组织性能的两种或两种以上金属，在限定的施工条件下焊接成按规定设计要求的构件，并满足预定服役要求的能力。焊接性受材料、焊接方法、构件类型及使用要求四个因素的影响。

异种金属的焊接性是一个相对的概念。如 Q235 钢与 16Mn 钢两种金属在简单的焊接工艺条件下，就可以获得满足规定设计和技术条件要求的优质焊接接头，则认为这两种金属的焊接性优良；而碳素钢与铜或铝焊接，则必须采用特殊的焊接工艺措施才能实现焊接，则认

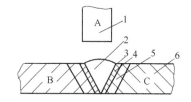

图 15-1 异种金属的焊接接头组成
1—填充材料；2—焊缝；3—熔合线；4—熔
合区；5—热影响区；6—母材金属

为它们的焊接性较差。

由此可见，异种金属并不存在完全不可焊或可焊的情况，只是在实现优质焊接接头上存在难与易的问题。而异种金属能否获得满意的焊接接头，主要取决于被焊金属的物理性能、化学性能、采用的焊接工艺等。

异种材料的焊接与同种材料焊接相比，有着较大的不同，一般要比同种材料困难。异种材料的焊接性主要取决于两种材料的冶金相容性、物理性能、表面状态等，两种材料的性能差异越大，焊接性就越差。影响异种金属焊接性的主要因素有异种金属的化学成分、母材金属供货状态和表面状态、填充材料的种类、化学成分、接头尺寸及其施焊方位、焊接方法、焊接参数、焊前和焊后的热处理工艺、焊接操作技术水平、焊接周围环境条件等。

异种金属因成分中物理和化学性能有显著不同，以至两种金属焊接时产生一层成分与性能和母材不同的过渡层，该层对接头的整体性能产生不利影响。

异种金属之间不能形成合金如焊接铁与铅时，两种金属的接合部位，不能形成任何的新相结构，并且焊缝与母材不易达到等强度。在焊接过程中，由于金相组织变化或生成新的组织，使焊接接头的组织性能变差，给焊接带来很大困难，焊接的熔合区及热影响区的力学性能较差，塑性明显下降。

异种金属的线膨胀系数不同，容易引起热应力，且不易消除，往往会产生很大的焊接变形。异种金属的焊接接头，因焊接应力和脆性的增加，容易产生裂纹，尤其是热影响区更易产生裂纹甚至发生断裂。

二、焊接方法

（一）异种金属焊接接头的连接方式

异种金属焊接接头的连接方式可分为直接连接和间接连接。

直接连接是指用熔焊、压焊或钎焊方法，将两种金属不通过第三者直接焊接在一起，形成一个不可拆卸的永久性接头。这种连接在生产中有很大的实用价值，应用很广。

间接连接是指用熔焊、钎焊、铆接或螺钉连接等方法，通过第三者（填加金属）把两种金属连接在一起，形成不可拆卸的永久性接头或可拆卸的非永久性接头。这种连接工艺复杂，要求操作技术水平更高，主要应用在航天技术、原子能反应堆、航海及石油化工等领域。

生产中常用的异种金属焊接接头连接方式如图 15-2 所示。在金属 A（或 B）的坡口表面上堆焊一层中间金属，然后用与中间金属和金属 B（或 A）性能相近的填充金属把中间金属与金属 B（或 A）连接起来，如图 15-2（a）所示；在金属 A 的平面上堆焊金属 B，如图

15-2（b）所示；在金属 A 与 B 之间加金属垫片，如图 15-2（c）所示；在金属 A 与 B 之间填加金属丝，如图 15-2（d）所示；在金属 A 与 B 之间填加金属粉末或焊剂，如图 15-2（e）所示；在金属 A（或 B）的接头表面上进行喷涂（或镀一层金属），然后再将涂层（或镀层）与金属 B（或 A）连接起来，连接时可外加填充金属或不加填充金属，如图 15-2（f）所示；在金属 A 与 B 之间加一个复合过渡段（过渡段预先用爆炸焊或其他方法复合而成），然后利用复合过渡段将金属 A 和 B 连接起来，如图 15-2（g）所示；在 A 与 B 管件之间加一个 AB 管垫，通过 AB 管垫再把 A 与 B 管件连接起来，如图 15-2（h）所示。

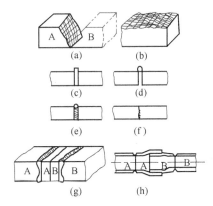

图 15-2　异种金属焊接接头的连接方式

（二）常用的焊接方法

异种金属焊接时，由于选用的焊接方法不同，会得到不同性能和不同质量的焊接接头。因此，在选择焊接方法及制定工艺措施时，要考虑异种金属焊接所特有的问题。

1. 熔焊

熔焊是指将待焊处的母材金属熔化以形成焊缝的焊接方法。熔焊焊接时两种母材都达到熔化状态，焊接过程中对焊接接头不需要施加压力，但需要外加填充金属，焊缝金属具有铸造结构，焊接区母材金属局部熔化而形成熔池，这种方法适用于物理性能如塑性、脆性相差不大的异种金属间的焊接。

2. 压焊

压焊是指焊接过程中，必须对焊件施加压力（加热或不加热）以完成焊接的方法。压焊时对焊接接头需要施加压力，但不需要填充金属，被焊金属表面熔化或成塑性状态，不能形成熔池，焊缝金属是晶内结合，近缝区具有再结晶组织。这种方法适用于焊接物理、化学性能相差较大的异种金属如塑性异种金属的焊接，也适于金属与非金属的焊接。

3. 钎焊

钎焊是采用比母材熔点低的金属材料作钎料，将焊件和钎料加热到高于钎料熔点，低于母材熔化温度，利用液态钎料润湿母材，填充接头间隙并与母材相互扩散实现连接焊件的方法。

因此，钎料与低熔点母材之间就是同种金属的熔焊过程，焊接不困难。钎料与高熔点母材之间则是钎焊过程，母材不发生熔化、结晶，只要钎料对母材能良好润湿，可以避免熔焊时存在的问题。

另外，还有液相过渡焊（TLP法），这是介于熔焊和压焊之间的焊接方法。总之，适于异种金属焊接的方法很多，如图 15-3 所示。

$$焊接方法 \begin{cases} 压焊 \begin{cases} 表面熔化状态——电渣焊——点焊、缝焊、凸焊、对焊（闪光对焊、电阻对焊） \\ 加热到塑性状态——固态焊、扩散焊、热压焊、气压焊、锻焊、摩擦焊 \\ 不加热——爆炸焊、超声波焊、冷压焊 \end{cases} \\ 钎焊——电阻钎焊、真空硬钎焊、感应钎焊、炉中钎焊、盐浴浸渍硬钎焊、火焰钎焊、烙铁钎焊 \\ 熔焊 \begin{cases} 热剂焊 \\ 电渣焊 \\ 激光焊 \\ 电子束焊 \\ 电弧焊——焊条电弧焊、埋弧焊、气体保护焊（惰性气体、CO_2气体、混合气体） \\ 等离子弧焊 \\ 气焊——氧-乙炔焊、氢氧焊 \end{cases} \end{cases}$$

图 15-3　适用于异种金属焊接的焊接方法分类

第二节　异种金属的焊接工艺

一、异种钢的焊接

常用的几种异种钢组合焊接的特点见表 15-1。

表 15-1　常用的几种异种钢组合焊接的特点

材　料		焊　接　性	防　止　措　施	焊　接　方　法
碳素钢与低合金结构钢		焊接接头易产生淬硬组织和裂纹	焊前预热，合理选用填充材料，正确制定焊接工艺，焊后热处理等	常用的方法有焊条电弧焊、CO_2气体保护焊、埋弧焊等
锅炉钢与低合金结构钢		焊接接头易产生淬硬组织	合理选用填充材料，焊前预热母材，选择合适的焊接参数，遵守操作规程，焊后进行缓冷等	常用的焊接方法较多，如电弧焊和压焊等
异种合金钢		焊接性较差，焊接接头易产生裂纹，热影响区易出现淬硬组织	正确制定焊接工艺，严格控制焊缝含硫和磷量，合理选用填充材料，焊前进行充分预热，选择抗裂性能好的填充材料，焊后缓冷并及时进行焊后热处理	常用焊接方法有熔焊（焊条电弧焊、埋弧焊、CO_2气体保护焊、惰性气体保护焊、等离子弧焊、真空电子束焊和混合气体保护焊）、压焊（摩擦焊、电阻对焊、电阻缝焊、电阻点焊、爆炸焊、真空扩散焊、电阻凸焊和冷压焊）、钎焊（火焰钎焊、高频感应钎焊和炉中钎焊）等
碳素钢与铸钢		焊缝容易产生气孔、夹渣，焊缝及近缝区产生裂纹	焊前认真清理，选择合适的填充材料并烘干，焊前预热及焊后热处理，选择合适的焊接参数	常用的焊接方法有埋弧焊等
碳素钢与奥氏体不锈钢		焊接接头的塑性和韧性降低，焊缝金属易产生裂纹，熔合区易产生软化（脱碳层）和硬化（增碳层）现象	选用含镍量高的填充材料，采用过渡层或中间过渡层的方法，或严格控制冷却速度及焊缝的稀释等	采用焊前预热、焊后缓冷、小电流、高电压和快速焊的焊接工艺。选用焊条电弧焊等
复合钢板	奥氏体系	焊缝容易产生结晶裂纹，热影响区容易产生液化裂纹，熔合区出现脆化	正确制定焊接工艺，合理选择填充材料，严格遵守操作规程等	常用焊接复合钢板的方法有焊条电弧焊、埋弧焊、CO_2气体保护焊、氩弧焊和等离子弧焊等，其中应用较多的是焊条电弧焊
	铁素体系	焊缝金属容易产生结晶裂纹，焊接接头易产生延迟裂纹	焊前焊条要烘干，严格遵守操作规程等	

实例一：异种钢的焊接

1. 液氯钢瓶的焊接

图 15-4 所示是液氯钢瓶的焊接结构。钢瓶保护罩材质为 Q235A 钢，钢瓶封头材质为 15MnV 钢，两种母材金属厚度均为 10mm。采用对接接头，Q235A 钢母材金属加工成 V 形坡口。焊前对坡口和焊丝进行彻底清整，去除油污和锈斑。使用 H08Mn2SiA 焊丝进行手工 CO_2 气体保护焊，焊后缓冷。焊接参数见表 15-2。

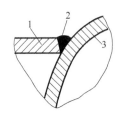

图 15-4   液氯钢瓶的焊接结构

1—保护罩（Q235A 钢）；2—焊缝；3—封头（15MnV 钢）

表 15-2   液氯钢瓶手工 CO_2 气体保护焊的焊接参数

产品名称	材料牌号	材料厚度/mm	焊丝牌号	焊丝直径/mm	焊接电流/A	电弧电压/V	焊接速度/(m/h)	送丝速度/(m/h)	气体流量/(L/h)
保护罩	Q235A	10	H08Mn2SiA	1.2	250～260	25～27	40	340～370	1200～1300
封头	15MnV								

2. 30CrMnSiA 钢与 30CrMnSiNi2A 钢的焊接

这两种钢是航空工业中广泛用于制造飞机起落架、机身轮缘、机翼交点及支座等重要承力结构的钢种。

（1）两种钢的焊接特点   30CrMnSiA 钢的屈服点为 500MPa，抗拉强度为 700MPa，碳当量（质量分数）为 0.67%，焊接性差；30CrMnSiNi2A 钢的屈服点为 570MPa，抗拉强度为 760MPa，碳当量为 0.81%，焊接性差。这两种钢焊接时，在焊缝及热影响区容易出现氢脆、产生冷裂纹，主要是由于两种母材金属及填充材料含氢量较多、焊前母材金属被焊处清整不彻底、预热温度不足、焊接参数不当、工人操作技术水平不高以及焊后处理措施不合适等原因引起的。

（2）选择焊接方法   30CrMnSiA 钢与 30CrMnSiNi2A 钢的焊接，常用焊条电弧焊、CO_2 气体保护焊和埋弧焊等方法，同时通过正确地制定焊接工艺措施，合理地选用填充材料，遵守操作规程，及时调整焊接参数，提高焊接操作技术水平等措施都能获得满意的焊接接头。

（3）焊条电弧焊的焊接操作技术   选用牌号为 R307 的焊条，焊条烘干温度为 350～400℃，保温 1h，将烘干的焊条置入 105～120℃ 的烘干箱内存放，做到随用随取。对母材金属进行清整和预热：焊前将两种母材金属表面清整干净，除掉油污和杂质，直至露出金属光泽；预热温度：30CrMnSiA 钢为 200～250℃，保温 1h；30CrMnSiNi2A 钢为 250～300℃，保温时间为 1h。

采用焊条电弧焊焊接 30CrMnSiA 钢与 30CrMnSiNi2A 钢时，推荐的焊接参数见表15-3。接头形式采用对接 V 形坡口。异种合金钢焊条电弧焊的接头如图 15-5 所示。

表 15-3　异种合金钢焊条电弧焊的焊接参数

异种钢的牌号	母材厚度 /mm	焊接电流 /A	电弧电压 /V	焊接速度 /(mm/min)	焊接线能量 /(kJ/cm)	焊条直径 /mm	电源极性
30CrMnSiA 与 30CrMnSiNi2A	10+10	150	24	145	16	4	直流反接

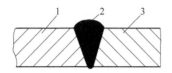

图 15-5　异种合金钢焊条电弧焊接头

1—30CrMnSiA 钢；2—焊缝金属；3—30CrMnSiNi2A 钢

焊接操作时，要掌握好引弧、运条和收尾。在运条的同时应处理好焊条直线运动、焊条横向摆动、焊条送进动作这些基本动作。

焊后为防止产生氢脆和冷裂纹，焊后要进行紧急后热处理，后热处理温度为 $200\sim250℃$，保温 1h。这样可使焊接接头达到稳定可靠，有效地防止形成冷裂纹。值得注意的是焊接异种合金钢时，形成的冷裂纹往往有潜伏期，因此在焊后冷裂纹尚处潜伏期时，必须进行后热处理。

3. 20g 与 1Cr18Ni9Ti 复合钢板的焊接

采用焊条电弧焊封底，用埋弧焊盖面，焊接 20g 与 1Cr18Ni9Ti 复合钢板的具体焊接操作过程是：选用 J427 焊条，从覆层一侧在基层板上进行焊条电弧焊封底；翻转复合钢板，清整焊根后，选用 H08MnA 焊丝、HJ431 焊剂，进行埋弧焊盖面。盖面焊缝可根据基层厚度焊一层或多层；再把复合钢板翻转过来，选用 A307 焊条焊接过渡层，焊接电流为 150A；过渡层焊缝合格后，选用 A137 焊条焊接覆层，焊接电流为 140A；整个复合钢板接头焊完后，进行 X 射线检验，不合格者应返修，直至全部合格为止。

在生产中，往往由于施工条件的限制，一定要先焊覆层（1Cr18Ni9Ti 或 0Cr18Ni9Ti），这时要采取有关措施，如过渡层和基层均选用 A307 或 A407 焊条焊接，保证基层和覆层的交界处不会产生增碳和脱碳现象，或过渡层用纯铁焊条焊接，而基层选用 J502 或 J507 焊条焊接，覆层用 A132 或 A137 焊条焊接。

二、钢与铸铁的焊接

钢与铸铁焊接时，由于铸铁在冷却结晶过程中，对冷却速度敏感性很强，因此强度低、塑性差、脆而硬，焊接性很差，常见的焊接缺陷及防止措施见表 15-4。钢与铸铁焊接时，常用的焊接方法及填充金属见表 15-5。

表 15-4　钢与铸铁焊接的焊接缺陷及防止措施

焊接缺陷	产　生　原　因	防　止　措　施
焊接接头出现白口组织及淬硬组织	焊缝金属的化学成分和冷却速度	选用塑性大、抗裂性能高的填充材料，选择合适的焊接方法如气焊、CO_2 气体保护焊、钎焊等
焊接接头容易产生裂纹	主要原因是填充材料的影响，其次与焊接方法及铸铁本身塑性差、热影响区裂纹与两种母材金属的收缩量和焊接变形等有关	改善焊缝的化学成分，选用磷、硫含量低的填充材料，选择合适的坡口形式，改善焊缝形状，焊前预热、焊后缓冷，合理确定焊接参数

续表

焊接缺陷	产 生 原 因	防 止 措 施
异质焊缝形成气孔	接头表面清理不净、填充材料潮湿、有杂质和油脂等	焊前接头应清理干净,填充材料要烘干,选择合适的焊接参数,遵守操作规程
焊接接头的机械加工性能差	白口层厚度大于 0.5mm	焊接接头常采用"电火花"加工方法

表 15-5 钢与铸铁焊接常用的焊接方法及填充金属

被焊金属	焊条电弧焊	CO_2 气体保护焊	氩 弧 焊	钎 焊	
				钎 料	钎 剂
低碳钢与灰口铸铁	AWSENi-C1-A（95％Ni）、Ni337、EZ116	H08Mn2SiA 53Ni-45Fe 药芯焊丝	Ni112	H62、HSCuZn2、HSCuZn3、CuZnB、CuZnA、BCu-ZnD	硼砂、硼酸盐
低碳钢与可锻铸铁	EZCQ、EZNi-1、EZNiFe-1、EZNiFeCu、EZNiCu-1、E5015、E4303、E4301	H08Mn2SiA 53Ni-45Fe 药芯焊丝	Ni337、ENi-C1-A（95％Ni）、ENi-C1(93％Ni)	银 315、BAg-3、BAg-4	剂 101 或剂 102
低碳钢与球墨铸铁	EZNi-1、EZNiFe-1、EZNiFeCu、Ni337、ENi-C1-A、E5015		—	35Sn-30Pb-35Zn、软钎料	—

实例二：不锈钢与铸铁的焊接

1. 铸铁与不锈钢的焊接性

铸铁和不锈钢的焊接性较差，这两种母材金属焊接时，不锈钢母材金属侧容易产生晶间腐蚀，严重时能引发裂纹；焊接接头易出现脆化现象，使力学性能明显降低；在铸铁母材金属侧容易出现白口组织，增加了焊缝的脆硬性以及机械加工的难度；焊缝容易产生裂纹，甚至出现焊缝与两种母材金属的"剥离"现象；焊后变形较严重，在焊接应力作用下，容易产生裂纹甚至断裂。因此，只有采用真空扩散焊或钎焊方法才可获得良好的焊接接头。

2. 铸铁与不锈钢的焊接工艺

① 两种母材金属的被焊接头必须清理干净，去掉油污和锈斑等，使之露出金属光泽。

② 焊接温度不能超过 900℃，如温度过高，在不锈钢母材金属侧的晶间腐蚀严重。

③ 扩散焊时的真空度要高，通常真空度不低于 1.3332×10^{-7} MPa，否则焊缝容易出现脆性化合物。用真空扩散焊焊接 HT150 与 12Cr18Ni9Ti 时，焊接接头抗拉强度可达 147～317MPa；用真空扩散焊焊接 KTH300-06 与 12Cr18Ni9Ti 时，焊接接头抗拉强度可达 294～346MPa；用真空扩散焊焊接 HT150 与 14Cr17Ni2 时，焊接接头抗拉强度可达147～314MPa。

三、钢与有色金属的焊接

钢与有色金属的焊接性及焊接方法见表 15-6。

表 15-6　钢与有色金属的焊接性及焊接方法

材　　料	焊　接　性	常用的焊接方法
钢与铝及铝合金	焊接接头易氧化、易产生裂纹、焊缝成分不均匀、焊接变形大等	摩擦焊(可获得满意的焊接接头)、冷压焊(适于焊接塑性相差很大的金属)、真空扩散焊、爆炸焊等
钢与铜及铜合金	焊缝金属容易产生热裂纹、热影响区容易产生渗透裂纹、焊接接头的力学性能降低	两种母材金属直接焊接;采用堆焊过渡层;采用中间过渡段;采用双金属元件
钢与钛	焊缝易产生裂纹、气孔	常采用真空扩散焊、真空电子束焊、钎焊、氩弧焊、等离子弧焊及激光焊等

实例三：钢与有色金属的焊接

1. 钢与铝的焊接实例

(1) 产品结构特点　钢与铝的某产品焊接结构如图 15-6 所示,其主要特点：①铝管壁厚比钢管壁厚大 1 倍；②铝管外径比钢管外径大 4~10mm；③铝管内径比钢管内径小 4~10mm；④要求焊接接头高强度和高气密性。

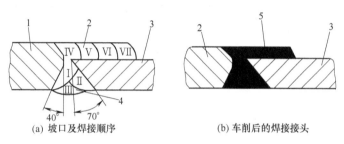

图 15-6　钢与铝的焊接结构产品

1—铝；2—外侧焊接顺序；3—钢；4—内侧焊接顺序；5—焊缝

(2) 焊接操作技术

① 接头开 X 形坡口,钢管坡口为 70°,铝管坡口为 40°。

② 先将钢管进行机械清理,然后渗铝,渗铝长度为 100~150mm。

③ 对铝管进行脱脂、酸洗及钝化处理。

④ 用牌号为 NSA-500-1 型氩弧焊机焊接,将钢与铝接头进行定位,并装配,接头间隙为 1.5~2mm。

⑤ 将铝管预热到 100~200℃,然后用氩弧焊进行多道焊。钍钨极直径为 3.2mm,焊丝直径为 2mm。

⑥ 焊接时按图 15-6 中的内侧顺序焊接,焊接电流为 45A,随后按外侧顺序焊接,焊接电流为 60~70A。

⑦ 接头内外表面焊完之后,进行质量检验。发现焊接缺陷及时返修。

⑧ 最后将焊接接头在车床上进行车削加工,以保证焊接接头的表面质量。

2. 低碳钢与纯铜的埋弧焊

低碳钢与纯铜埋弧焊的工艺要点有以下几方面。

（1）坡口加工　低碳钢与纯铜的板厚大于 10mm 时，可开 V 形坡口，坡口角度为 60°～70°。由于钢和铜的导热性能相差较大，因此坡口角度可不对称，如图 15-7 所示。

（2）焊丝位置　为使铜充分熔化，焊丝必须偏向铜一侧，距焊缝中心线约 5～8mm。焊丝这个位置，可控制焊缝中的铁的质量分数达 1.3％～4.0％。距离过小，焊缝含铁量增加；距离过大，不能保证钢母材金属充分熔化，如图 15-8 所示。

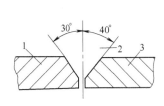

图 15-7　低碳钢与纯铜的坡口尺寸

1—低碳钢（Q235A）；2—不对称 V

形坡口；3—纯铜

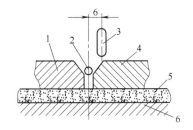

图 15-8　低碳钢与纯铜焊接接头的装配

1—低碳钢（Q235A）；2—躺放焊丝（Al 或 Ni）；

3—填充焊丝；4—纯铜；5—焊剂垫；6—平台

（3）坡口中加铝丝　焊接时铝与铁形成微小的 FeAl 质点，可减少铁的有害作用。使焊缝塑性提高，伸长率达 20％，冷弯角达 180°，而且抗裂性能明显提高。

（4）焊接参数　选择合适的焊接参数，可实现单面焊双面成形，见附表 40。

3. 钢与钛的焊接——1Cr18Ni9Ti 与 TA1 的真空电子束焊

图 15-9 所示为 1Cr18Ni9Ti 与 TA1 的真空电子束焊结构。

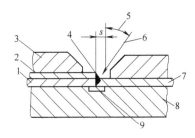

图 15-9　钢与钛的真空电子束焊

1—1Cr18Ni9Ti；2—铜护板；3—铜压板；4—焊缝；

5—电子束倾角；6—电子束；7—TA1；8—垫板；

9—垫板沟槽；s—电子束位移

其主要焊接要点如下。

① 选用铌和青铜作填充材料。

② 严格清理接头表面，通常进行机械清理，然后进行酸洗，最后用清水冲洗。

③ 钢与钛的焊接参数，可按钛或钛合金的焊接参数进行选择。

④ 钢与钛的熔点不同时，焊接应注意以下两种情况。

a. 钢与钛的熔点接近时，焊接无特殊要求，可将电子束指向接头中间，如图 15-10（a）所示。如要求焊缝的熔合比不同，可把电子束倾斜一角度而偏于要求熔合比多的母材金属一边，如图 15-10（b）所示。

b. 钢与钛的熔点相差较大时，为防止低熔点母材金属熔化流失，可将电子束集中在熔点较高的母材金属一侧，并在低熔点母材金属上加铜护板传递热量，确保两种母材金属受热均匀，如图 15-10（c）所示。为防止焊缝根部未焊透，应改变电子束对焊件表面的倾角，使电子束倾向熔点较高的母材金属，如图 15-10（d）所示。

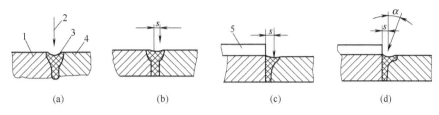

图 15-10　异种金属的电子束焊焊接过程

1—金属 A；2—电子束；3—焊缝；4—金属 B；5—铜护板；s—电子束位移；α—电子束倾角

⑤ 焊后及时清理焊接接头。

四、异种有色金属的焊接

常见的几种异种有色金属的焊接性及焊接方法见表 15-7。

表 15-7　异种有色金属的焊接性及焊接方法

材料	焊接缺陷	防止措施	常用焊接方法
铜与铝	焊接接头易产生裂纹、脆断，力学性能下降	必须制定特殊的焊接工艺，选择合适的填充材料和焊接方法，采取车间整体排风除尘或局部抽风等防护措施	钎焊、冷压焊、真空扩散焊、氩弧焊、埋弧焊、电容贮能点焊等
铜与镍	焊接性较差，焊接接头力学性能降低，焊缝易产生裂纹、气孔	焊前必须将焊接接头（20～30mm 范围内）清理干净，采用惰性气体保护焊接区；选用高纯度的填充材料；严格限制母材金属的磷、铅、砷及铋等含量	惰性气体保护焊、电子束焊、等离子弧焊、真空扩散焊、钎焊及气焊等
铜与钛	焊缝容易形成气孔、焊接接头裂纹倾向大、力学性能低	根据不同的焊接方法选择不同的防止措施，如氩弧焊时，必须采取加中间层的办法来避免出现金属间化合物，以获得塑性良好的接头	真空扩散焊、氩弧焊、等离子弧焊、钎焊、电子束焊等
铜与钨	焊接性很差，焊缝易形成气孔，焊接接头裂纹倾向大，不易获得良好的接头	认真清理被焊接头表面；选用合适的填充材料，包括中间扩散层材料和镀层材料；制定特殊的焊接工艺，如焊前预热、退火，焊后缓冷，焊接时真空纯度高；选择合适的焊接方法等	直接进行真空扩散焊，或采用镀层真空扩散焊，或采用中间层真空扩散焊
锆与钛（新型金属结构材料）	焊接性较好，焊接时易产生变形	严格限制杂质含量；电弧应偏向熔点高的锆母材金属一侧（偏距 2～4mm）；惰性气体纯度（体积分数）应在 99.8% 以上；应采取反变形或卡具等	氩弧焊、氦弧焊、等离子弧焊、电子束焊、扩散焊、摩擦焊等
银与铂（稀有贵金属）	焊接性差，焊接难度较大，银熔点低，流动性大，易流失	应在水平位置施焊，以防止银的流失	气焊、氩弧焊、锻焊、电阻焊、微弧等离子弧焊、热压焊、脉冲电弧焊等

实例四：异种有色金属的焊接

1. 铜与镍的氩弧焊

铜与镍或镍合金的氩弧焊工艺特点如下。

① 选用铜基或镍基填充材料。

② 填充材料要烘干，烘干温度为 100～200℃，烘干时间为 1～2h。

③ 焊接时，焊缝正面和背面都用氩气保护，保护装置中加铜网，以增加氩气流的稳定性，如图 15-11 和图 15-12 所示。

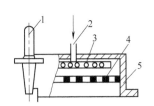

图 15-11　铜与镍的氩弧焊正面异质焊缝保护装置

1—焊枪；2—进气管；3—气体分布孔；4—铜网；5—拖罩外壳

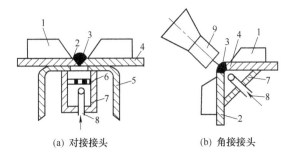

(a) 对接接头　　　　(b) 角接接头

图 15-12　铜与镍的氩弧焊背面焊缝保护装置

1—压板；2—铜；3—焊缝；4—镍；5—支架；6—铜网；7—背面异质焊缝保护装置；8—进气管；9—焊枪

④ 铜与镍或镍合金的薄板焊接，采用对接或搭接接头，对接接头可在有成形槽的垫板上进行施焊。

⑤ 为防止非熔化极（钨、钍钨或铈钨）的氧化烧损，并能除掉接头表面的氧化膜，采用直流正极性或交流进行焊接（交流有阴极破碎作用）。

⑥ 铜与镍或镍合金的氩弧焊焊接参数及力学性能见附表 41。

2. 铜与钨的焊接实例

铜与钨采用真空扩散焊焊接有三种方式：铜与钨直接进行真空扩散焊；铜与钨采用镀层进行真空扩散焊；铜与钨采用中间扩散层进行真空扩散焊。

五、计算机在异种金属焊接中的应用

1. 计算机在异种金属焊接参数采集过程中的应用

利用计算机对焊接参数进行采集、存储并打印成报表，实现对焊机输出焊接参数的控制，是目前计算机在焊接生产中应用最主要的方面。如应用脉冲氩弧焊焊接铜与铝时，采用焊接参数监测系统采集焊接参数，这种监测系统具有分时采集多路不同信息和处理信息的功能。

在焊接生产中利用监测系统采集、控制异种金属焊接参数，可以做到：

① 能有效地控制异种金属焊接参数的准确性，因此不易出现焊接缺陷，保证焊接产品质量，提高生产效率；

② 焊接过程一旦受到破坏时，监测系统能及时发出警报信号，以便让操作者重新调整设备及工艺方案；

③ 可以建立异种金属焊接产品的档案，完善焊接工艺文件，以便今后遇到问题进行查阅，分析产品状况；

④ 使用监测系统控制、采集异种金属焊接参数，易于实现焊接生产机械化和自动化，为焊接车间实现文明化生产创造良好条件。

2. 计算机在异种金属焊接过程控制中的应用

采用计算机对异种金属焊接过程进行控制，可使焊接过程的自动控制由简单的程序控制、恒定参数控制发展成多参数的综合控制、焊接过程的自动适应控制以及智能控制等。

（1）异种金属焊接实现微机闭环控制　微机对异种金属焊接过程的闭环控制，就是由计算机和 A/D、D/A 通道构成闭环控制的电路，再由微机软件对反馈量进行运算，形成闭环控制。其特点是焊接过程稳定、生产效率高、焊接质量高、焊工劳动强度低、理论水平要求高。

焊接生产中，利用微机实现闭环控制的焊机有：电脑直流弧焊机，钨钍极惰性气体保护焊机，CO_2 气体保护焊机，交直流多功能惰性气体保护焊机，多功能电脑焊机，全位置钨极氩弧焊焊管机，电阻点焊机，电阻缝焊机，脉冲熔化极惰性气体保护焊机等。

（2）异种金属焊接实现微机开环控制　采用微机对异种金属焊接过程的开环控制系统比较简单，如利用微机控制电容贮能焊机的过程：首先打开气阀，夹紧焊件，这时停止向电容充电，调整焊接参数，使电容放电进行焊接，然后关闭气阀，松开焊件，再次向电容充电，准备下次焊接。其特点是控制系统较简单、生产效率高、焊接质量相当高。

3. 计算机在异种金属焊接质量控制中的应用

目前，微机控制异种金属焊接质量的主要方法有检测动态电阻法和测量焊点大小的位移法。如焊接生产中常用的 KD3-200 型微机点、缝焊控制器，就是采用动态电阻法来实现控制焊接质量的。

采用动态电阻法实现微机控制异种金属焊接质量的基本过程，首先用微机采集焊接时的动态电阻曲线，即两个电极之间电压降对时间的变化率，然后将检测到的实际值和目标值进行比较，根据所得差值，再通过改变主电路的晶闸管导通角和导通的周波数，来控制焊接电流和焊接时间，以便达到控制焊接质量的目的。

章 节 小 结

1. 异种金属的焊接性及焊接方法。

异种金属的焊接性是指不同化学成分、不同组织性能的两种或两种以上金属，在限定的施工条件下焊接成按规定设计要求的构件，并满足预定服役要求的能力。焊接性受材料、焊接方法、构件类型及使用要求四个因素的影响。异种金属焊接方法较多，焊接方法不同，会得到不同性能和不同质量的焊接接头。因此，在选择焊接方法及制定工艺措施时，要考虑异种金属焊接所特有的问题。

2. 异种钢的焊接特点。

3. 钢与铸铁的焊接特点。

钢与铸铁焊接时，由于铸铁在冷却结晶过程中，对冷却速度敏感性很强，因此强度低、塑性差、脆而硬，焊接性很差。

4. 钢与有色金属的焊接特点。

5. 异种有色金属的焊接特点。

思 考 题

1. 影响异种金属焊接性的因素有哪些？异种金属之间的焊接存在哪些问题？

2. 异种钢焊接时，应增大熔合比或减小熔合比，为什么？

3. 低碳钢和低合金结构钢焊接时，如何正确选择焊接材料？

4. 1Cr18Ni9Ti 不锈钢与 Q235A 钢焊接时，为什么要选用 A307 焊条而不选其他焊条？

5. 钢与铸铁的焊接性如何？怎样才能避免焊接接头中的裂纹？

6. 复合不锈钢板组对时，有什么特殊要求？

7. 钢与铜焊接时，采用堆焊过渡层的方法有什么好处？

8. 钢与镍焊接时，焊缝含镍量对形成气孔和热裂纹有什么影响？

9. 简述钢与钛的焊接工艺要点。

10. 常用的堆焊合金有哪些？如何选择？

11. 计算机在异种金属焊接过程中有哪些方面的应用？

结　束　语

　　焊接作为制造业的基础工艺与技术，在 20 世纪为工业经济的发展做出了重要的贡献。在人类引以为自豪的各个领域，如航空航天、核能利用、电子信息、海洋钻探、高层建筑等，都利用了焊接技术的优秀成果。

　　在今天，焊接作为一种传统技术又面临着 21 世纪的挑战。一方面，材料作为 21 世纪的支柱已显示出五个方面的变化趋势，即从黑色金属向有色金属变化；从金属材料向非金属材料变化；从结构材料向功能材料变化；从多维材料向低维材料变化；从单一材料向复合材料变化。新材料的连接对焊接技术提出了更高的要求。另一方面，先进制造技术的蓬勃发展，正从信息化、集成化、系统化、柔性化等几个方面对焊接技术的发展提出越来越高的要求。

　　先进材料（或称新型材料）的出现和应用（参见附表 42）推动了科技进步，提高了生产力和人们的物质生活水平，为社会进步和经济发展做出了贡献。越来越多的科技工作者在研究这些新材料、新工艺和新技术的同时，也在推动着焊接技术、焊接设备的研究和发展，使焊接成为制造业中不可替代的方法，越来越多地应用到我国的现代化建设中。

附　　录

附表 1　焊剂的主要用途

焊剂类型	主 要 用 途
高硅型熔炼焊剂	根据含 MnO 量不同,有高锰高硅、中锰高硅、低锰高硅、无锰高硅四种焊剂,可向焊缝中过渡硅,锰的过渡量与 SiO_2 含量有关,也与焊丝中的含 Mn 量有关。应根据焊剂中 MnO 含量来选择焊丝。用于焊接低碳钢和某些低合金结构钢
中硅型熔炼焊剂	碱度较高,大多数属于弱氧化性焊剂,焊缝金属含氢量低,韧性较高,配合适当焊丝焊接合金结构钢,加入一定量的 FeO 成为中硅氧化性焊剂,可焊接高强度钢
低硅型熔炼焊剂	对焊缝金属没有氧化作用,配合相应焊丝可焊接高合金钢,如不锈钢、热强钢等
氟碱型烧结焊剂	碱性焊剂,焊缝金属有较高的低温冲击韧度,配合适当焊丝焊接各种低合金结构钢,用于重要的焊接产品。可用于多丝埋弧焊,特别适用于大直径容器的双面单道焊
硅钙型烧结焊剂	中性焊剂,配合适当焊丝可焊接普通结构钢、锅炉用钢、管线用钢,用于多丝快速焊,特别适于双面单道焊,由于是短渣,可焊接小直径管线
硅锰型烧结焊剂	酸性焊剂,配合适当焊丝可焊接低碳钢及某些低合金钢,用于机车车辆、矿山机械等金属结构的焊接
铝钛型烧结焊剂	酸性焊剂,有较强的抗气孔能力,对少量铁锈及高温氧化膜不敏感,配合适当焊丝可焊接低碳钢及某些低合金结构钢,如锅炉、船舶、压力容器,可用于多丝快速焊,特别适于双面单道焊
高铝型烧结焊剂	中等碱度,为短渣熔剂,工艺性能好,特别是脱渣性能优良,配合适当焊丝,可用于焊接小直径环缝、深坡口、窄间隙等低合金结构钢,如锅炉、船舶、化工设备等

附表 2　常用焊剂与配用焊丝

牌号	用 途	配 用 焊 丝	电流
HJ130	低碳钢、普碳钢	H10Mn2	交、直
HJ131	Ni 基合金	Ni 基焊丝	交、直
HJ150	轧辊堆焊	2Cr13,3Cr2W8	直
HJ172	高铬铁素体钢	相应钢种焊丝	直
HJ230	低碳钢、普通低合金钢	H08MnA,H10Mn2	交、直
HJ250	低合金高强度钢	相应钢种焊丝	直
HJ251	珠光体耐热钢	Cr-Mo 钢焊丝	直
HJ260	不锈钢、轧辊堆焊	不锈钢焊丝	直
HJ330	低碳钢及低合金结构钢重要结构	H08MnA,H10Mn2	交、直
HJ350	低合金高强度重要结构	Mn-Mo、Mn-Si 及含 Ni 高强度钢焊丝	交、直
HJ430	低碳钢及低合金结构钢重要结构	H08A,H08MnA	交、直
HJ431	低碳钢及低合金结构钢重要结构	H08A,H08MnA	交、直
HJ433	低碳钢	H08A	交、直
SJ101	低合金结构钢	H08MnA,H08MnMoA,H08Mn2MoA,H08Mn2	交、直
SJ201	低碳钢及低合金结构钢重要结构	H08A,H08MnA	交、直
SJ301	普通结构钢	H08MnA,H08MnMoA,H10Mn2	交、直

附表 3　机械化埋弧焊机的故障与排除

故障现象	产生的原因	排除方法
按下启动按钮,线路工作正常,但引不起弧	1. 焊接电源未接通;2. 电源接触器接触不良;3. 焊丝与焊件接触不良;4. 焊接电路无电压	1. 接通焊接电源;2. 检查、修复接触器;3. 清理焊丝与焊件接触点;4. 检查电路,恢复电压
按下焊丝向上、向下按钮,焊丝动作不对或不动作	1. 控制线路有故障,辅助变压器、整流器损坏,按钮接触不良;2. 感应电动机方向相反;3. 发电机或电动机电刷接触不好	1. 检查上述部件并修复;2. 改变三相感应电动机的输入接线;3. 调整电刷
启动后焊丝一直向上反抽	电弧反馈接线未接或断开	将线接好
按下启动按钮后,继电器工作,接触器不能正常工作	1. 中间继电器失常;2. 接触器线圈有问题;3. 接触器磁铁接触面生锈或污垢太多	1. 检修中间继电器;2. 检修接触器;3. 清除锈或污垢
焊机启动后,焊丝周期地与焊件粘住,或常常断弧	1. 粘住是因电弧电压太低,焊接电流太小,或网路电压太低;2. 常常断弧是因电弧电压太高,焊接电流太大,或网路电压太高	1. 增加电弧电压或焊接电流;2. 减小电弧电压或焊接电流,改善网路负荷状态
线路工作正常,焊接参数正确,而送丝不均匀,电弧不稳定	1. 送丝压紧轮太松或已磨损;2. 焊丝被卡住;3. 送丝机构有故障;4. 网路电压波动太大	1. 调整或更换压紧轮;2. 清理焊丝;3. 检查送丝机构;4. 焊机可以使用专用线路
焊接过程中,焊车突然停止行走	1. 焊车离合器脱开;2. 焊车轮被电缆等物阻挡	1. 关紧离合器;2. 排除车轮的阻挡物
焊接过程中,焊剂停止输送,或量小	1. 焊剂用完;2. 焊剂斗阀门处被堵	1. 添加焊剂;2. 清理并疏通焊剂斗
焊接过程中,机头或导电嘴的位置不时改变	焊车有关部件有游隙	检查清除游隙或更换磨损零件
焊丝未与焊件接触,焊接回路有电	焊车与焊件绝缘损坏	检查焊车车轮绝缘,检查焊车下面是否有金属物与焊件短路
焊丝在导电嘴中摆动,导电嘴以下的焊丝不时变红	1. 导电嘴磨损;2. 导电不良	1. 更换新导电嘴;2. 清理导电嘴
导电嘴末端随焊丝一起熔化	1. 电弧太长,焊丝伸出太短;2. 焊丝送给、焊车皆已停止,电弧仍在燃烧;3. 焊接电流太大	1. 增加焊丝送给速度和焊丝伸出长度;2. 检查焊丝、焊车停止原因;3. 减小焊接电流
电路接通时,电弧未引燃,而焊丝黏结在焊件上	焊丝与焊件接触太紧	使焊丝与焊件轻微接触
焊接停止后,焊丝与焊件粘住	1. 停止按钮按下速度太快;2. 不经停止1,而直接按下停止2	1. 慢慢按下停止按钮;2. 先按停止1,待电弧自然熄灭,再按停止2

附表 4　半机械化埋弧焊机的故障与排除

故障现象	产生的原因	排除方法
按下启动开关,电源接触器不接通	1. 熔断器有故障;2. 继电器损坏或断线;3. 降压变压器有故障;4. 启动开关损坏	检查、修复或更新
启动后,线路工作正常,但不起弧	1. 焊接回路未接通;2. 焊丝与焊件接触不良	1. 接通焊接回路;2. 清理焊件

故 障 现 象	产生的原因	排 除 方 法
送丝机构工作正常,焊接参数正确,但焊丝送给不均匀或经常断弧	1.焊丝压紧轮松;2.焊丝给送轮磨损;3.焊丝被卡住;4.软管弯曲太大或内部太脏	1.调节压紧轮;2.更换焊丝给送轮;3.整理被卡焊丝;4.软管不要太弯,用酒精清洗内弹簧管
焊机工作正常,但焊接过程中电弧常被拉断或粘住焊件	1.前者为网路电压突然升高;2.后者是网路电压突然降低	1.减小焊接电流;2.增大焊接电流
焊接过程中,焊剂突然停止漏下	1.焊剂用光;2.焊剂漏斗堵塞	1.添加焊剂;2.疏通焊剂漏斗
焊剂漏斗带电	漏斗与导电部件短路	排除短路
导电嘴被电弧烧坏	1.电弧太长;2.焊接电流太大;3.导电嘴伸出太长	1.减小电弧电压;2.减小焊接电流;3.缩短导电嘴伸出长度
焊丝在给送轮和软管口之间常被卷成小圈	软管的焊丝进口离给送轮间距离太远	缩短此间距离
焊丝送给机构正常,但焊丝送不出	1.焊丝在软管中塞住;2.焊丝与导电嘴熔接住	1.用酒精洗净软管;2.更换导电嘴
焊接停止时,焊丝与焊件粘住	停止时焊把未及时移开	停止时及时移开焊把

附表 5　焊剂垫上单面对接焊焊接参数

板厚/mm	根部间隙/mm	焊丝直径/mm	焊接电流/A	电弧电压/V	焊接速度/(cm/min)	电流种类	焊剂垫压力/kPa
3	0~1.5	1.6	275~300	28~30	56.7	交	81
3	0~1.5	2	275~300	28~30	56.7	交	81
3	0~1.5	3	400~425	25~28	117	交	81
4	0~1.5	2	375~400	28~30	66.7	交	101~152
4	0~1.5	4	525~550	28~30	83.3	交	101
5	0~2.5	2	425~450	32~34	58.3	交	101~152
5	0~2.5	4	575~625	28~30	76.7	交	101
6	0~3.0	2	475	32~34	50	交	101~152
6	0~3.0	4	600~650	28~32	67.5	交	101~152
7	0~3.0	4	650~700	30~34	61.7	交	101~152
8	0~3.5	4	725~775	30~36	56.7	交	—
10	3~4	5	700~750	34~36	50	交	—
12	4~5	5	750~800	36~40	45	交	—
14	4~5	5	850~900	36~40	42	交	—
16	5~6	5	900~950	38~42	33	交	—
18	5~6	5	950~1000	40~44	28	交	—
20	5~6	5	950~1000	40~44	25	交	—

注:坡口为I形。

附表 6　热固化焊剂垫上单面对接焊焊接参数

板厚/mm	V 形坡口		焊道顺序	焊接电流/A	电弧电压/V	金属粉粒度/mm	焊接速度/(cm/min)
	角度/(°)	根部间隙/mm					
9	50	0～4	1	720	34	9	30
12	50	0～4	1	800	34	12	30
19	50	0～4	1	850	34	15	25
			2	810	36	0	
25	50	0～4	1	1200	45	15	20
32	45	0～4	1	1600	53	25	20
22①	40	2～4	1	960	35	12	30
			2	810	36	0	
25①	40	2～4	1	990	35	15	25
			2	840	38	0	
28①	40	2～4	1	990	35	15	25
			2	990	40	0	

① 为双丝埋弧焊。

附表 7　焊剂垫上双面焊的焊接参数 (一)

板厚/mm	根部间隙/mm	焊接电流/A	电弧电压/V	焊接速度/(cm/min)
14	3～4	700～750	34～36	50
16	3～4	700～750	34～36	45
18	4～5	750～800	36～40	45
20	4～5	850～900	36～40	45
24	4～5	900～950	38～42	42

注：1. 焊丝直径为 5mm。
2. 坡口为 I 形。

附表 8　焊剂垫上双面焊的焊接参数 (二)

板厚/mm	根部间隙/mm	焊丝直径/mm	焊接电流/A	电弧电压/V	焊接速度/(cm/min)
6	0+1	3	380～400	30～32	57～60
		4	400～550	28～32	63～73
8	0+1	3	400～420	30～32	53～57
		4	500～600	30～32	63～67
10	2±1	4	500～600	36～40	50～60
		5	600～700	34～38	58～67
12	2±1	4	550～580	38～40	50～57
		5	600～700	34～38	58～67
14	3±0.5	4	550～720	38～42	50～53
		5	650～750	36～40	50～57
≤16	3±0.5	5	650～850	36～40	50～57

注：坡口为 I 形。

附表9　焊剂垫上双面焊的焊接参数（三）

板厚 /mm	焊丝直径 /mm	坡口尺寸			焊接顺序	焊接电流 /A	电弧电压 /V	焊接速度 /(cm/min)
		角度 /(°)	钝边 /mm	根部间隙 /mm				
14	5	70	3	3	1	830～850	36～38	42
					2	600～620	36～38	75
16	5	70	3	3	1	830～850	36～38	33
					2	600～620	36～38	75
18	5	70	3	3	1	830～860	36～38	33
					2	600～620	36～38	75
22	6	70	3	3	1	1050～1150	38～40	30
	5				2	600～620	36～38	75
24	6	70	3	3	1	1100	38～40	40
	5				2	800	36～38	47
30	6	70	3	3	1	1000	36～40	30
					2	900～1000	36～38	33

注：板厚24mm、30mm开X形坡口，其余为V形坡口。

附表10　双丝、三丝单面焊的焊接参数

板厚/mm	坡口尺寸		焊丝位置	焊接电流 /A	电弧电压 /V	焊接速度 /(cm/min)
	角度/(°)	钝边/mm				
20	90	12	前	1400	32	60
			后	900	45	
25	90	15	前	1600	32	60
			后	1000	45	
32	75	16	前	1800	33	50
			后	1100	45	
35	75	18	前	1800	33	43
			后	1100	45	
20	90	9	前	2200	30	110
			中	1300	40	
			后	1000	45	
25	90	13	前	2200	30	95
			中	1300	40	
			后	1000	45	
32	70	15	前	2200	33	70
			中	1400	40	
			后	1100	45	
35	60	20	前	2200	33	40
			中	1400	40	
			后	1100	45	

注：1. 采用V形坡口，无间隙。

2. 双丝时前后距离为70mm，三丝时前中距离为50mm，中后距离为110mm。

附表 11　角焊缝的焊接参数

焊接位置	焊脚尺寸/mm	焊丝直径/mm	焊接电流/A	电弧电压/V	焊接速度/(cm/min)
船形焊	6	2	450～475	34～36	67
	8	3	550～600	34～36	50
	8	4	575～625	34～36	50
	10	3	600～650	34～36	38
	10	4	650～700	34～36	38
	12	3	600～650	34～36	25
	12	4	725～775	36～38	33
	12	5	775～825	36～38	30
平角焊	3	2	200～220	25～28	100
	4	2	280～300	28～30	92
	4	3	350	28～30	92
	5	2	375～400	30～32	92
	5	3	450	28～30	92
	5	4	450	28～30	100
	7	2	375～400	30～32	47
	7	3	500	30～32	80
	7	4	675	32～35	83

附表 12　常用 CO_2 气体保护焊焊丝的化学成分及用途

焊丝牌号	化学成分(质量分数)/%									用途	相当 GB
	C	Mn	Si	Cr	Mo	Ti	Al	S(≤)	P(≤)		
MG49-Ni	≤0.1	1.3～1.6	0.5～0.8	0.2～0.56	Ni:0.3～0.6			0.03	0.03	焊接耐候钢、某些低合金钢	—
MG50-4	≤0.15	1～1.5	0.65～0.85					0.035	0.025		ER50-4
MG49-1	≤0.11	1.8～2.1	0.65～0.95					0.03	0.03	焊接低碳素钢及低合金钢	ER49-1
MG50-3	≤0.15	0.9～1.4	0.45～0.75		—		—	0.035	0.025		ER50-3
MG49-G	≤0.16	1.4～1.9	0.55～1.1	—				0.03	0.03	用于船舶、桥梁焊接	ER49-G
MG50-6	0.06～0.15	1.4～1.85	0.8～1.15		—			0.035	0.035	用于碳钢及500MPa高强度钢焊接	ER50-6
MG50-G	≤0.15	0.85～1.6	0.4～1		—	—		0.03	0.03	适用于高速焊接及薄板焊接	ER50-G
MG59-G	0.04～0.07	1.3～1.6	0.3～0.6		0.3～0.6	Ti:0.1～0.14				用于500MPa低合金高强度钢焊接	

附表 13　　CO_2 气体保护焊机常见故障的产生原因与排除方法

故障	产 生 原 因			排 除 方 法
空载电压过低	网路电压过低			调大一挡
	三相电源单相运行	单相保险丝烧断		更换
		整流元件单相击穿		查出该元件并更换
		接触器某相触点接触不良		修整触点
电压调节范围失常	焊接线路接触不良或断线			拧紧螺栓或接通
	变压器抽头转换开关触点接触不良			修整触点
	硅管或晶闸管击穿			更换
	自饱和磁放大器故障			逐级检查
	移相和触发电路故障			修理和更换
	继电器触点或线包烧损			修理或更换
不送丝	送丝滚轮打滑			加大送丝轮压紧力
	送丝软管阻塞			清理软管
	焊丝与导电嘴熔合			拧下导电嘴并更换
	焊丝在送丝轮处卷曲			剪断并抽出软管内焊丝
送丝电机不运转	送丝或控制电路保险丝断			更换保险丝
	控制电缆插头虚联			插紧
	焊枪开关接触不良或控制电路断路			修理开关或接通电路
送丝电机不运转	控制继电器触点或线包烧损			修理触点或更换继电器
	调速电路故障	印刷电路板插头虚联		插紧
		元件损坏		更换
		虚焊或腐蚀断线		补焊或更换
	电机故障			修理
送丝不均匀	送丝轮 V 形槽磨损或与焊丝直径不匹配			更换
	送丝轮压力不足			加大压力
	送丝软管阻塞或有硬弯			清理或更换
	导电嘴黏附飞溅或孔径过小			清理或更换
保护气流量不足或不流出	电磁气阀失灵或阻塞			修理或更换
	气路接头或气管漏气			检修接头或更换气管
	气路阻塞	减压表冻结		接好预热器
		管路弯折		展开管路
		飞溅阻塞喷嘴或导流罩		清理喷嘴或导流罩
焊接过程不稳	导电嘴内孔太大或磨损			更换
	送丝轮磨损或压力不足			更换或加大压力
	送丝软管弯曲半径过小			展开送丝软管
	送丝软管阻塞			清理送丝软管

附表 14　等离子弧焊参数（穿透型焊接法）

材料	工件厚度/mm	焊接电流/A	电弧电压/V	焊接速度/(cm/min)	离子气流量/(L/min) 基本气流	衰减气流	保护气流量/(L/min) 正面	尾罩	反面	孔道比 L/d 或孔径/mm	钨极内缩/mm	备注
不锈钢	1	78	17.5	100	2	—	15	—	—	2.2/2	2	自动三孔喷嘴
	3	168	16.8	60	2.8	—	25	—	15	3.2/2.8	3	
	5	245	24.5	34	4.0	—	25	—	10	3.2/2.8	3	
	6	230	23.0	33.3	4.0	—	17	8.4	—	3.2/2.9	3	
	8	278	30	21.7	1.4	2.9	17	8.4	—	3.2/2.9	2	
	8①	320	30	33	1.2	2.9	15	20	—	φ3.2	3	
	10	300	29	20	1.7	2.5	20	20	—	3.2/3	3	
	10①	340	32	26	1.5	2.5	15	20	—	φ3.2	3	
	12	310	31	19	4.2	1.7	22	—	—	3.2/3	3	
	12.7	320	26	17.6	4.7	4.7	9.2	—	—	φ3.2	3	
低合金钢	2	105	19.5	31.5	2.7	—	6			3.2/2.8	—	自动三孔喷嘴
	3.5	140	28	32.6	1.7	2.3	16.7			3.2/2.8	3	
	5.5	220	29	22	1.3	2.9	16.7		—	3.2/2.8	3	
	6.5	240	30	16	1.3	3.3	16.7			3.2/2.8	3	
	8	310	30	19	1.7	3.3	20			3.2/3	3	
低碳钢	3	140	29	26	3		14＋1			3.3/2.8	3	
	4.2	160	30	26	3.5		14＋1			3.3/2.8	3	
	5	200	28	19	4	—	14＋1			3.5/3.2	3	
	7	245	32	21	4		14＋1			3.5/3.2	3.2	
	8	290	27	18	4.5		14＋1			3.5/3.2	—	
钛	1.6	132	26	10	3.77		21.2			φ2.83	3	
	3.2	185	21	48.3	3.77		21.2					
	4.8	190	26	38.3	5.66		21.2		—	φ2.83	3	
	6.4	245	23	22.8	5.66		9.45					
镍基合金	3.2	180	31	69	5.66		40			φ2.83	3	
	6.4	240	30	35.5	7.10					φ3.46		
黄铜	3.2	180	25	20.3	4.72		40		—	φ2.83	—	
	6.0	275	31	40	4.2		25			4.1/3.6	3	
紫铜	3.2	60	25	22.8	4		20			φ3.2		
	10.0	230	90	—	10(N₂)		17(N₂)		—	φ4.5	—	
	18.0	330	70	—	10(N₂)		17(N₂)			φ4.5		
锆	6.4	195	30	25	3.8		22		—	φ3.2	3.2	

① 用有压缩段的收敛扩散三孔喷嘴。

注：1. 凡未注明的离子气和保护气为 Ar。2. 喷嘴高度为 5～8mm。3. 焊件都开 I 形坡口，用穿透型焊接法一次焊透。

附表 15　微束等离子弧焊参数

厚度/mm		焊接速度/(cm/min)	焊接电流/A	焊件电压/V	离子气流量/(L/min)	保护气流量/(L/min)	喷嘴孔径/mm	备注
不锈钢	0.025	12.7	0.3	—	0.2	8(Ar+1%H₂)	0.75	卷边焊
	0.075	15.2	1.6	—	0.2	8(Ar+1%H₂)		
	0.125	37.5	1.6	—	0.28	7(Ar+0.5%H₂)		
	0.175	77.5	3.2	—	0.25	9.5(Ar+4%H₂)		
	0.25	32	5.0	30	0.5	7(Ar)	0.6	
	0.2	—	4.3	25	0.4	5(Ar)	0.8	对接焊（背面有铜垫）
	0.2	—	4	26	0.4	6(Ar)		
	0.1	37	3.3	24	0.15	4(Ar)	0.6	
	0.25	27	6.5	24	0.6	6(Ar)	0.8	
	1.0	27.5	2.7	25	0.6	11(Ar)	1.2	
	0.25	20	6	—	0.28	9.5(Ar+1%H₂)	0.75	
	0.75	12.5	10	—	0.28	9.5(Ar+1%H₂)		
	1.2	15	13	—	0.42	7(Ar+8%H₂)	0.8	
	1.6	25.4	46	—	0.47	12(Ar+5%H₂)	1.3	手工对接
	2.4	20	90	—	0.7		2.2	
	3.2	25.4	100	—	0.7			
镍合金	0.15	30	5	22	0.4	5(Ar)	0.6	对接焊
	0.56	15~20	4~6	—	0.28	7(Ar+8%H₂)	0.8	
	0.71	15~20	5~7	—	0.28			
	0.91	12.5~17.5	6~8	—	0.33	7(Ar+8%H₂)	0.8	对接焊
	1.2	12.5~15.0	10~12	—	0.33			
钛	0.75	15	3		0.2	8(Ar)	0.75	手工对接
	0.2	15	5					
	0.37	12.5	8					
	0.55	25	12			8(He+25%Ar)		
哈斯特洛依合金	0.125	25	4.8	—	0.28	8(Ar)	0.75	对接焊
	0.25	20	5.8					
	0.5	25	10					
	0.4	50	13		0.68	4.2(Ar)	0.9	
康铜丝	φ0.05 φ0.1	—	0.5	—	—	3(Ar)	0.6	端头对接
不锈钢丝	φ0.75	—	1.7 0.9	—	0.28	7(Ar+15%H₂)	0.75	搭接时间0.1s，并接时间0.6s
镍丝	φ0.12	—	0.1	—	0.28	7(Ar)	0.75	搭接热电偶
	φ0.37	—	1.1 1.0			7(Ar+2%H₂)		
钽丝与镍丝	φ0.5	焊一点 0.2s	2.5	—	0.2	9.5(Ar)	0.75	点焊
紫铜	0.025	12.5	0.3	—	0.28	9.5(Ar+0.5%H₂)		卷边对接
	0.075	15	10			9.5(He+25%Ar)		

附表 16　常用的脉冲等离子弧焊的焊接参数

厚度/mm		基值电流/A	脉冲电流/A	频率/Hz	脉宽比	等离子气流量/(L/min)	焊接速度/(cm/min)	喷嘴通道比(L/d)
不锈钢	3	70	100	2.4	12/9	5.5	40	3.2/2.8
	4	50	120	1.4	21/14	6.0	25	3.2/2.8
钛	6	90	170	2.9	10/7	6.5	20.2	4/3
	3	40	90	3	10/6	6.0	40	3.2/2.8
不锈钢波纹管膜片	0.05+0.05 内圆	0.12	0.5	10	2/3	0.6	45	3.2/2.8
	0.05+0.15 内圆		1.2					1.5/0.6
	0.05+0.05 外圆		0.55				35	

附表 17　一些碳钢直管等离子弧对接焊焊接参数

管径×壁厚/mm	ϕ38×4.5	ϕ42×5	ϕ60×3	ϕ76×6
起焊电流/A	160	210	120	225
电流衰减 1/A	150	175	—	219
电流衰减 2/A	140	170	—	217
打底焊时间/s	50	58	—	97
盖面焊时间/s	56	64	64	103
盖面焊电流/A	160	210	—	225
转速/(mm/min)	138	126	160	—
送丝速度/(mm/min)	250	220	150	400
脉冲电流频率/Hz	1.5	2	2	2
脉宽比/%	40	40	35	40
对缝间隙/mm	1.5~2	1.5~2	约0	2~2.5
离子气流量 Ar/(L/h)	150	100	100	150
保护气流量 Ar/(L/h)	350	350	350	350
喷嘴孔径/mm	3.2	3.2	4	4
钨极内缩/mm	2	1.5	2	2.5
钨极直径/mm	4	4	4	4
焊丝直径/mm	1.2	1.2	1.2	1.2

注：为矩形波脉冲焊接电源。

附表 18　国内常用电阻焊电极材料

名称	成分 W(%)(余为铜)	性能				应用	备注
		抗拉强度/MPa	硬度(HB)	电导率/10^{-2}IACS	软化温度/℃		
冷硬铜 T2	杂质<0.1	250~360	75~100	98	150~250	工业纯铝、塑性铝合金 5A02，2A21(LF2,LF21)	相当于 M_1(苏)CuETP(ISO)
镉青铜 QCd0.1	0.9~1.2Cd	400	100~120	80~88	250~300	低塑性铝合金 5A06(LF6)、高强度铝合金 2Al2CZ（LY12CZ）、镁合金	MK(苏)CuCd1(ISO)

续表

名称	成分 W(%)（余为铜）	性能				应　用	备　注
		抗拉强度/MPa	硬度(HB)	电导率/10^{-2}IACS	软化温度/℃		
铬青铜 QCr0.5-0.2-0.1	0.4～0.7Cr 0.1～0.25Al 0.1～0.25Mg	480～500	110～135	65～75	510	低碳钢	МЦ4(苏)
铬锆铜 HD1	0.25～0.4Cr 0.08～0.15Zr		170～190	75	≥600	黑色金属	
钨铜合金	W60Cu40		140～160			黑色金属、微型件	
	W75Cu25			30	1000		
扩散硬化铜合金 DHOM Al-35	Al$_2$O$_3$微粒		83 (HRB)	84	930	不锈钢、耐热合金、点焊机器人	日本(国内有类似材料)

附表 19　点、缝焊接头的主要质量问题及改进措施

名称	质量问题	产生的可能原因	改进措施	简图
熔核、焊缝尺寸缺陷	未焊透或熔核尺寸小	焊接电流小,通电时间短,电极压力过大	调整焊接参数	
		电极接触面积过大	修整电极	
		表面清理不良	清理表面	
	焊透率过大	焊接电流过大,通电时间过长,电极压力不足,缝焊速度过快	调整焊接参数	
		电极冷却条件差	加强冷却,改换导热好的电极材料	
	重叠量不够(缝焊)	焊接电流小,脉冲持续时间短,间隔时间长	调整焊接参数	
		焊点间距不当,缝焊速度过快		
外部缺陷	焊点压痕过深及表面过热	电极接触面积过小	修整电极	
		焊接电流过大,通电时间过长,电极压力不足	调整焊接参数	
		电极冷却条件差	加强冷却	
	表面局部烧穿、溢出、表面飞溅	电极修整得太尖锐	修整电极	
		电极或焊件表面有异物	清理表面	
		电极压力不足或电极与焊件虚接触	提高电极压力、调整行程	
		缝焊速度过快,滚轮电极过热	调整焊接速度,加强冷却	

续表

名称	质量问题	产生的可能原因	改进措施	简图
外部缺陷	表面压痕形状及波纹度不均匀(缝焊)	电极表面形状不正确或磨损不均匀	修整滚轮电极	
		焊件与滚轮电极相互倾斜	检查机头刚度,调整滚轮电极倾角	
		焊接速度过快或焊接参数不稳定	调整焊接速度,检查控制装置	
	焊点表面径向裂纹	电极压力不足,顶锻力不足或加得不及时	调整焊接参数	
		电极冷却作用差	加强冷却	
	焊点表面环形裂纹	焊接时间过长	调整焊接参数	
	焊点表面粘损	电极材料选择不当	调换合适电极材料	
		电极端面倾斜	修整电极	
	焊点表面发黑,包覆层破坏	电极、焊件表面清理不良	清理表面	
		焊接电流过大,焊接时间过长,电极压力不足	调整焊接参数	
	接头边缘压溃或开裂	边距过小	改进接头设计	
		大量飞溅	调整焊接参数	
		电极未对中	调整电极同轴度	
	焊点脱开	焊件刚度大且装配不良	调整板件间隙,注意装配,调整焊接参数	
内部缺陷	裂纹、缩松、缩孔	焊接时间过长,电极压力不足,顶锻力加得不及时	调整焊接参数	
		熔核及近缝区淬硬	选用合适的焊接循环	
		大量飞溅	清理表面,增大电极压力	
		缝焊速度过快	调整焊接速度	
	核心偏移	热场分布对贴合面不对称	调整热平衡(不等电极端面,不同电极材料,改为凸焊等)	
	结合线伸入	表面氧化膜清除不净	高熔点氧化膜应严格清除并防止焊前的再氧化	
	板缝间有金属溢出(内部飞溅)	焊接电流过大,电极压力不足	调整焊接参数	
		板间有异物或贴合不紧密	清理表面、提高压力或用调幅电流波形	
		边距过小	改进接头设计	
	脆性接头	熔核及近缝区淬硬	采用合适的焊接循环	
	熔核成分宏观偏析(旋流)	焊接时间短	调整焊接参数	
	环形层状花纹(洋葱环)	焊接时间过长		
	气孔	表面有异物(镀层,锈等)	清理表面	
	胡须	耐热合金焊接参数过小	调整焊接参数	

附表 20 各类钢闪光对焊的焊接参数

类 别	平均闪光速度 /(mm/s)		最大闪光速度 /(mm/s)	顶锻速度 /(mm/s)	顶锻压力/MPa		焊后热处理
	预热闪光	连续闪光			预热闪光	连续闪光	
低碳钢	1.5～2.5	0.8～1.5	4～5	15～30	40～60	60～80	不需要
低碳钢及低合金钢	1.5～2.5	0.8～1.5	4～5	≤30	40～60	100～110	缓冷,回火
高碳钢	≤1.5~2.5	≤0.8~1.5	4～5	15～30	40～60	110～120	缓冷,回火
珠光体高合金钢	3.5～4.5	2.5～3.5	5～10	30～150	60～80	110～180	回火,正火
奥氏体钢	3.5～4.5	2.5～3.5	5～8	50～150	100～140	150～220	一般不需要

附表 21 堆焊合金的特点及焊接方法

材料		性 能	用 途	焊接方法
铁基堆焊合金	珠光体钢堆焊金属	焊接性优良,具有中等硬度和一定的耐磨性,冲击韧性好,易机械加工,价格便宜等	主要用于堆焊对硬度要求不高的零件	焊条电弧焊、药芯焊丝 MAG 焊、药芯焊丝自保护焊、药芯焊丝埋弧焊和带极埋弧焊等
	马氏体钢堆焊金属	具有一定韧性、强度、耐磨性,但耐冲击能力、耐热、耐腐蚀性能较差	低碳马氏体钢主要用于金属间磨损零件的修补堆焊;高碳马氏体钢堆焊金属适合于堆焊不受冲击或轻度冲击载荷的低应力磨料磨损机件	焊条电弧焊、药芯焊丝 MAG 焊、药芯焊丝自保护焊、药芯焊丝埋弧焊及带极埋弧焊等
	耐腐蚀高合金钢堆焊金属	具有优良的耐腐蚀性和一定的高温抗氧化性	广泛地在核容器、化工容器、管道制造中应用	焊条电弧焊、丝极或带极埋弧自动堆焊
	合金铸铁堆焊金属	具有较高的抗磨料磨损性能和耐轻度冲击	主要用于有轻度冲击的磨料磨损条件下工作的零件堆焊,也适合于成形接触的黏着磨损零件的堆焊	焊条电弧焊、药芯焊丝自保护焊、气体保护电弧堆焊、氧-乙炔焰焰堆焊等
镍基合金堆焊金属	镍铬硼硅合金	合金硬度高,具有良好的抗氧化能力和很好的耐腐蚀性,耐高应力磨料磨损能力差	适用于对堆焊金属要求同时具备耐热或耐腐蚀与耐低应力磨料磨损的情况	粉末等离子堆焊、氧-乙炔焰喷熔、焊条电弧焊、钨极氩弧堆焊
	镍铬钼钨合金	具有较高的热强性、耐腐蚀性和抗热疲劳性能,而且裂纹倾向小	主要用于耐强腐蚀、耐高温的金属间摩擦磨损零件的堆焊	
	镍铜合金(蒙耐尔合金)	硬度较低,有很高的耐腐蚀性能	主要用于耐腐蚀零件堆焊	
	镍铬合金	硬度低、韧性好、能承受冲击载荷,具有优良的高温抗氧化性能	用于电炉元件堆焊	
铜基堆焊合金(分为紫铜、黄铜、青铜和白铜四类)		具有较好的耐大气、海水和各种碱溶液的腐蚀、耐气蚀和耐黏着磨损等性能	主要用来制造要求耐腐蚀、耐气蚀和耐金属间磨损的,以铁基材料为母材的双金属零件或修补磨损的工件	紫铜采用 MIG、TIG 堆焊或丝极和带极埋弧焊;铝青铜采用 TIG、MIG 焊和焊条电弧焊;黄铜宜采用氧-乙炔焰堆焊;白铜堆焊一层纯镍或蒙耐尔合金作为过渡层
碳化钨堆焊合金		碳化钨堆焊金属实质上是含有碳化钨硬质颗粒和较软胎体金属的复合材料堆焊层,其胎体金属(铁基合金、镍基合金、钴基合金和铜基合金),使得堆焊金属具有不同程度高温抗氧化性和抗腐蚀性能	在石油钻井及修井设备工具中应用较普遍,也广泛应用于冶金、矿山及煤炭开采、土建施工、建材、制糖、发电等部门中	碳化钨复合材料常用的堆焊工艺有管装粒状铸造碳化钨焊条的"火焰";铸造碳化钨颗粒"胶法"堆焊工艺以及 YD 型硬质合金(烧结型碳化钨)堆焊焊条的堆焊工艺,以上均采用氧-乙炔焰进行堆焊

附表 22　常用低合金高强度钢的碳当量及允许的最大硬度（H_{max}）

钢　种	相当国产钢	H_{max}（HV）		P_{cm}		CE（IIW）	
		非调质	调质	非调质	调质	非调质	调质
HW36	16Mn	390	—	0.2485	—	0.4150	—
HW40	15MnV	400	—	0.2413	—	0.3993	—
HW45	15MnVN	410	380（正火）	0.3091	—	0.4943	—
HW50	14MnMoV	420	390（正火）	0.285	—	0.5117	—
HW56	18MnMoNb	—	420（正火）	0.3356	—	0.5782	—
HW63	12Ni3CrMoV		435	—	0.2787	—	0.6693
HW70	14MnMoNbB		450	—	0.2658	—	0.4593
HW80	14Ni2CrMoMnVCuB		470	—	0.3346	—	0.6794
HW90	14Ni2CrMoMnVCuN		480	—	0.3246	—	0.6794

注：最大硬度 H_{max}（HV）是按 IIW 最高硬度测定法测定的。

附表 23　奥氏体不锈钢焊条电弧焊焊接参数

焊件厚度/mm	焊条直径/mm	焊接电流/A		
		平焊	立焊	仰焊
＜2	2.0	50～70	40～60	40～50
2～2.5	2.5	50～80	50～70	50～70
3～5	3.2	70～120	70～95	70～90
5～8	4.0	130～160	130～145	130～140
8～12	5.0	160～210		

附表 24　奥氏体不锈钢手工钨极氩弧焊焊接参数

板厚 /mm	接头和坡口形式	钨极直径 /mm	直流正接焊接电流/A			焊接速度 /(mm/min)	焊丝直径 /mm	氩气流量 /(m³/h)
			平焊	立焊	仰焊			
1.6	I 型坡口对接	1.6	80～100	70～90	70～90	300	1.6	0.3
	搭接		100～120	80～100	80～100	250		
	角接		80～100	70～90	70～90	300		
	T 形接头		90～100	80～100	80～100	250		
2.4	I 型坡口对接	1.6	100～120	90～100	90～100	300	1.6 或 2.4	0.3
	搭接		110～130	100～120	100～120	250		
	角接		100～120	90～110	90～110	300		
	T 形接头		110～130	100～120	100～120	250		
3.2	I 型坡口对接	2.4	120～140	110～130	105～125	300	2.4	0.3
	搭接		130～150	120～140	120～140	250		
	角接		120～140	110～130	115～135	300		
	T 形接头		130～150	115～135	120～140	250		
5.0	I 型坡口对接	2.4	200～250	150～200	150～200	250	2.4	0.5
	搭接	2.4 或 3.0	225～275	175～225	175～225	200		
	角接	3.0	200～250	150～200	150～200	250		
	T 形接头	3.0	225～275	175～225	175～225	200		
6.5	60°V 形坡口对接	3.0	275～300	200～250	200～250	125	3.0	0.5
	搭接		300～375	225～275	225～275	125		
	角接		275～350	200～250	200～250	125		
	T 形接头		300～375	225～275	225～275	125		
13	60°双 Y 形坡口对接	5.0	350～450	225～275	225～275	100	3.0	0.5
	搭接		375～475	230～280	230～280	100		
	T 形接头或角接		375～475	230～280	230～280	100		

附表 25　奥氏体不锈钢熔化极气体焊焊接参数

熔滴过渡形式	板厚/mm	接头与坡口形式	焊丝直径/mm	焊接电流/A	电弧电压/V	焊接速度/(mm/min)	焊道数
短路	1.6	角接或搭接	0.8	85	21	450	1
	1.6	I 形坡口对接	0.8	85	22	500	1
	2.0	角接或搭接	0.8	90	22	350	1
	2.0	I 形坡口对接	0.8	90	22	300	1
	2.5	角接或搭接	0.8	105	23	380	1
	3.2	角接或搭接	0.8	125	23	400	1
喷射	3.2	I 形坡口(带衬垫)	1.6	200～250	25～28	500	1
	6.4	60°V 形坡口对接	1.6	250～300	27～29	380	2
	9.5	60°V 形坡口,1.6mm 钝边	1.6	275～325	28～32	500	2
	12.7	60°V 形坡口,1.6mm 钝边	2.4	300～350	31～32	150	3～4
	19	60°V 形坡口,1.6mm 钝边	2.4	350～375	31～33	140	5～6
	25	60°V 形坡口,1.6mm 钝边	2.4	350～375	31～33	120	7～8

附表 26　常用低合金耐热钢焊接材料选用表

钢号	焊条电弧焊		埋弧焊		气体保护焊	
	牌号	型号	牌号	型号	牌号	型号
15Mo	R102 R107	E5003-A1 E5015-A1 (E7015-A1)	H08MnMoA +HJ350	F5114-H08MnMoA (F7P0-EA1-A1)	H08MnSiMo	ER55-D2
12CrMo	R202 R207	E5503-B1 E5515-B1 (E8015-B1)	H10MoCrA +HJ350	F5114-H10MoCrA (F9P2-EG-G)	H08CrMnSiMo	ER55-B2
15CrMo	R302 R307 R306Fe R307H	E5503-B2 E5515-B2 E5518-B2 (E8018-B2) (E8015-B2)	H08CrMoV +HJ350	F5114-H08CrMoA (F9P2-EG-B2)	H08CrMnSiMo	ER55-B2
12Cr1MoV	R312 R316Fe R317	E5503-B2-V E5518-B2-V E5515-B2-V	H08CrMoA +HJ350	F6114-H08CrMoV	H08CrMnSiMoV	ER55-B2 -MnV
12Cr2Mo	R406Fe R407	E6018-B3 E6015-B3 (E9015-B3)	H08Cr3MoMnA +HJ350	F6124-H08Cr3MnMoA (F8P2-EG-B3)	H08Cr3MoMnSi	ER62-B3
12Cr2MoWVTiB	R347 R340	E5515- B3-VWB	H08Cr2MoW- VNbB+HJ250	F6111+ H08Cr2MoWVNbB	H08Cr2Mo- WVNbB	ER62-G
18MnMoNb	J707 J707Ni J607 J606	E7015-D2 E7015-G E6105-D1 E6016-D1 (E9016-D1)	H08Mn2MoA +HJ350 H08Mn2NiMo +HJ350	F7124-H08Mn2Mo F7124-H08Mn2NiMo (F8A6-EG-A4)	H08Mn2SiMoA	ER55-D2
13MnNiMoNb	J607Ni J707Ni	E6015-G E7015-G (E9015-G)	H08Mn2NiMo +HJ350	F7124-H08Mn2NiMo (F9P4-EG-G)	H08Mn2NiMoSi	ER55-Ni1

注：（　）中为世界公认的 AWS 焊条标准的牌号。

附表 27　拖拉机、汽车汽缸体、缸盖铸铁件焊补方法及焊接材料的选择

焊补部位		常用焊补方法及材料	
缺陷部位	特　点	焊补方法	焊接材料
缸体、缸盖平面靠中部，缸孔内，气门导管内	刚度大、加工面	气焊热焊	铸铁焊丝
		电弧冷焊	EZNi、EZNiFe、EZNiCu 镍基铸铁焊丝
缸体、缸盖平面非正中部	刚度较大、加工面	加热减应区气焊	铸铁焊丝
		电弧冷焊	EZNi、EZNiFe、EZNiCu 镍基铸铁焊丝
		气焊热焊	铸铁焊丝
缸筒底部水道裂纹，变速箱，飞轮外壳等小件	刚度小、加工面	不预热气焊	铸铁焊丝
		电弧冷焊	EZNi、EZNiFe、EZNiCu 镍基铸铁焊丝
缸体侧面、缸筒外壁裂纹等	非加工面	电弧冷焊	铜铁铸铁焊条 EZFeCu 或高钒铸铁焊条（EZV）
			EZFe、EZNi、EZNiFe、EZNiCu 铸铁焊条或普通碳钢焊条（E5016、E5017、E4303 等）

附表 28　机床常见缺陷修复的焊补方法及焊接材料的选择

焊补部位			常用焊补方法及材料	
缺陷部位	特　点		焊补方法	焊接材料
导轨面	铸造毛坯	加工面，有加工余量	气焊热焊	铸铁焊丝
			电弧热焊	铸铁芯焊条
			不预热电弧焊	铸铁芯焊条
			电弧冷焊或稍加预热	EZNi、EZNiFe、EZNiCu 镍基铸铁焊丝
			电渣焊（用于特厚大件）	铸铁屑
	已加工件	加工面，加工余量小	电弧冷焊	EZNi、EZNiFe、EZNiCu 镍基铸铁焊丝
			不预热电弧焊	铸铁芯焊条
固定结合面	铸造毛坯	加工面，有加工余量	焊条电弧焊热焊	铸铁芯焊条
			气焊热焊	铸铁焊丝
			不预热焊条电弧焊	铸铁芯焊条
			电渣焊（用于特厚大件）	铸铁屑
			电弧冷焊或稍加预热	EZNi、EZNiFe、EZNiCu 镍基铸铁焊丝
	已加工件	加工面，加工余量小	电弧冷焊或稍加预热	EZNi、EZNiFe、EZNiCu 镍基铸铁焊丝
			不预热电弧焊	铸铁芯焊条
			钎焊	黄铜
耐水压或密封部位	铸造毛坯	加工面，有加工余量	气焊热焊	铸铁焊丝
			电弧热焊	铸铁芯焊条
			不预热电弧焊	铸铁芯焊条
			电弧冷焊	EZNi 或 EZNiFe 镍基铸铁焊丝
	已加工件	加工面，加工余量小	电弧冷焊或稍加预热	EZNi 或 EZNiFe，耐压要求不高时可用 EZNiCu
			不预热电弧焊	铸铁芯焊条
			钎焊	黄铜

续表

焊补部位		常用焊补方法及材料	
缺陷部位	特　点	焊补方法	焊接材料
非加工面	要求密封、耐压、与母材等强	电弧冷焊(耐压要求不高)	EZNiFe、EZNiCu 或自制奥氏体铁铜焊丝
		电弧冷焊或稍加预热(耐压要求较高)	EZNi、EZNiFe、EZV 镍基铸铁焊丝
		电弧热焊	铸铁芯焊条
		气焊热焊	铸铁焊丝
		不预热电弧焊	铸铁芯焊条
		钎焊	黄铜
	无密封、强度等要求	电弧冷焊	EZFeCu、E4303、E5016、E5017

附表 29　常用变形铝合金化学成分、力学性能及用途

类别	代号	化学成分/%					半成品状态[①]	力学性能[②]			用　途
		Cu	Mg	Mn	Zn	其他		σ_b/MPa	δ/%	HBS	
防锈铝合金	LF5		4.8~5.5	0.3~0.6		—	M	280	20	70	焊接油箱、油管、焊条、铆钉以及中载零件及制品
	LF11		1.8~5.5	0.3~0.6	—	V 0.02~0.15					
	LF21			1.0~1.6		—		130	20	30	焊接油箱、油管及轻载零件及制品
硬铝合金	LY1	2.2~3.0	0.2~0.5			—	线材cz	300	24	70	工作温度不超过100℃的中等强度结构
	LY11	3.8~4.8	0.4~0.8	0.4~0.8				420	18	100	中等强度构件、叶片、螺栓、铆钉等
	LY12	3.8~4.9	1.2~1.8	0.3~0.9				470	17	105	高强度构件、肋、梁、铆钉等
超硬铝合金	LC4	1.4~2.0	1.8~2.8	0.2~0.6	5.0~7.0	Cr 0.10~0.25	cs	600	12	150	结构中主要受力件，如飞机大梁桁架及起落架
	LC9	1.2~2.0	2.0~3.0	0.15	5.1~6.1	Cr 0.16~0.30		680	7	190	结构中主要受力件，如飞机大梁桁架、加强框及起落架
锻铝合金	LD5	1.8~2.6	0.4~0.8	0.4~0.8		Si 0.7~1.2		420	13	105	形状复杂中等强度的锻件及模锻件
	LD7	1.9~2.5	1.4~1.8			Ti 0.02~0.10 Ni 0.9~1.5 Fe 0.9~1.5	cs	415	13	120	内燃机活塞和在高温下工作的复杂锻件，板材可做高温下工作的结构件
	LD10	3.9~4.8	0.4~0.8	0.4~1.0		Si 0.6~1.2		480	19	130	受重载的锻件和模锻件

　　① M 表示包铝板材退火状态；cz 表示包铝板材淬火自然时效状态；cs 表示包铝板材淬火人工时效状态。② 防锈铝合金为退火状态指标；硬铝合金为淬火＋自然时效状态指标；超硬铝合金、锻铝合金为淬火＋人工时效状态指标。

附表 30 纯铝和铝镁合金手工 TIG 焊焊接参数

板材厚度/mm	焊丝直径/mm	钨极直径/mm	预热温度/℃	焊接电流/A	氩气流量/(L/min)	喷嘴孔径/mm	焊接层数(正/反)	备注
1	1.6	2	—	45~60	7~9	8	正1	卷边焊
1.5	1.6~2.0			50~80				卷边或单面对接焊
2	2~2.5	2~3		90~120	8~12	8~12		对接焊
3	2~3	3		150~180				
4	3	4		180~200	10~15		1~2/1	
5	3~4			180~240		10~12		
6	4			240~280				V形坡口对接焊
8		5	100	260~320	16~20	14~16	2/1	
10	4~5		100~150	280~340				
12		5~6	150~200	300~360	18~22		3~4/1~2	
14			180~200	340~380	20~24	16~20		
16			200~220					
18		6	200~240	360~400	25~30		4~5/1~2	
20	5~6		200~260			20~22		
16~20			200~260	300~380		16~20	2~3/2~3	双V形坡口对接焊
22~25		6~7	200~280	360~400	30~35	20~22	3~4/3~4	

附表 31 不同直径、不同成分的钨极在交流钨极氩弧焊时选用的焊接电流值 A

钨极材料	直径/mm				
	2	3	4	5	6
	焊接电流				
纯钨极	70~120	100~160	140~220	220~300	300~390
钍钨极	80~140	140~200	170~250	320~375	340~420
铈钨极	87~152	152~216	184~270	347~405	367~454

附表 32 国内外用于气体保护焊的铜合金焊丝

焊丝种类	牌号(国别)	主要化学成分/%	主要用途
紫铜	ECu,RCu(美)	(Cu＋Ag)≥98.0,Sn 1.0,Mn 0.5,Si 0.5,P 0.15	紫铜:TIG 焊、MIG 焊
黄铜	ЛОК59-1-0.3(前苏联)	Sn 0.7~1.1,Si 0.2~0.4,其余 Cu	黄铜:各种焊接方法
硅青铜	ECuSi(美)	Si 2.8~4.0,Sn 1.5,Mn 0.5,Fe 0.5,其余(Cu＋Ag)	硅青铜、小厚度黄铜:MIG 焊
锡青铜	ECuSn-A ECuSn-A(美)	Sn 4.0~6.0,P 0.1~0.35,其余(Cu＋Ag)	锡黄铜:TIG 焊;锡青铜、低锌黄铜:焊条电弧焊
青铜	БРНЦРТ(前苏联)	Ni 0.5~0.8,Zr 1.4~1.6,Ti 0.1~0.2,其余 Cu	青铜:气体保护焊
铝青铜	ECuAl-A2 ECuAl-A2(美)	Fe 1.5,Al 9.0~11.0	铝青铜:TIG 焊、MIG 焊;铝青铜、硅青铜、低锌黄铜:焊条电弧焊

续表

焊丝种类	牌号(国别)	主要化学成分/%	主要用途
白铜	中国 非标准	Ni 3~3.5,Ti 0.1~0.3,Si 0.2~0.3,Mn 0.2~0.3,Fe<0.5,其余 Cu	白铜、青铜;气体保护焊
	ECuNi ECuNi(美)	Mn 1.0,Fe 0.6,Si 0.5,(Ni+Co)≥29.0,Ti 0.6,其余(Cu+Ag)	白铜:MIG 焊、TIG 焊、焊条电弧焊
	МНЖКТ 5-1-0.2-2.2 (前苏联)	Ni 5~5.5,Fe 1.0~1.4,Si 0.15~0.3,Ti 0.1~0.3,Mn 0.3~0.8,其余 Cu	白铜、异种铜合金、铜-钢异种接头:气电焊

附表 33 纯铜、青铜和白铜的手工钨极氩弧焊焊接参数

材料	板厚/mm	钨极直径/mm	焊丝直径/mm	焊接电流/A	Ar气流量/(L/min)	预热温度/℃	备注
纯铜	0.3~0.5	1	—	30~60	8~10	不预热	卷边接头
	1	2	1.6~2.0	120~160	10~12		
	1.5	2~3		140~180			
	2		2	160~200	14~16		单面焊双面成形
	3	3~4		200~240			
	4	4	3	220~260	16~20	300~350	双面焊
	5		3~4	240~320		350~400	
	6	4~5		280~360	20~22		
	10	5~6	4~5	340~400		450~500	
	12			360~420	20~24		
铝青铜	≤1.5	1.5	1.5	25~80	10~16	不预热	I 形接头
	1.5~3.0	2.5	3	100~130			
	3	4	4	130~160	16	150	
	5			150~225			V 形接头
	6			150~300			
	9	4~5	4~5	210~330			
	12			250~325			
锡青铜	0.3~1.5	3	—	90~150	12~16	—	卷边焊
	1.5~3.0		1.5~2.5	100~180			I 形接头
	5	4	4	160~200	14~16		V 形接头
	7			210~250	16~20		
	12	5	5	260~300	20~24		
硅青铜	1.5	3	2	100~130	8~10	不预热	I 形接头
	3		2~3	120~160	12~16		
	4.5	3~4		150~220			V 形接头
	6		3	180~250	16~20		
	9	4	3~4	250~300	18~22		
	12		4	270~330	20~24		

续表

材料	板厚 /mm	钨极直径 /mm	焊丝直径 /mm	焊接电流 /A	Ar气流量 /(L/min)	预热温度 /℃	备 注
白铜	<3	4~5	3	300~310	12~16	—	I形对接,材料牌号 B10
	3~9		3~4				V形坡口,B10
	<3		3	270~290			I形对接,牌号 B30
	3~9		5				V形坡口,B30

附表 34 铜及铜合金埋弧焊典型焊接参数

材料	板厚 /mm	坡口形式	焊丝直径 /mm	焊接电流 /A	电弧电压 /V	焊接速度 /(m/h)	备 注
紫铜	5~6	直边对接	2	500~550	38~42	45~40	
	10~12		3	700~800	40~44	20~15	
	16~20		4	800~1000	45~50	12~8	
	25~35	U形坡口		1000~1100		8~6	
	35~40		5	1200~1400	48~55	6~4	
	16~20	单面焊双面成形	4	850~1000	45~50	12~8	
黄铜	4	直边对接	1.5	180~200	24~26	20	单面焊
				140~160		25	双面焊
	8			360~380	26~28	20	单面焊
				260~300	28~30	22	背面封底焊
	12		2	450~470	30~32	25	单面焊
	18		3	650~700	32~34	30	背面封底焊
青铜	10	V形坡口	2	450	35~36	25	焊剂垫、双面焊
	15		3	550			第一道
				650		20	第二道
					36~38	25	封底焊缝
	26	双V形坡口	4	750			第一道
				800		20	第二道

附表 35 钛及钛合金板手工钨极氩弧焊的典型焊接参数

板厚 /mm	坡口 形式	钨极直径 /mm	焊接 层数	焊丝直径 /mm	焊接电流 /A	氩气流量/(L/min)			喷嘴孔径 /(mm)	备 注
						主喷嘴	拖罩	背面		
0.5	I形坡口对接	1.5	1	1.0	30~50	8~10	14~16	6~8	10	对接接头间隙0.5mm,也可不加钛丝,间隙 1.0mm
1.0		2.0			40~50					
1.5		2.0~3.0		1.0~2.0	60~80	10~12		8~10	10~12	
2.0					80~110		16~20	10~12	12~14	
2.5		3.0		2.0	110~120	12~14				

续表

板厚/mm	坡口形式	钨极直径/mm	焊接层数	焊丝直径/mm	焊接电流/A	主喷嘴	拖罩	背面	喷嘴孔径/(mm)	备注
3.0	V形坡口对接	3.0~4.0	1~2	2.0~3.0	120~140	14~16		12~14	14~18	坡口间隙2~3mm,钝边0.5mm,焊缝背面衬铜垫板,坡口角度60°~65°
3.5	V形坡口对接	3.0~4.0	1~2	2.0~3.0	120~140	14~16		12~14	14~18	
4.0	V形坡口对接	3.0~4.0	2	2.0~3.0	130~150	14~16	20~25	12~14	18~20	
5.0	V形坡口对接	3.0~4.0	2	2.0~3.0	130~150	14~16	20~25	12~14	18~20	
6.0	V形坡口对接	3.0~4.0	2~3	3.0	140~180	14~16	20~25	12~14	18~20	
7.0	V形坡口对接	3.0~4.0	2~3	3.0	140~180	14~16	20~25	12~14	18~20	
8.0	V形坡口对接	4.0	3~4	3.0~4.0	140~180	14~16	25~28	12~14	20~22	
10.0	对称双V形坡口	4.0	4~6	3.0~4.0	160~200	14~16	25~28	12~14	20~22	坡口角度60°、钝边1mm,角度55°钝边1.5~2.0mm,间隙1.5mm
13.0	对称双V形坡口	4.0	6~8	3.0~4.0	220~240	14~16	25~28	12~14	20~22	
20.0	对称双V形坡口	4.0	12	4.0	200~240	12~14	20	10~12	18	
22	对称双V形坡口	4.0	6	4.0	230~250	15~18	18~20	18~20	20	
25	对称双V形坡口	4.0	15~16	4.0~5.0	200~220	16~18	26~30	20~26	22	
30	对称双V形坡口	4.0	17~18	4.0~5.0	200~220	16~18	26~30	20~26	22	

附表 36　钛及钛合金板的自动钨极氩弧焊典型焊接参数

板厚/mm	坡口形式	成形槽垫板/mm 宽度	成形槽垫板/mm 深度	钨极直径/mm	焊丝直径/mm	焊接电流/A	电弧电压/V	焊接速度/(m/h)	主喷嘴	拖罩	背面	焊接层数
1.0	直边对接	5	0.5	1.6	1.2	70~100	12~15	18~22	8~10	12~14	6~8	1
1.2	直边对接	6	0.7	1.6	1.2	100~120	12~15	18~22	8~10	12~14	6~8	1
1.5	直边对接		0.7	2.0	1.2~1.6	120~140	14~16	22~24	10~12	14~16	8~10	1
2.0	直边对接	6	1.0	2.5	1.6~2.0	140~160	14~16	20~22	12~14	14~16	10~12	1
3.0	直边对接	7	1.1	3.0	2.0~3.0	200~240	14~16	19~21	12~14	16~18	10~12	1
4.0	V形60°	1.3	3.0	3.0	3.0	200~260	14~16	19~20	14~16	18~20	12~14	2
6.0	V形60°	—	—	4.0	3.0	240~280	14~18	18~22	14~16	20~24	14~16	3
10.0	V形60°	—	—	4.0	3.0	200~260	14~18	19~22	18~20	18~20	12~14	3
13.0	双V60°	—	—	4.0	3.0	220~260	14~18	20~25	20~25	18~20	12~14	4

附表 37　异种金属用钢种分类

分类		钢种
按金相组织分类	珠光体钢	低碳钢(碳的质量分数≤0.25%)、中碳钢(碳的质量分数为0.25%~0.60%)、高碳钢(碳的质量分数≥0.60%)、普通低合金高强度钢、铬钼、铬钼钒、铬钼钨热稳定钢

续表

分 类		钢 种
按金相组织分类	奥氏体、奥氏体-铁素体钢	奥氏体耐酸钢、奥氏体耐热钢、奥氏体热强钢、奥氏体-铁素体耐酸钢
	铁素体、铁素体-马氏体钢	高铬不锈钢、高铬耐酸耐热钢
	马氏体钢	马氏体耐热钢、铬硅钢
按化学成分分类	碳素结构钢	碳素结构钢(普通碳素结构钢、优质碳素结构钢)、碳素工具钢(优质碳素工具钢、高级优质碳素工具钢)
	合金钢	合金工具钢(低合金工具钢、高合金工具钢)、合金结构钢(低合金结构钢、机械制造用结构钢)
	特殊钢	不锈钢、耐热钢、耐磨钢
按用途分类	建筑及工程用结构钢	碳素结构钢、低合金结构钢、钢筋钢
	机械制造用结构钢	表面硬化结构钢、调质结构钢、易切削结构钢、冷变形用钢(冷冲压用钢、冷镦用钢、冷挤压用钢)、弹簧钢、轴承钢
	工具钢	刃具钢、量具钢、模具钢
	特殊钢	不锈耐酸钢、耐热、耐磨钢、磁钢、低温用钢、高温合金、精密合金
	专业用钢	锅炉用钢、桥梁用钢、船舶用钢、压力容器用钢、电工用钢
按冶炼方法分类	平炉钢	酸性平炉钢、碱性平炉钢
	转炉钢	酸性转炉钢、碱性转炉钢
	电炉钢	
	沸腾钢	
	镇静钢	
	半镇静钢	

附表 38　异种钢焊接常采用的组合形式

分 类	主要组合形式
按钢的不同化学成分	低碳钢与中碳钢、低碳钢与高碳钢、低碳钢与合金钢、碳素钢与不锈钢、合金钢与不锈钢
按钢的不同金相组织	珠光体钢与奥氏体钢、珠光体钢与铁素体钢、奥氏体钢与铁素体钢、奥氏体钢与马氏体钢、铁素体钢与马氏体钢
按钢的不同性能	碳素钢与耐热钢、碳素钢与耐磨钢、碳素钢与耐蚀钢

附表 39　常见异种金属材料组合、焊接方法及焊缝中形成物

被焊金属	焊接方法		焊缝中的形成物	
	熔 焊	压 焊	溶 液	金属间化合物
铜与铝及铝合金	电子束焊、氩弧焊	冷压焊、电阻焊、扩散焊、摩擦焊、爆炸焊	在 α-Fe 中 Al $0\sim33\%$	$FeAl$,Fe_2Al_3,Fe_2Al_7
钢与铜及铜合金	氩弧焊、埋弧焊、电子束焊、等离子弧焊、电渣焊	摩擦焊、爆炸焊	在 γ-Fe 中 Cu $0\sim8\%$ 在 α-Fe 中 Cu $0\sim14\%$	—
钢与钛	电子束焊、氩弧焊	扩散焊、爆炸焊	在 α-Ti 中 Fe 0.5% 在 β-Ti 中 Fe $0\sim25\%$	$FeTi$,Fe_3Ti

续表

被焊金属	焊接方法		焊缝中的形成物	
	熔　焊	压　焊	溶　液	金属间化合物
钢与钼			在 α-Fe 中 Mo 6.7%	$FeMo$，Fe_3Mo_2，Fe_7Mo_8
钢与铌		扩散焊	在 α-Fe 中 Nb 1.8% 在 γ-Fe 中 Nb 1.0%	$FeNb$，Fe_2Nb，Fe_5Nb_5
钢与钒			连续系列	$VnCm$ 型碳化物
钢与钽	电子束焊		有限溶解	Fe_2Ta
铝与铜	氩弧焊 埋弧焊	冷焊、电阻焊、 爆炸焊、扩散焊	Al 在 Cu 中 9.8% 以下	$CuAl_2$
铝与钛		扩散焊、摩擦焊	Al 在 α-Ti 中 6% 以下	$TiAl$，$TiAl_3$
钛与钽	电子束焊 氩弧焊		连续系列	—
钛与铜			Cu 在 α-Ti 中 2.1%， 在 β-Ti 中 17% 以下	Ti_2Cu，$TiCu$，Ti_2Cu_3， $TiCu_2$，$TiCu_3$
铜与钼	电子束焊	扩散焊	—	—
铜与钽				

附表 40　低碳钢与纯铜的埋弧焊焊接参数

金属牌号	母材厚度 /mm	填充 焊丝	焊丝直径 /mm	躺放材料	焊接电流 /A	电弧电压 /V	焊接速度 /(m/min)
Q235A＋T1	10＋12	T1	4	1 根 Ni 丝	600～650	40～42	0.2
Q235A＋T1	12＋12	T1	4	2 根 Ni 丝	650～700	42～43	0.2
Q235A＋T2	12＋12	T2	4	2 根 Al 丝	600～650	40～42	0.2
Q235A＋T2	12＋12	T2	4	3 根 Al 丝	650～700	42～43	0.2
Q235A＋T2	14＋14	T2	4	3 根 Al 丝	700～750	43～44	0.19
Q235A＋T3	4＋4	T3	2	1 根 Ni 丝	300～360	32～34	0.55
Q235A＋T3	6＋6	T3	3	1 根 Ni 丝	450～500	34～36	0.32
Q235A＋T3	12＋12	T3	4	1 根 Al 丝	650～700	40～42	0.2
Q235A＋T3	12＋12	T3	4	2 根 Al 丝	700～750	42～45	0.2
Q235A＋T3	12＋12	T3	4	1 根 Ni 丝	650～700	40～42	0.2
Q235A＋T3	12＋12	T3	4	2 根 Ni 丝	700～750	42～45	0.2

附表 41　铜与镍氩弧焊的焊接参数及焊缝力学性能

金属名称	母材厚度 /mm	焊接电流 /A	电弧电压 /V	焊接速度 /(m/h)	氩气流量 /(L/h)	焊缝抗拉强度 /MPa	焊缝 弯曲角	X 射线 检验
铜与镍	1＋1	60～80	12～16	35～38	300～900	196	180°	焊缝中有气孔
	2＋2	80～100	16～18	30～34				
	5＋5	150～160	20～22	25～26		226		
	6＋6	160～170	21～22	22～24		228		焊缝中无气孔
	8＋8	180～200	23～24	20～22		229		
铬青铜与 镍合金	2＋2	120～150	16～18	30～32	400～800	245		

附表 42　常见的先进材料的性能及应用

材料类型		主 要 性 能	主 要 应 用
高性能工程塑料（特种工程塑料）		属于综合性能优异的耐热热塑性工程塑料。其韧性好、强度高、使用温度范围宽、抗蠕变、耐磨、耐燃、低放气、介电性能优异、耐老化、耐腐蚀、成形加工性能良好	主要是根据航空航天等高新技术领域的需要发展起来的，比强度很高，能代替金属在飞机上用做结构件。但因其价格昂贵，使用面较小
先进陶瓷（精细陶瓷）		具有特定的精细显微结构和性能。根据其用途可分为结构陶瓷和功能陶瓷两大类。具有高强度、耐磨、耐高温和耐腐蚀等优异特性	目前应用最广的是功能陶瓷如具有各种特殊电性能和磁性能的陶瓷，以及对声、光、热、压力等敏感的陶瓷 结构陶瓷是一种非常好的高温材料，但其固有的脆性使其应用受到了很大的限制。目前它只能用做个别的机械零件和切削刀具，但其发展潜力很大，特别是在新能源、航天以及海洋开发等特殊领域具有广泛的应用前景
先进复合材料	先进树脂基复合材料	具有强、高弹性模量、低膨胀系数、优良的尺寸稳定性，以及优异的减震性和抗疲劳性能。但横向力学性能较差，层间抗剪强度低，使用温度不够高，易吸潮、老化、蠕变和燃烧等	新开发的热塑性树脂较传统塑料的耐热性大为提高，其形成的复合材料具有层间韧性高、抗冲击损伤性能好等优点
	金属基复合材料	与树脂基复合材料相比，还具有优良的韧性、抗冲击，抗热振，对表面缺陷没有树脂基复合材料敏感，耐热性高，横向力学性能好，不燃烧，不吸潮，导电和导热性好，耐辐射，以及高真空环境稳定等一系列优点 但其制造工艺较复杂和成本较高，并且增强剂与基体之间的界面反应易形成低应力破坏的脆性界面	金属基复合材料目前正在逐步工业化生产和大规模应用。其中铝基复合材料发展最早，也最成熟，已成功地用于航空、航天和汽车制造业等领域。为了高温结构和动力装置的要求，目前正在研究钛基复合材料以及能耐更高温度的镍基、铌基和金属间化合物基的高温金属基复合材料，以适应高性能发动机的需要
	陶瓷基复合材料	陶瓷基复合材料除具有陶瓷材料的优异性能外，还很好地解决了其脆性问题	由于陶瓷基复合材料要求能在更高的温度下使用，因此对增韧材料、成形工艺以及界面的设计等要求更高。目前这类复合材料尚处于研究开发阶段
	碳-碳复合材料	有很好的烧蚀防热材料和耐高温、抗磨损材料，而且经渗硅处理后的碳-碳复合材料已具有抗氧化能力。但其目前的强度和抗氧化性能都不够理想	已成功地用于航天飞机，作为能重复使用的热结构材料

参 考 文 献

[1] 钱在中主编. 焊接技术手册. 太原：山西科学技术出版社，2000.

[2] 中国焊接协会培训工作委员会编. 焊工取证上岗培训教材. 北京：机械工业出版社，2001.

[3] 邹增大主编. 焊接材料、工艺及设备手册. 北京：化学工业出版社，2001.

[4] 中国机械工程学会焊接学会编. 焊接手册·材料的焊接：第二卷. 第2版. 北京：机械工业出版社，2001.

[5] 邓开豪主编. 焊接电工. 北京：化学工业出版社，2002.

[6] 张麦秋主编. 焊接检验. 北京：化学工业出版社，2002.

[7] 赵熹华主编. 焊接方法与机电一体化. 北京：机械工业出版社，2003.

[8] 李亚江等编著. 低合金钢焊接及工程应用. 北京：化学工业出版社，2003.

[9] 程绪文主编. 焊接技能强化实训. 北京：化学工业出版社，2004.

[10] 雷世明主编. 焊接方法与设备. 北京：机械工业出版社，2004.

[11] 蔡丽朋主编. 焊接技能问答. 北京：化学工业出版社，2004.

[12] 张仁武主编. 焊接工程手册. 太原：山西科学技术出版社，2005.

[13] 叶琦主编. 焊接技术. 北京：化学工业出版社，2005.

[14] 史耀武主编. 焊接技术手册. 福州：福建科学技术出版社，2005.

[15] 陈裕川主编. 现代焊接生产实用手册. 北京：机械工业出版社，2005.

[16] 李亚江等编著. 焊接与切割操作技能. 北京：化学工业出版社，2005.

[17] 英若采主编. 金属熔化焊基础. 北京：机械工业出版社，2005.

[18] 李淑华等主编. 焊接技师技术问答. 北京：国防工业出版社，2005.

[19] 赵熹华主编. 焊接检验. 北京：机械工业出版社，2005.

[20] 张信林等编著. 焊工技术问答. 北京：中国电力出版社，2005.

[21] 胡煌辉主编. 铝合金焊接技能. 北京：中国劳动社会保障出版社，2005.

[22] 陈云祥主编. 焊接工艺. 北京：机械工业出版社，2006.

[23] 李亚江等编著. 焊接质量控制与检验. 北京：化学工业出版社，2006.

[24] 成都电焊机研究所等编. 焊接设备选用手册. 北京：机械工业出版社，2006.

[25] 周万盛等编著. 铝及铝合金的焊接. 北京：机械工业出版社，2006.

[26] 孟庆森等主编. 金属材料焊接基础. 北京：化学工业出版社，2006.

[27] 胡绳荪主编. 焊接自动化技术及其应用. 北京：机械工业出版社，2006.

[28] 杨富等编著. 新型耐热钢焊接. 北京：中国电力出版社，2006.

[29] 王云鹏主编. 焊接结构生产. 北京：机械工业出版社，2007.

[30] 李亚江主编. 焊接冶金学——材料焊接性. 北京：机械工业出版社，2007.

[31] 王大志编著. 焊接技术与焊接工艺问答. 北京：机械工业出版社，2007.

[32] 陈保国主编. 焊接技术. 北京：化学工业出版社，2007.

[33] 吴敢生主编. 埋弧自动焊. 辽宁：辽宁科学技术出版社，2007.

[34] 梁文广等编著. CO_2 气体保护焊. 辽宁：辽宁科学技术出版社，2007.

[35] 盛选禹等编著. CATIA 焊接设计实例教程. 北京：机械工业出版社，2007.

[36] 金凤柱等编著. 焊接技术与操作技巧. 北京：国防工业出版社，2007.

[37] 高卫明主编. 焊接工艺. 北京：北京航空航天大学出版社，2007.

[38] 陈倩清主编. 焊接实训指导. 黑龙江：哈尔滨工程大学出版社，2007.

[39] 戴为志等编著. 建筑钢结构焊接技术. 北京：化学工业出版社，2008.

[40] 李荣雪主编. 金属材料焊接工艺. 北京：机械工业出版社，2008.

[41] 杜国华编. 新编焊接技术问答. 北京：机械工业出版社，2008.